지금 바로,

오사카

지금
바로,

오사카

초판 인쇄일 2024년 12월 26일
초판 발행일 2025년 1월 2일

지은이 이진천, 이주호, 이민호
발행인 박정모
발행처 도서출판 혜지원
등록번호 제9-295호
주소 경기도 파주시 회동길 445-4(문발동 638) 302호
전화 031)955-9221~5
팩스 031)955-9220
홈페이지 www.hyejiwon.co.kr

기획·진행 김태호
디자인 김보리
영업마케팅 김준범, 서지영
ISBN 979-11-6764-078-9
정가 19,000원

지금 바로,

오사카

이진천 · 이주호 · 이민호 지음

2025년 최신판

혜지원

머리말

우리나라에서 가장 가기 쉬운 해외 여행지는 일본이다. 일본은 지리적으로 가까워 비행 시간이 짧고 문화적으로도 유사한 부분이 많아 큰 불편함 없이 다녀올 수 있는 곳이다. 치안이 좋고 볼거리, 먹거리, 즐길 거리가 많아 관광지로 매력이 많다. 그중 오사카, 교토가 있는 간사이 지역은 도쿄보다 가까워 우리나라에서 2시간도 채 걸리지 않는다.

오사카에는 '쿠이다오레(食い倒れ)'라는 말이 있다. '먹다 망한다'라는 의미로, 그만큼 먹거리가 풍부하여 다양한 음식과 볼거리를 즐길 수 있다. 에도시대 이전까지 수도였던 교토는 사찰과 신사가 많은 역사의 도시다. 일본의 3대 미항으로 꼽는 고베는 항구를 끼고 있어 다양한 볼거리가 있다. 거리에 사슴이 돌아다니는 사슴의 도시 나라는 교토 이전 나라시대의 수도였다. 대도시의 번화한 화려함과 자연을 즐길 수 있는 곳이 간사이 지역이다.

이 책은 **오사카를 중심으로 교토, 고베, 나라 여행을 계획하는 분들을 위한 가이드북**이다. 단순히 음식점이나 관광지를 나열식으로 소개하는 것에 그치지 않고, 장소에 담긴 스토리를 녹여내려 했다. 주어진 시간 내에 최적의 루트를 짤 수 있도록 장소를 선정하여, 제한된 시간 내에 많은 것을 보고 느낄 수 있을 것이다.

지역별로는 지도를 싣고 주요 시설을 표시했다. 지도 외에도 여행을 하며 장소를 편하게 찾을 수 있도록 **QR코드를 활용하여 구글 맵과 연동**이 되게 했다. **연동된 링크를 따라 들어가면 책에서 소개한 장소들이 저장**되어 있어 보다 효율적인 여행이 될 것이다. 오사카 주유 패스나 교통 정기권은 운영 주체에 따라 비용이나 이용 가능 시설의 종류가 바뀔 수 있으며, 음식점과 같은 장소 역시 폐업하는 경우가 생길 수 있다. 그러니 사전에 한 번 더 확인을 해보길 바란다. 맛과 볼거리가 가득한 간사이 지역을 여행하는 데 이 책이 독자 여러분들의 길잡이가 되었으면 하는 바람이다.

이 책이 나오기까지 많은 도움을 받았다. 오사카관광국의 미조하타 히로시(溝畑宏) 이사장님을 비롯해 쿠리야마(栗山俊二郎), 오제키(大関信行) 씨에게 감사드리며, 자료를 제공해준 오사카관광국, 난바 파크스, 나가이식물원 등 여러 시설 관계자에게 감사드린다. 끝으로 세 부자가 여행을 잘 다닐 수 있도록 뒷바라지를 해준 표소영님께도 감사의 뜻을 전한다.

저자 *이진천, 이주호, 이민호*

목차

오사카 스테이션 시티 • 우메다 스카이빌딩 • 햅 • 오하츠텐진 거리 • 츠유노텐 신사 • 한큐히가시 거리 • 요도바시카메라 LINKS UMEDA • 하비스 PLAZA, 하비스 PLAZA ENT • 힐튼플라자 오사카 • 한큐우메다 본점 • 한큐 3, 17, 32번가 • 한신백화점 • 덴진바시스지 상점가 • 오사카텐만구 • 오사카 시립주택박물관 • 나카자키초

베이글&베이글 루쿠아 오사카 • 마루토메 자 주서리 오사카 • WithGreen 에키마르쉐 오사카점 • 신우메다 식당가 • 잇푸도 우메다점 • Eggs'n Things 우메다챠야마치점 • 효테이 • 오이시이모노 요코초 • 무레스나 티 오사카 • 더 그랜드 카페 • 마사키야 • 인디안카레 산반가이점 • 와규야키니쿠 타지마야 • 시치후쿠진 • 하루코마 본점 • 카르다몬 • 커피하우스 빅터 • 오코노미야키 미치쿠사 • KAYA 카페 • 지팡구 카레 카페 • 타이요우노토우 • 미코야

닌텐도 오사카 • 짱구 스토어 • 빔즈 스트릿 • green pepe • 온리 플라넷

Area 2. 미나미

• MAP 미나미 190

• SPOT

신사이바시스지 상점가 • 다이마루백화점 신사이바시점 • 아메리카무라 • 오사카농림회관 • 도톤보리 • 도톤보리 리버재즈보트 • 에비스타워 대관람차 • 호젠지 요코초 • 가미가타 우키요에관 • 에비스바시스지 상점가 • 구로몬 시장 • 난바파크스 • 크리스타 나가호리 • 센니치마에 도구야스지 상점가 • 센니치마에 상점가 • 우라난바 • 자우라 • 덴덴타운 닛폰바시스지 상점가

파블로 신사이바시본점 • 루 뿌르미에 카페 신사이바시본점 • 츠루규 • 마루토메 자 주서리 • 미카사데코&카페 • 홋쿄쿠세이 신사이바시본점 • 메이지켄 • 토레본 • 켄 쿠시 • 레드락 아메무라점 • 쿠쿠루 도톤보리본점 • 스시잔마이 에비스바시점 • 타코하치 도톤보리 총본점 • 킨류라멘 도톤보리점 • 앗치치 혼포 도톤보리점 • 타코야키 쥬하치방 도톤보리점 • 자우오 난바 본점 • 토리키조쿠 도톤보리점 • 우오신 미나미 난바점 • 치보 도톤보리빌딩점 • 551호라이 본점 • 아지노야 • 오코노미야키 사카바 오우 • 킨노토리가라 에비스바시점 • 리쿠로-오지산노미세 난바본점 • 덴푸라 마키노 난바센니치마에점 • 뉴다루니 • 지유켄 난바본점 • 이치란 도톤보리점 별관 • 후쿠타로 본점 • 넥스트 시카쿠 • 야키니쿠 와카바야 • 가라아게쿄다이 닛폰바시점 • 세이멘야 • 포미에

프라이탁 스토어 오사카 • 오니츠카 타이거 신사이바시 • HUMAN MADE 신사이바시PARCO • 스투시 미나미점 • 세컨드 스트릿 아메리카무라점 • 타임리스 콤포트 미나미호리에점 • 어반리서치 도어스 난바파크스점 • 쿠라치가 BY 포터 난바 스토어 • 사카이 이치몬지 미츠히데

Area 3. 오사카성

• MAP 오사카성 주변 232

• SPOT

사쿠라몬 • 천수각 • 혼마루 일본정원 • 오사카성 바이린 • 미라이자 오사카조 • 니시노마루 정원 • 호코쿠 신사 • 에이쥬감옥 터 • 오사카성 고자부네 놀잇배 • 오사카 수상버스 아쿠아라이너 오사카성항 • 조테라스 오사카 • Peace오사카(오사카 국제평화센터) • 오사카 역사박물관 • 오사카 기업가 뮤지엄

더 코나몬 바 리큐 • 사치후쿠야 JO-TERRACE OSAKA점 • 오사카조카마치 • 나다이 치보 JO-TERRACE OSAKA점 • 뉴 베이브 타니마치본점 • 카루보나도 • 라멘 쓰지 • 슈하리 다니마치욘초메점

PART 4. 나라

- 나라는 어떤 도시? 422
- 나라의 교통 시스템 424

Area 1. 나라 동부

• MAP 나라 동부 430

나라현청 전망대 • 히가시무키 상점가 • 나라 공원 • 이스이엔 • 고후쿠지 • 나라 국립박물관
• 도다이지 • 가스가타이샤 • 나라마치 고우시노이에

돈카츠 간코 나라점 • 우동 전문점 카마이키 • 오카루 • 사쿠라 버거 • 와카쿠사 카레 • 멘야 K •
나카타니도 • 다실 산슈테이 • 카마메시 시즈카 공원점 • 카시야 • 오카시 도죠 • 네이라쿠카시
츠카사 나카니시요사부로 • 이신구라 나라마치점

Area 2. 나라 서부

• MAP 호류지 448 • MAP 나라 서부 449

호류지 • 도쇼다이지 • 야쿠시지 • 고리야마성

레스토랑 와카타케 • 아이카와 • 히라소 호류지점 •
후코쿠엔 • 소바키리 요시무라 • 돈마사 • 몬자야키
야마요시 야마토고리야마점

지금 바로 오사카!

京都
Kyoto

滋賀
Shiga

兵庫
Hyogo

大阪
Osaka

奈良
Nara

和歌山
Wakayama

간사이 여행을 떠나기 전에

일본과 간사이

일본은 크게 네 개의 섬으로 이루어지지만 가장 큰 섬인 혼슈(本州)를 기준으로 크게 간토(관동) 지역과 간사이(관서) 지역으로 나뉜다. 에도시대(江戸時代) 이전까지는 수도가 관서 지역인 교토(京都)를 중심으로 움직였다면 에도시대 이후부터는 관동 지역인 도쿄(東京)가 수도로 되면서 발달했다. 하지만 구 수도였던 교토와 인접해 있는 오사카(大阪)는 상업적으로 번성하여 일본의 중추 도시가 되었다.

간사이는 어떤 지역?

간사이는 일본 열도의 가장 큰 섬인 혼슈의 중서부에 해당된다. 행정지방 구분 용어로는 긴키(近畿) 지역이라 칭하는데, 긴키 지역은 오사카부(大阪府), 교토부(京都府), 효고현(兵庫県), 나라현(奈良県), 와카야마현(和歌山県), 미에현(三重県), 시가현(滋賀県)의 2부 5현을 말한다. 이중 간사이는 미에현을 제외한(경우에 따라서는 시가현을 제외) 2부 4현을 말한다.

수도 도쿄가 일본의 심장이라면 간사이는 일본의 뿌리라고 할 수 있다. 오랜 역사를 지닌 교토와 나라, 상업의 도시 오사카 등이 위치한, 역사적으로 일본 중심에 있던 곳이다.

간사이 지역은 서기 794년부터 1,000년 이상 수도였던 교토를 중심으로 일본의 중심지였다. 하지만 1603년 도쿠가와 이에야스(徳川家康)가 통일한 후 막부의 본거지를 도쿄(에도)로 삼으면서 1868년 이후에 일본의 수도는 도쿄가 되었다. 수도가 옮겨졌다고 해도 오랜 기간 정치, 경제, 문화의 중심이었던 간사이 지역은 지금도 많은 인구와 경제력을 바탕으로 막강한 영

향력을 가지고 있다.

특히 그 중심인 오사카와 교토는 오래된 사찰, 문화재, 전통을 간직한 거리들이 남아 있어 관광지로서 매력적인 도시. 세계적인 이벤트와 박람회, 전시회도 자주 열리기 때문에 특별한 이벤트가 있다면 여행 계획을 세울 때 고려하는 것도 좋다.

간사이 지역의 기후는 서울보다 남쪽에 위치해 있어 따뜻한 편이다. 여름에는 30도를 넘나들며, 최근에는 지구온난화로 인해 40도를 육박하는 경우도 늘어나고 있다. 겨울은 눈을 구경하기 어려울 정도로 따뜻하지만 바다와 면해 있어 바람은 차갑다. 오사카, 교토를 여행할 때는 우리나라에서 입던 옷을 그대로 입고 가도 크게 지장이 없을 정도이다.

일본의 치안은 세계적으로도 안전한 것으로 알려져 있다. 우리나라와 마찬가지로 여행객들이 밤에도 마음 놓고 돌아다닐 수 있는 국가 중 하나다. 특별히 말썽을 부리거나 현지인과 마찰을 빚지 않는다면 문제될 일은 없다. 하지만 외출할 때는 특별한 일에 대비해 반드시 여권을 지니고 다니길 바란다.

간사이
계절별 기후

봄

3~4월 벚꽃 철에는 많은 인파가 몰린다. 일본의 수학여행 시즌이 4~6월이기 때문에 교토, 나라 등지에 많은 학생들이 몰려온다. 기온은 우리나라보다 따뜻하지만 일교차가 크니 덧입을 옷이나 가벼운 머플러 등을 준비한다. 명소에서는 야간에 라이트업 행사를 많이 하기 때문에 밤에 나갈 일이 많으니 예비용 덧옷은 꼭 준비하길 바란다.

여름

6월에는 장마가 있고 우리나라에 비해 태풍이 많이 온다. 7~8월에는 우리나라보다 기온이 높고 습도가 높아 불쾌지수가 올라간다. 탈수 방지를 위해 생수는 필수 준비물이다. 선글라스, 우산 또는 양산, 선크림도 필수 지참해야 한다. 오사카의 텐진 마츠리나 교토의 기온 마츠리는 7월에 열리는데 장시간 무더위에 노출되므로 양산과 음료수를 꼭 준비하도록 한다.

가을

가장 관광하기 좋은 계절이다. 간사이의 가을 단풍은 일본 내에서도 유명하다. 특히 교토의 사찰이나 신사들이 인기 명소이다. 단풍 시즌에 맞춰 야간 개장을 하거나 라이트업 행사도 실시한다. 낮과 밤의 기온차가 심하니 야간 일정을 계획했다면 낮에 덥더라도 덧옷을 반드시 챙기길 바란다.

겨울

우리나라보다 기온은 온화하지만 때에 따라서는 대륙풍의 영향으로 매우 차가운 날씨로 바뀔 수 있다. 우리나라에서 입던 옷으로도 충분하지만 가급적 여러 겹을 준비하는 것이 좋다. 부피가 큰 코트보다는 얇은 패딩과 스웨터, 머플러 등이 편리하다. 특히 산이나 크루즈 여행 시에는 바람이 많이 불기 때문에 여벌의 옷을 챙기도록 한다. 겨울은 관광객이 상대적으로 적다.

일본 경제와 화폐

간사이의 대표적인 도시 오사카는 '상인의 도시'다. 무사들이 중심이 된 에도(도쿄), 왕실이 주도한 교토에 비해 오사카는 상인들이 중심이 되어 번영하게 되었다. 일본 경제의 기반이 된 지역이 오사카라 할 수 있다.

일본이 1990년대 초반 이후 장기간의 불황에 빠졌으며 실패로 끝난 도쿄올림픽 등 여러 위기에도 국가부도 위기를 겪지 않고 아직도 세계 경제에서 영향력을 지니고 있는 것은 풍부한 외환보유고와 중소기업의 탄탄한 기술력이 있기 때문이다. 그중에서도 장인정신으로 무장한 일본의 기술력은 아직도 세계 시장에서 인정받고 있다. '모노 츠쿠리(물건 만들기)'로 대변되는 일본의 제조업은 중소기업의 탄탄한 기술력 덕분이다.

오사카는 지리적으로 육상과 해상의 교통 요충지로서 물류이동이 원활하여 전통적으로 섬유업과 자동차, 반도체 관련 제조사들이 자리 잡고 있다. 파나소닉, 샤프, 구보타, 키엔스 등 일본 굴지의 제조사들이 오사카에서 시작한 기업이다. 오사카역과 우메다 지역을 중심으로 많은 기업들의 본사가 들어서 있다.

일본의 화폐는 '엔(円)'이다. 지폐는 10,000엔권, 5,000엔권, 1,000엔권, 2000년에 발행한 2,000엔권이 있으나 2,000엔권은 그리 많이 통용되지 않는다. 동전으로는 1, 5, 10, 50, 100, 500엔화가 있다. 한국과 달리 일본은 1엔짜리 동전도 많이 사용하고 있다. 물건을 구입할 때 소비세가 붙기 때문에 1엔 동전이 필요하다. 우리나라 원화와 일본의 엔화는 100엔당 1,000원 내외에서 오르내리고 있다. 1:10 내외의 비율이다. 물건을 계산할 때 우리나라 원화로 환산하려면 '일본 물건 가격 × 10' 정도로 생각하면 된다.

일본의 물가

 해외 여행을 계획할 때 가장 민감하게 생각하는 것이 비용이다. 우리나라 사람들 대부분은 일본의 물가가 높은 것으로 알고 있다. 도쿄나 오사카와 같은 대도시는 세계 어느 도시에 못지 않게 높은 물가로 알려져 있다. 그러나 자세히 들여다보면 일본의 물가 수준은 우리나라와 비교하여 그리 높다고 할 수 없다. 생산지의 상황이나 물자의 공급량에 따라 변동하는 제품을 제외하면 일본의 물가는 10년 전과 크게 차이가 없을 정도로 변동폭이 작다.

 여행 시 비용 중 상당한 비중을 차지하는 음식 값도 크게 차이가 없다. 세계적으로 각 국가의 물가수준을 알아보기 위한 지표가 있는데 식사 대용으로 먹는 맥도날드의 햄버거 가격을 이용한 '빅맥 지수', 세계적인 커피숍 체인의 커피 가격으로 비교하는 '스타벅스 지수'가 있다. 빅맥 지수로 비교해보면 한국은 4,900원인데 반해 일본은 3,920원으로 저렴하다. 스타벅스 지수 역시 한국이 4,500원인데 반해 일본은 3,920원이다. 이처럼 일반적인 물가 수준은 결코 우리나라에 비해 높은 편이 아니며 제품이나 서비스에 따라서는 저렴하기도 하다.
 물론 가격 변동이 없다고 해도 환율 변동이 꾸준하게 있기 때문에 지출이 많다고 느낄 때도 많다. 100엔당 1,200원일 때와 900원일 때의 차이는 상당하다. 하지만 환율을 고려하지 않아도 일본 여행을 다녀온 많은 사람들은 일본의 물가가 높다고 이야기한다. 여행객들이 일본 물가가 높다고 느끼는 원인은 무엇일까? 필자가 나름대로 분석한 바로는 다음과 같은 것을 들 수 있다.

첫 번째는 <u>원화를 엔화로 환전할 때의 한화와 엔화의 비율에서 오는 느낌이다.</u> 환율의 변동에 따라 다르기는 하지만 보통 1:10 내외의 비율이다. 즉, 우리 돈 100,000원을 엔화로 환전하면 달랑 10,000엔짜리 지폐 한 장이 된다. 이 과정에서 감각적으로 일본의 엔화에 대한 일종의 공포심이 작용하지 않을까 생각된다. 환전을 해서 현찰로 받아보면 기본적으로 십분의 일(1/10)이라는 느낌이 들기 때문이다.

두 번째는 <u>여행자들이 많이 이용하는 대중교통의 요금이 높기 때문이다.</u> 패키지 관광으로 관광을 하는 경우에는 여행사에서 준비한 버스를 타고 다니기 때문에 실감을 할 수 없지만 자유 여행이라면 실감하게 된다. 도쿄나 오사카와 같은 대도시에서 지하철이나 택시를 이용하면 상당히 비싸다는 느낌을 받는다.

일본은 민영화된 JR과 민간이 운영하는 사철 등 지하철 운영 주체가 많아 목적지를 가는 데 표를 두 번 구매하거나 개찰구를 나갔다가 다른 전철의 개찰구로 들어가는 경우가 있다. 우리와는 다른 시스템이기에 비용이 많이 든다고 느끼는 것이다. 택시도 예전에는 우리나라가 훨씬 저렴했다. 다만 택시비 인상 등으로 최근 들어서는 별로 차이가 나지 않는다.

세 번째는 끼니를 해결해야 하는 음식 값이다. 어떤 메뉴를 선택하느냐에 따라 상당히 차이가 있다. 빅맥 지수로 보면 일본이 우리보다 낮은 편이다. 하지만 관광객들이 느끼는 체감 물가는 이보다 훨씬 비싼 편이다. <u>가장 큰 요인으로 '주문 식단제'를 들 수 있다.</u>

일본은 메인 요리 외의 반찬에 대해서 별도의 비용을 지불해야 한다. 우리나라는 김치찌개나 된장찌개를 하나 시키면 기본으로 반찬이 나오는데 일본은 이러한 곁들이 반찬이 아예 없다고 생각하면 된다.

가장 비교하기 좋은 예로 한국 식당인 '야키니쿠(갈비)' 식당이 있다. 우리나라는 메인 메뉴인 갈비를 주문하면 김치, 상추 등이 기본적으로 제공되지만 일본에서는 밑반찬에 대해 별도로 비용을 지불해야 한다. 우리나라에서는 주문하지 않아도 당연히 나오는 반찬을 일본에서는 별도로 구매해야 하니 김치 하나도 주문하기 부담스럽다. 갈비 외에 김치를 먹으려면 추가로 400엔(약 4,000원) 정도의 비용을 지불해야 한다. 이러다 보니 김치 한 조각도 비싸게 느껴지고 일본의 물가가 비싸다고 느낀다.

전체적인 물가 수준은 우리나라와 큰 차이가 없다고 하더라도 관광객 입장에서 체감하는 물가는 우리나라보다 훨씬 높다. **이동에 필요한 교통 요금과 끼니를 해결해야 하는 음식 비용이 우리나라보다 많이 소요되기 때문**이다.

하지만 우리나라 물가 상승률이 일본보다 높아지면서 양국의 차이는 많이 줄어들었다. 간단히 끼니를 해결할 수 있는 햄버거는 일본이 더 저렴하고, 일본 음식인 규동이나 라멘은 우리나라가 훨씬 비싸다. 어떤 식당에서 어떤 메뉴를 선택하느냐에 따라 체감 물가는 달라질 것이다.

01

간사이 교통 시스템

간사이 지역의 교통

전철

간사이 교통은 가장 큰 도시인 오사카를 중심으로 이루어져 있다. 주요 거점 도시를 연결하는 고속 열차 신칸센(新幹線)을 비롯해 전철과 지하철로 이루어져 있다. 전철은 크게 JR과 민영의 사철(私鉄)로 구분된다. 간사이 지역은 JR니시니혼(서일본)과 긴테츠, 한신, 난카이, 한큐, 긴키 등 민간 사업자들에 의해 운영되는 사철이 있다. 오사카를 기점으로 교토, 나라, 고베를 연결하며 30분~1시간 정도에 연결된다. 오사카와 인접한 도시를 연결하는 주요 전철은 다음과 같다.

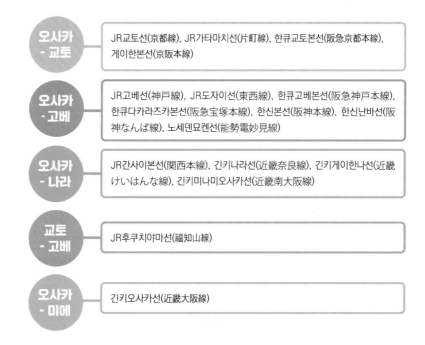

오사카 - 교토	JR교토선(京都線), JR가타마치선(片町線), 한큐교토본선(阪急京都本線), 게이한본선(京阪本線)
오사카 - 고베	JR고베선(神戸線), JR도자이선(東西線), 한큐고베본선(阪急神戸本線), 한큐다카라즈카본선(阪急宝塚本線), 한신본선(阪神本線), 한신난바선(阪神なんば線), 노세덴묘켄선(能勢電妙見線)
오사카 - 나라	JR간사이본선(関西本線), 긴키나라선(近畿奈良線), 긴키게이한나선(近畿けいはんな線), 긴키미나미오사카선(近畿南大阪線)
교토 - 고베	JR후쿠치야마선(福知山線)
오사카 - 미에	긴키오사카선(近畿大阪線)

※ 책에서는 크게 JR은 역 앞에 JR을 표기했으며 이외의 민영·사철은 역 앞에 전철이라고 표기하여 구분했다. 같은 역 이름이라도 운영 주체에 따라 실제 역이 다른 경우가 있으니 이동 전에 확인을 정확히 하길 바란다.

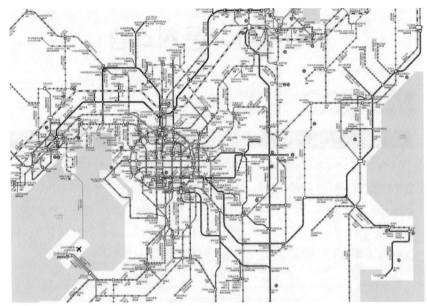

복잡하게 얽힌 간사이 지역의 전철

버스

간사이에서 전철 다음으로 많이 이용하는 교통수단은 버스다. 오사카 시내에서는 전철이 발달했기 때문에 버스를 탈 일이 별로 없을 것이다. 하지만 교토, 나라, 고베 등에서는 유용한 교통 수단이다. 특히 교토의 주요 관광지는 시내와 떨어진 곳에 있어 버스를 이용해야 할 경우가 많다.

이타미공항과 간사이국제공항에서 오사카 주요 거점을 연결하는 공항버스 외에 주요 도시를 연결하는 한큐버스, 나라교통, 긴테츠버스, 난카이버스, 한신버스, 게이한버스 등 많은 버스가 운행 중이다. 오사카, 교토, 고베, 나라 등 각 도시에서 운영하는 시영버스 및 민영버스도 많이 운행되고 있다.

택시

택시는 기본적으로 요금이 비싸기 때문에 추천하지 않지만 몸이 불편하거나 짧은 시간에 주요 관광지만을 돌고 싶다면 택시를 이용하는 것도 하나의 방법이다. 5인승(4인 탑승) 세단과 8~9명이 탑승할 수 있는 중형 택시가 있다. 기본적으로 거리에 따라 요금을 징수하지만 관광 택시는 시간으로 4~5시간, 7~8시간으로 구분하여 요금을 책정하는 경우도 있다.

수상 교통

해상 교통으로 국제전략항구인 오사카항(大阪港)과 사카이센보쿠항(堺泉北港)이 있으며, 주요 항만인 한난항(阪南港) 외에 여러 곳의 지방 항만이 있다. 대중교통은 아니지만 관광으로 즐길 수 있는 유람선도 있다. 오사카 내에서 네야강이나 도톤보리강을 따라 즐기는 관광 크루즈선이 있다.

렌터카

최근에 일본에서 렌터카를 이용해 관광하는 사람이 늘어나고 있다. 사실 교통이 복잡한 도쿄나 오사카 등의 대도시에서 렌터카를 이용하는 것은 비효율적이다. 도로가 많이 막히기 때문에 시간적으로도 손해이며 주차비 등 부대 비용이 소요되어 가성비가 떨어진다. 하지만 교토나 나라와 같이 관광지가 떨어져 있고 비교적 한산한 곳에서는 도전해볼 만하다.

주의해야 할 점은 운전석 위치가 우리와 반대인 오른쪽에 있기 때문에 헷갈릴 수 있다는 점이다. 회전 신호등(깜빡이)을 조작한다면서 와이퍼를 조작하는 실수를 범하거나 차선을 혼동하는 경우가 종종 있다. 자칫하면 사고로 이어질 수 있기 때문에 운전 경력이 충분하고 만일의 트러블에 대비하여 어느 정도 일본어를 구사할 수 있는 사람에게 권하고 싶다.

전철 승차권(티켓) 구입

전철 노선이 많고 복잡하기는 하지만 전철 승차권(티켓)을 구매하거나 승차하는 방법은 우리나라와 크게 다를 바 없다. 창구에서 승무원에게 직접 구매해도 되고, 개찰구 근처에 있는 자동 발매기를 이용할 수도 있다. 일반적인 승차권 발매기에서 구입하는 방법은 다음과 같다.

1. 먼저 목적지까지의 요금을 확인한다.

탑승할 역에서 목적지까지의 금액을 정확히 파악해야 한다. 요금 체계가 우리나라보다 세분화되어 있어 각 역마다 금액이 다르기 때문이다. 예를 들어, 서울 지하철 2호선에 해당하는 오사카간조선의 경우 거리에 비례해서 요금이 결정된다. 오사카역(大阪駅)에서 세 번째 역인 교바시역(京橋駅)까지는 170엔이고, 일곱 번째 역인 츠루하시역(鶴橋駅)은 190엔이다. 이렇게 각 역마다 요금이 다르기 때문에 목적지까지의 요금을 정확히 파악해야 한다.

2. [한국어]를 눌러 한국어 메뉴가 나오도록 한다.

3. [승차권 구매] 버튼을 누른다. ICOCA를 구매하고자 한다면 [ICOCA 구입]을 누른다.

4. 요금에 맞춰 현금을 투입한다. 승차 지역의 요금에 맞는 금액 버튼을 누른다.

5. 금액에 맞춰 현금을 투입한다. 투입된 금액이 표시되고 잔액이 있으면 표시된다.

해당 금액의 버튼을 누르면 승차권이 발매되고 잔돈이 나온다. 기기에 따라 순서나 화면에 약간 차이가 있을 수 있으나 순서대로 따라서 하면 그리 어렵지 않다.

자동 발매기를 이용하지 않을 경우에는 역무원이 있는 창구에서 구입한다. 가고자 하는 목적지를 말하고 돈을 내밀면 승차권을 발행해준다. 예를 들어 역무원에게 "오사카에끼 오네가이시마스(大坂駅、お願いします)" 또는 "오사카에끼에 이끼따이데스(大坂駅へ行きたいです)"라고 말하면 금액을 알려준다. 돈을 내면 승차권을 준다.

미도리노 마도구치와 뷰 프라자 마크

미도리노 마도구치

신칸센과 같은 고속전철이나 장거리 버스 등은 JR 승차권 발매소인 '미도리노 마도구치(綠の窓口)' 또는 여행 센터인 '뷰 프라자(びゅうプラザ)' 창구에서 구입한다. '뷰 프라자'에 가면 철도 승차권 발매를 비롯하여 항공권도 구매할 수 있으며 다양한 여행 정보를 얻을 수 있다.

다만, 앞선 방법으로 구매하면 JR선을 탑승했다가 지하철인 메트로나 다른 철도회사의 전철로 갈아탈 때마다 해당 승차권을 구매해야 하기 때문에 매우 번거롭다. 가장 좋은 방법은 우리나라의 T-머니와 같은 교통카드(ICOCA)를 구매하여 사용하는 방법이다.

교통카드(ICOCA) 구입 및 사용

우리나라의 T-머니와 유사한 기능을 하는 교통카드로 오사카에서는 JR니시니혼에서 발매하는 '이코카(ICOCA)'와 간사이 지역 지하철(메트로)에서 발매하는 '피타파(PiTaPa)'가 있다. 피타파는 후불이며 신용카드 발급과 같은 절차를 밟아야 하기 때문에 관광객과는 맞지 않다. 이코카(ICOCA)는 교통카드 외에도 전자머니 기능도 있다. 편의점 또는 역 구내의 자판기나 짐을 맡기는 코인락커 등에서 센서에 터치하여 현금처럼 사용할 수 있어 매우 편리하다. 1일권이나 세트를 구매하지 않는다면 이 카드를 구매하여 활용하는 것이 편리하다. 도쿄에서 사용하는 스이카(Suica)나 파스모(Pasmo)도 사용할 수 있으므로 혹시 도쿄 관광 시에 구매한 카드가 있다면 가지고 가는 것이 편리하다.

이코카(ICOCA)

1. 가격

일반적으로 처음 구매할 때는 한 장에 2,000엔인데 이중 보증금이 500엔이다. 2,000엔을 지불하면 실제 적립된 금액은 1,500엔이다. 일부 판매기에서는 1,000엔, 3,000엔, 5,000엔 단위로 판매하기도 한다.

어린이용 카드는 50% 할인된다. 어린이용은 창구에서만 구입할 수 있는데 여권을 제시해야 한다. 구입 후 충전할 때는 1,000엔부터 1,000엔 단위로 충전한다.

2. 구입 및 환불 장소

JR역 구내의 IC 마크가 있는 티켓 자동발매기 또는 티켓 판매 창구에서 구입할 수 있다. 자동발매기는 카드 신규 발급이 안 되는 기계도 있기 때문에 사용하기 전 확인해야 한다(아래 사진 참고). 할인이 되는 어린이용을 구매하려면 어린이임을 증명하기 위해 여권을 지참하여 창구에서 구매해야 한다. 자동 발매기에서의 구입 절차는 다음과 같다.

ICOCA를 판매하는 자동발매기 ▶

❶ 화면에서 '카드 구입(Purchase Card)' 버튼을 누른다.

❷ 충전(구입) 금액을 선택하면 다음과 같이 표시된다.

❸ 현금을 넣는다.

❹ 발행된 카드와 거스름돈을 회수한다.

환불은 JR 창구에서 받을 수 있다. 수수료 200엔을 차감하고 환불한다. 보증금 500엔도 환불받을 수 있다. 오사카를 다시 방문할 기회가 있다면 굳이 환불하지 않고 가지고 있는 것이 좋다. 간사이 지역이 아니더라도 제휴가 되어 있는 다른 지역(도쿄)에서도 사용할 수 있기 때문에 일본에 다시 갈 기회가 있다면 환불하지 않아도 된다.

ICOCA 카드 사용이 가능한 표시인 IC 마크

3. 사용 방법 및 구간

사용 방법은 우리나라 지하철과 마찬가지로 개찰구의 터치 패널에 터치하면 운임이 차감되어 잔액이 표시된다. 당연한 이야기이지만 잔액이 적으면 미리 충전해놓는 것이 좋다.

JR선은 물론 긴테츠, 한큐, 한신 등 민영 철도와 지하철(메트로), 버스 등에서 사용 가능하다. 편의점이나 자판기, 코인락커 등 IC 마크가 있는 장소나 기기에서는 전자머니 기능으로 사용할 수 있다.

TIP 하루카(HARUKA)

간사이국제공항에서 덴노지, 신오사카, 교토, 고베, 나라를 직접 연결하는 간사이국제공항 특급 'HARUKA' 할인 티켓을 구입할 수 있는 경제적인 상품이다.

- '할인 편도 티켓' 사용자는 반드시 외국정부로부터 발급받은 여권을 소지하고 있어야 한다.
- '할인 편도 티켓' 사용자는 단기 체재(Temporary Visitor)로 일본에 입국해야 한다. 유학과 같은 장기 체재 목적으로는 해당되지 않는다.
- 개인 고객의 경우 동일한 사용 기간 동안 같은 종류의 패스를 하나 이상 구입하거나 교환할 수 없다.
- 국내 대형 여행사를 통해 구매하는 것이 효율적이다.

1. 유효 지역

2. 가격

서비스 구간		어른	어린이
간사이국제공항	덴노지	1,300엔	650엔
	오사카 시내	1,800엔	900엔
	교토 시내	2,200엔	1,100엔
	고베	2,000엔	1,000엔
	나라	1,800엔	900엔

각 구간별 하차할 수 있는 역이 지정되어 있으니 확인하고 탑승하도록 한다.

특실, 일반실 지정석, 보통열차용 특실권은 별도의 티켓이 필요하다.

간사이 지역 간 이동에 유용한 교통 패스

오사카를 중심으로 인근 도시를 이동할 때 유용한 교통 패스가 많다.
주요 교통 패스에 대해 알아보자.

구분	JR간사이 패스 (JR Kansai Area Pass)	JR간사이 미니 패스 (JR Kansai Mini Pass)
사용 가능 지역	오사카, 교토, 나라, 고베, 히메지, 와카야마 등	오사카, 교토, 나라, 고베 등 주요 핵심 도시
사용 가능 교통 수단	JR열차, 간사이국제공항-오사카-교토 특급 하루카 지정석, 서일본 지역 내 일부 JR 버스	JR열차(신칸센, 특급 열차, 버스 제외)
가격	1일권 2,800엔 2일권 4,800엔 3일권 5,800엔 4일권 7,000엔	3일권 3,000엔
추가 특전	관광 시설 할인 및 이용	-
판매처	국내 취급 여행사, JR 주요 거점 역 창구	국내 취급 여행사에서만 가능. e-티켓이기 때문에 자동발권기 또는 카운터에서 티켓으로 교환
비고	신칸센, 고속버스 제외	• JR역을 중심으로 사용할 때 유용 • 오사카 e-pass와 함께 사용하면 더욱 유용

*JR간사이 와이드 패스(JR Kansai Wide Pass): 간사이 주요 도시(교토, 나라, 고베)와 오카야마, 키노사키 온천, 시라하마 온천 등을 광범위하게 이동할 수 있다. 가격은 5일권 12,000엔이며, 국내 취급 여행사, 간사이국제공항, JR 주요 역에서 판매한다.

* **스룻토 쿠루토(Surutto-QRtto):** 스룻토 쿠루토는 스마트폰으로 QR코드를 통해 다양한 교통수단과 관광시설을 이용할 수 있는 디지털 티켓 서비스다. 2024년 6월 17일에 시작되었으며, 일본 내에서 처음으로 시행된 간사이 지역 운송사 간의 공동 디지털 티켓 플랫폼이라 여러 티켓을 비교하여 구매하기에 좋다. 오사카메트로, 긴키일본철도, 게이한전철, 난카이전철, 한큐전철, 한신전철, 오사카시티버스 등의 교통수단에서 이용할 수 있다.

간사이 레일웨이 패스 (Kansai Railway Pass)	게이한 패스 (Kyoto-Osaka Sighting Pass)	긴테츠 레일 패스 (Kintetsu Rail Pass)
간사이 전 지역	오사카-교토 구간	오사카-교토-나라 구간
JR을 제외한 사철(공항급행 포함), 지하철, 버스 등 대부분	게이한 전철	긴테츠 전철, 나라 교통 버스
2일권 5,600엔 3일권 7,000엔	교토, 오사카 1일 1,100엔 교토, 오사카 2일 1,600엔 교토 1일 800엔	1일권 1,800엔 2일권 3,000엔 5일권 4,500엔
260여 관광 시설 무료 입장 또는 할인		관광 시설 및 식당 할인
국내 취급 여행사, 간사이국제공항 안내소, 난카이 전철 간사이공항역 티켓 오피스, 오사카 시내 관광 안 내소, 한큐 투어리스트 센터 등	국내 취급 여행사, 간사이국제공항 안내소, 오사카 시내 관광안내소, 게이한 전철 주요 역	국내 취급 여행사, 간사이국제공항 안내소, 오사카 시내 관광안내소, 주요 전철 주요 역
유효기간 내에 비연속적으로 사용 가능(월, 수요일 나누어 사용) -히메지, 고야산 등 멀리 있는 지역을 다니고자 할 때 유용 -국내 구매 또는 인터넷 예약 후 현장 구매가 저렴	• 2일권은 비연속적 사용 가능(월, 수요일 사용) • 교토의 기요미즈데라, 기온, 헤이 안신궁 등 이용 시 효율적 • 국내에서 구매 시 더욱 저렴	2일권은 연속 사용만 가능 -특급탑승 시 추가 요금 비쿠 카메라, 긴테츠백화점, 하루카스 전망대, 식당 등 할인 특전

* 각 패스별 자세한 사용 방법 및 주의 사항은 구매 시 확인하기 바란다.

간사이 지하철 이용 팁

간사이 지역에서 지하철을 이용하는 방법은 한국에서 지하철 이용하는 방법과 그리 다르지 않다. 하지만 일본은 사기업에서 운영하는 철도인 사철이 많다. 간사이 지역 중 특히 오사카의 우메다와 난바 같은 경우 여러 지하철, 철도 회사들이 비슷한 역명으로 철도 시스템을 운영하기 때문에 복잡해서 이용하기 어렵다. 특히 지하철은 지하상가와 환승 구간 등에서 방향감각을 잃기 쉽고 지도 GPS도 잘 작동하지 않는 경우도 많아 난감한 경우도 생긴다. 심지어 일본인들도 평소에 가지 않던 곳이면 헤매는 경우도 많다. 간사이에서 가장 복잡하고 헤매기 쉬운 오사카를 기준으로 덜 헤매는 방법을 알아보자.

1. 역 찾아가기

기타 지역이나 미나미 지역은 뒤의 본론에서도 소개하겠지만 운영 주체가 다른 여러 역들이 붙어 있다. JR오사카역, 한큐오사카우메다역, 한신오사카역 등 비슷한 이름의 역들이 많다. 난바도 오사카메트로 오사카난바역, 난카이난바역 등 마찬가지다. **따라서 이런 곳에서는 일단 역의 운영주체를 잘 찾아가야 한다.**

◀ 우메다역의 이정표.
붉은색으로 표시된 것이
회사명

왼쪽 그림은 구글 지도에 길찾기를 하면 나오는 화면이다. 사진처럼 탑승해야 하는 노선의 로고와 노선 이름 앞 운영 주체를 잘 보자. 또한 주요 역의 경우 정보란에서 승강장 번호와 어디 행인지도 확인할 수 있다.

오른쪽 사진처럼 이렇게 역에 있는 이정표에서 철도회사 사명이나 노선 이름을 잘 찾아가자.

2. 전철 승하차

전철 승하차는 우리나라와 크게 다를 바 없다. 개찰구의 구조와 시스템도 비슷하다. 승차권 발매기에서 구매한 승차권은 개찰구의 승차권 투입구에 넣으면 앞쪽으로 튀어 나온다. 이를 빼서 승차할 플랫폼으로 가서 승차한다. 승차권을 빼는 것을 잊어버려 목적지에서 다시 요금을 지불하지 않도록 하자. **교통카드인 이코카(ICOCA)나 스이카(Suica), 파스모(Pasmo)는 개찰구의 센서에 터치를 하고 지나간다.**

목적지에 도착하여 개찰구를 나올 때는 승차권 투입구에 넣거나 센서에 태그를 하고 나오면 된다. 구입한 승차권의 금액을 초과했거나 충전 금액이 부족한 경우에는 부족한 금액을 정산해야 한다. 개찰구 옆에 있는 요금 정산기에 승차권을 넣으면 부족한 금액이 표시된다. 부족한 금액만큼 돈을 투입하면 정산이 된다. 정산기 사용이 어려우면 출구 앞에 있는 역무원에게 내보이면 금액을 알려준다. 그 금액만큼 추가로 지불하면 된다. 교통카드도 마찬가지 방법으로 정산한다. 잔액이 부족하지 않도록 탑승 전에 목적지까지의 요금을 정확히 파악한 후 미리 충전해놓는 것이 좋다.

오사카의 전철 역에는 많은 전철이 오가기 때문에 플랫폼이 정말 많다. 각 운영 주체 및 목적지에 따라서 플랫폼이 다르기 때문에 가고자 하는 목적지의 탑승구를 정확히 파악해야 한다. **하나의 플랫폼에 드나드는 전철의 종류도 많기 때문에 주의해야 한다.**

일본은 전철의 종류에 따라 정차하는 역이 있고 그렇지 않은 역이 있다. 각 역을 정차하는 **보통**(모든 역 정차), 몇 개의 역을 건너뛰는 **특급, 구간특급, 쾌속, 구간쾌속, 준급, 급행, 구간급행** 등 우리나라와 비교해 여러 종류가 있다. 들어오는 열차가 가고자 하는 목적지 역에서 멈추는지 확인하고 탑승해야 한다.

다음의 예는 한신본선의 노선도다. 노선도에는 다양한 색상으로 열차의 종류가 표시되어 있다. 위쪽에서부터 직통특급(直通特急), 특급(特急), 구간특급(区間特急), 급행(急行), 구간급행(区間急行), 보통(普通), 쾌속급행(快速急行)이다. 각 색상 노선에 따라 정차하는 역에 흰색 동그라미나 삼각형 표시가 있다. 가장 위쪽에 있는 빨간색의 직통특급을 탑승하면 아마가사키(尼崎), 고시엔(甲子園), 니시노미야(西宮), 아시야(芦屋)에서만 정차를 한다. 이처럼 동일한 플랫폼에서 승차를 하더라도 어떤 열차를 탑승하느냐에 따라 정차하는 역이 다르니 주의한다. 또한 회사에 따라 열차의 종류에 따른 용어(특급, 준급, 쾌속 등)나 표시 방법에도 차이가 있으므로 노선도를 꼼꼼히 살펴보고 탑승해야 한다.

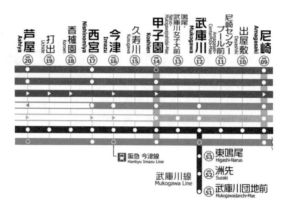

이 노선을 이용하여 아마가사키에서 이마즈(今津)로 간다고 가정해보자. 첫 번째로, 아마가사키역에서 직통특급을 탑승하여 고시엔역에서 내린 다음 보통열차로 갈아타고 두 정거장을 가면 이마즈역에 도착할 수 있다. 두 번째 방법은 오렌지색 급행을 타면 세 번째 역이 이마즈역이다. 마지막으로 보통열차를 처음부터 타고 일곱 번째 역에서 내려도 된다. 이렇게 여러 방법이 있으니 시간, 경로 등을 종합하여 선택하면 된다.

플랫폼에 가면 중앙에 다음에 들어오는 열차의 정보가 표시된다. 타는 곳, 전철의 종류, 최종 목적지, 발차시간 등이 표시된다.

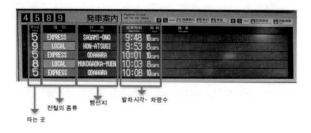

3. 출구 찾기

나가기 전에 구글 맵이나 역사에 있는 지도를 보고 목적지와 가까운 출구를 잘 확인하자. 어떤 역들은 그냥 보이는 출구로 나갔다가 목적지가 알고 보니 역 반대쪽에 있어 멀리 돌아가야 하는 일이 생기기도 한다. 지하철의 경우 상대적으로 덜하지만 고가식으로 되어 있는 전철이나 역 규모가 큰 경우 이미 개찰구를 통과해 나왔다면 역 반대쪽으로 가기 위해 엄청 크게 돌아가야 한다.

4. 일본 전철은 인명사고가 잦다

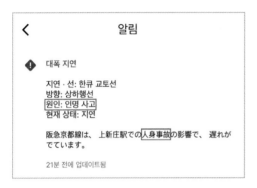

일본은 우리나라와 달리 스크린 도어가 설치되어 있는 역이 적다. 이에 따라 선로에 이물질이 떨어지는 등 다양한 돌발사건, 사고가 발생한다. 특히 전철에 사람이 일부러 혹은 사고로 치이는 '인신사고(人身事故)'가 자주 발생한다. 이런 사고가 발생하면 열차가 오랜 시간 지연되기 때문에 미리 이런 일이 자주 발생한다는 것을 염두하고 철도를 이용하는 것이 좋다.

보통 사고가 발생하면 구글 지도에 연착이라고 빨간 글씨로 알려주며 승강장 스크린에도 안내문이 나온다. 항상 사고에 유념하며 열차가 멈추기 전까지 선로에 너무 접근하지 않도록 하자. 노약자나 어린 아이와 동행하는 여행객은 승강장 위에서 더욱 안전에 만전을 기하자.

02

숙박은 어디서 할까?
숙박의 종류

여행에서 잠자리를 정하는 것도 중요하다. 고급 호텔에서 머물 수 있다면 좋겠지만 여행 경비를 최소화하고자 하는 일반적인 여행객 입장에서는 이용하기가 쉽지 않다. 비교적 저렴한 비즈니스 호텔을 비롯해 다양한 숙소가 있다. 최근에는 에어비앤비, 호텔스닷컴, 트립닷컴과 같은 숙박중계 사이트를 이용하여 아파트와 같은 민가에서 숙박하는 관광객이 늘어나는 추세다. 오사카에서 숙박할 수 있는 장소의 종류에 대해 간단히 알아보자. 숙박중계 사이트나 여행사를 통해 예약하는 경우가 대부분이기 때문에 여기에서는 숙박 업소는 별도로 나열하지 않겠다.

호텔

호텔의 종류는 일반적으로 가격에 따라 다르다. 하룻밤 묵는 데 수십 만 원을 지불해야 하는 특급 호텔에서부터 저렴한 가격의 비즈니스 호텔도 있다. 여행객들이 가장 많이 이용하는 호텔은 비즈니스 호텔이다. 비즈니스 호텔도 하룻밤 70,000~80,000원대부터 100,000원대까지 다양하다.

특급 호텔이 아닌 일반 호텔의 경우, 일본 호텔이 아마 세계에서 가장 좁을 것이다. 우리나라의 모텔보다 비좁다. 침대 한두 개에 겨우 지나갈 공간이 있고 욕실도 한 사람이 겨우 이용할 수 있는 공간이다. 조식이 포함된 경우도 있고 그렇지 않은 경우도 있다. 가성비를 따지는 여행객이라면 조식을 포함하지 않고 편의점의 도시락 또는 라면이나 규동을 사 먹는 것이 경제적이다.

호텔 예약은 여행사 또는 호텔 전문 중계 사이트를 통해 가격대와 지역을 골라 예약하면 된다. 가격이 저렴하면 역에서 떨어진 경우가 많으니 반드시 역으로부터 거리를 확인하도록 한다.

게스트하우스

'도미토리(Dormitory)'라 하여 여러 명이 하나의 방에서 머무는 저렴한 숙박 시설이다. 유스호스텔도 이에 속한다. 1인실도 있지만 기본적으로 여러 명이 한 방을 이용하는 숙박시설이다. 2층 침대를 이용하는 경우도 있다. 화장실이나 욕실은 공동으로 이용해야 하는 불편함을 감수해야 한다. 프라이버시를 지키기는 어렵지만 다른 사람들과 접촉할 수 있는 기회가 많다는 장점이 있다. 젊은 층을 중심으로 배낭 여행객들이 많이 활용하는 숙박 시설이다. 가격은 1인 기준 1박당 20,000~30,000원대가 일반적이다. 레지던스 형식으로 별도의 공간을 가진 게스트하우스는 웬만한 비즈니스 호텔보다 비싼 경우도 있다. 보통 체크인은 오후 3시경이며 체크아웃은 오전 10시 또는 11시다.

캡슐 호텔

한 사람이 들어갈 수 있는 캡슐 모양의 좁은 공간에서 숙박을 하는 형태의 호텔이다. 화장실이나 사우나 또는 온천 시설을 공동으로 사용한다. 말 그대로 잠만 자기 위한 공간으로 이해하면 된다. 큰 짐이 없이 혼자 여행을 떠날 때 저렴하게 머물기 좋은 곳이다. 주로 남성 전용이 많으며 최근에는 여성이 이용 가능한 캡슐 호텔이 늘어나고 있다. 오사카의 신사이바시, 난바, 우메다 지역 등 주요 번화가에는 반드시 캡슐 호텔이 있다.

이용하는 방법을 간단히 설명하면 다음과 같다.

1. 호텔에 들어서면 신발장에 신발을 넣은 다음 신발장 키를 가지고 카운터로 간다.
2. 신발장 키를 카운터에 건네고 체크인을 하고 사물함 키를 받는다. 사물함 키는 온천이나 사우나에서 주는 키와 마찬가지로 손목이나 발목에 착용할 수 있다.
3. 사물함에 가서 사물함에 짐을 넣고 가운으로 갈아입는다.
4. 키에 적힌 캡슐의 호실을 찾아 들어간다.
5. 욕실과 사우나에서 씻고 비즈니스 라운지(PC, 텔레비전, 소파 등이 구비된 휴게실)에서 쉬다가 캡슐에 들어가 수면을 취한다.

비용은 대부분 1박당 30,000~40,000원 내외가 일반적이다. 주말이나 연휴가 끼어 있으면 할증이 되기도 한다. 보통 체크인은 오후 3시경이며 체크아웃은 오전 10시 또는 11시다.

민박

비교적 최근에 퍼졌으며, 숙박중계 사이트(Airbnb 등)를 이용해 예약하여 머물 수 있는 숙박시설이다. 이러한 사이트는 방을 빌려주는 호스트와 방을 빌리는 게스트를 중계해준다. 일본인들이 살고 있는 맨션(우리나라의 아파트) 또는 아파트(우리나라의 빌라 형식)를 이용할 수 있다. 내부에서 취사도 가능하고 자유롭게 지낼 수 있다. 가격대는 시설이나 교통편에 따라 천차만별이다. 1박당 30,000원부터 100,000원 이상인 곳도 있다.

민박은 사이트에 나와 있는 기본 숙박료(1박당 요금)만 보고 판단해서는 안 된다. 기본 숙박료에 추가로 청소비와 수수료가 붙는다. 다음의 예를 보자. 겉으로 표기된 금액은 1박당 3,990엔이다. 그런데 3박을 예약하려고 하면 3,990엔×3박 = 11,970엔이 아니고 청소비와 서비스 수수료가 붙어 22,484엔이 된 것을 볼 수 있다. 1박으로 계산해보면 1박당 7,495엔이다. 이렇게 청소비와 수수료가 붙으니 비즈니스 호텔과 별 차이가 없다.

오른쪽은 같은 시설에서 세 사람이 묵었을 때 견적이다. 3박 합계가 29,196엔이다. 청소비는 한 사람이나 세 사람이나 동일하다. 1인 1박 금액으로 계산해보면 3,244엔으로 혼자 묵었을 때 7,495엔이 나온 것에 비해 절반 이하가 된다.

이러한 상황을 정확히 파악해서 예약을 하는 것이 좋다. 경험으로 비추어 한 사람이 숙박하는 것보다 여러 사람이 함께 숙박하는 것이 더 경제적이다. 호텔이 아닌 이런 숙박 시설을 이용하는 가장 큰 이유가 경제적 메리트인만큼 경제성을 따져 볼 필요가 있다.

료칸(旅館)

우리말로는 '여관'이다. 일본 전통 숙박시설로 가격이 상당히 고가인 경우가 많다. 방은 침대도 있기는 하지만 일반적으로 일본 전통식인 다다미방이다. 숙소에 따라 온천욕과 전통 요리를 즐길 수 있다. 검색 사이트에서 '료칸(旅館)'으로 검색해보면 60,000원 대도 있지만 이는 캡슐 호텔이나 게스트하우스와 같은 수준이다. 대부분은 100,000원 이상이다. 고가이기 때문에 가성비를 따지며 여행을 떠나는 대학생이나 젊은 회사원들은 머무르기 쉽지 않은 숙박 시설이다. 일본의 전통적인 숙박이나 음식을 즐기고 싶다면 한 번쯤 도전해볼 만하다.

숙박할 장소를 선정할 때는 가격과 함께 위치가 가장 중요하다. 당연히 역세권이면 그만큼 가격이 올라갈 수밖에 없다. 숙박중계 사이트를 이용할 때, 무턱대고 가격만 보고 예약을 하게 되면 역에서 걷는 시간이 많아 고생하는 경우가 있으니 주의하기 바란다.

03

일본 가기 전에 알아두면 좋은
사전 준비와 기본 매너

사전 준비 및 숙지 사항

해외여행에 기본적으로 필요한 여권이나 기본 준비물은 별도로 언급하지 않겠다. 우리와 다른 환경과 현지에서 위급상황 발생 시의 대처 등에 대해 알아보자.

전압

일본은 우리와 달리 전압은 100V, 주파수는 50/60Hz다. 우리나라는 220V, 60Hz다. 220V 전용이라면 일본에서는 사용할 수 없다. 요즘 출시되는 휴대전화 충전기, 노트북 등 대부분의 전자기기는 100V~240V, 50/60Hz로 한일의 전압과 주파수를 커버한다. 전자기기를 사용할 때는 반드시 제원을 확인해야 한다. 노트북 AC 어댑터나 전자 제품 뒷면에 붙어 있다. 220V 전용 또는 60Hz 제품이라면 별도의 변압기를 사용해야 한다. 다음 그림을 보면 전압은 100~240V이며, 주파수는 50Hz~60Hz로 프리볼트 전자기기다.

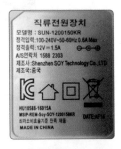

프리볼트 제품의 경우라도 전원을 꽂는 플러그의 구멍이 우리나라와 다르다. 우리나라는 원형인 반면 일본은 일자형 콘센트이기 때문이다. 따라서 원형 콘센트를 일자형으로 바꿔주는 어댑터를 사용해야 한다. 여러 나라를 커버할 수 있는 멀티 어댑터도 있지만 가장 간단한 것은 문방구나 철물점 등에서 일명 '돼지코'라 불리는 어댑터를 구입하면 된다.

전화 및 인터넷(와이파이) 사용

일본에서 우리나라로 전화를 걸 때는 '국가 번호-지역 번호-0000-1234' 순이다. 일본의 국가 번호는 '81', 우리나라는 '82'다. 이때 지역 번호에서 앞의 '0'을 제외하고 걸어야 한다. 예를 들어, 서울이라면 '82-2-0000-1234' 형식이다. 휴대전화의 경우라면 '010'의 '0'을 제외하고 '82-10-0000-1234'가 된다. 와이파이의 경우, 우리나라에 비해 무료 와이파이 존이 적은 편이지만 최근에는 많이 늘어나고 있다. 웬만한 호텔에서는 무료 와이파이 서비스를 제공하고 있다.

포켓 와이파이
공항에서 각 통신사나 사업자가 휴대용 와이파이(포켓 와이파이) 기기를 대여해주고 있다. 가격도 1일당 3,000~5,000원으로 저렴하게 임대하여 사용할 수 있다. 김포공항이나 인천공항에서 임대하여 사용하고 귀국할 때 반납하면 된다. 필요에 따라서 일본 공항에서 임대하고 일본 공항에서 반납할 수 있는 임대업자도 있다. 통신사에서 제공하는 데이터 로밍 요금은 '1일당 10,000원' 내외이므로 휴대용 와이파이 기기가 훨씬 저렴하다. 단, 휴대하고 다녀야 한다는 불편함은 감수해야 한다.

eSIM 칩
USIM과 동일한 기능을 하지만 물리적 삽입이나 교체 없이 사용할 수 있다. 휴대전화에 있는 디지털 SIM을 사용하는 방법으로 이메일로 받은 QR코드를 스캔하여 파일을 다운로드하여 사용한다. 하지만 eSIM 기능을 지원하는 스마트폰만 이용 가능하다.

USIM 칩
일본에서 사용 가능한 USIM 칩을 구매하여 사용하면 속도도 빠르고 저렴하지만 수령해서 교체해야 하는 수고를 감수해야 한다. 구매 신청을 한 후 공항에서 USIM 칩을 수령하여 삽입한다. 기존 전화번호를 인식하지 않기 때문에 한국에서 걸려오는 전화를 받을 수 없다.

로밍
가장 일반적인 방법으로 소지하고 있는 휴대전화 회사 창구에서 로밍 서비스를 받는 방법이다. 쉽게 사용할 수 있으나 상대적으로 요금이 비싼 편이다. 하지만 일본의 경우는 그리 비싸지 않은 가격에 이용할 수 있어 추천한다.

위급상황 시 대처

① 지진 발생 시

'일본' 하면 떠오르는 재해로 지진을 들 수 있다. 해외여행에서 지진을 만나면 더욱 당황할 수 있다. 여행 중에 지진이 발생하면 일반적으로 대처하는 방법을 따른다.

먼저 가스를 잠그고, 탈출구를 확보하기 위해 문을 열어 놓으며, 떨어지는 물건으로부터 피해를 줄이기 위해 책상 밑으로 들어간다.

호텔과 같은 큰 건물에 있을 때는 밖으로 나오려고 하지 말고 건물 내에 있는 것이 안전하다. 일본은 내진설계가 잘 되어 있어 건물 안이 더 안전하다. 특히 대형 건물은 내부가 더 안전하다.

피난을 가야 할 경우는 공원이나 학교 운동장과 같은 넓은 장소가 좋다. 주변에 건물이나 구조물이 없는 곳일수록 좋다. 건물 옆에 있으면 위에서 떨어지는 낙하물에 맞을 수 있기 때문이다.

❷ 도난이나 분실

일본에서 도둑이 들어와 물건을 도난당할 일은 거의 없다. 만에 하나 그러한 일이 발생했다면 먼저 호텔 프런트나 관리인에게 연락해야 한다. 그래도 해결되지 않으면 우리나라 파출소에 해당하는 '코방(交番)'을 찾아가야 한다. 길거리에서 도난을 당하거나 분실물이 발생하면 코방을 찾아간다. 코방은 전철 역 주변과 같이 사람이 많이 다니는 곳에 위치해 있으므로 쉽게 찾을 수 있다. 분실물 센터 전화번호는 다음과 같다.

역 구내, 전철 등

JR서일본 고객센터&분실물센터 (JR西日本お客センター)	0570-224-146 / 06-6133-4146
한큐전철 분실물센터 (阪急電鉄お忘れ物センター)	06-6373-5226
한신전철 분실물센터 (阪神電鉄お忘れ物センター)	06-6457-2268
게이한전철 분실물센터 (京阪電鉄お忘れ物センター)	06-6353-2431
오사카메트로 분실물센터 (東京メトロお忘れ物センター)	0570-6666-24

택시

오사카택시센터 (大坂タクシーセンター)	06-6933-5618, 5619

영수증에 기재된 택시 사업자에 문의하고, 어느 택시인지 불명확한 경우에는 가까운 코방(파출소)에 연락한다. 다른 지역도 마찬가지로 영수증에 기재된 택시 사업자에 문의. 따라서 택시 탑승시에 영수증을 받도록 한다.

❸ 응급조치 및 의료 관련

　해외여행 중 가장 곤란하고 힘든 일이 몸에 이상이 생겼을 때다. 가벼운 감기나 소화불량이라면 구급약으로 해결할 수 있겠지만 의사의 응급 조치가 필요한 경우는 난감하다. 먼저, 묵고 있는 호텔이나 게스트하우스의 프런트에 연락을 취한다.

응급처치가 필요한 경우

우리나라와 동일	119

가벼운 부상이나 치료의 경우

오사카부구급의료정보센터 (大阪府救急医療情報センター)(24시간 연중무휴)	06-6693-1199
한국어 가능 병원 안내(AMDA 국제의료정보센터)	06-4395-0555
구급안심센터(24시간 연중무휴)	#7119
일본정부관광청에서 운영하는 핫라인	050-3186-2787

교통사고 및 해상사고 신고

교통사고를 당했거나 사고를 목격한 경우 다음의 연락처로 전화한다.

교통사고	110
해상사고	118
재해연락	171

❹ 대한민국 대사관 및 총영사관

여행 중 여권 분실 및 사건, 사고에 연루되었을 때 도움을 받으려면 대한민국 영사관에 연락을 취해 도움을 받아야 한다.

주 일본 대한민국 오사카총영사관

주소	2-3-4 Nishishinsaibashi, Chuo Ward, Osaka(大阪市中央区西心斎橋2-3-4)
대표 전화번호	06-4256-2345
긴급사항 발생 시 (근무시간 외)	81-90-3050-0746(한국어)
영사 콜센터	82-2-3210-0404(유료)
자동 콜렉트콜	00531-82-0440

❺ 필요 경비 및 환전

일률적으로 정할 수는 없지만 기본적으로 비행기 티켓과 호텔 비용, 개인적으로 쇼핑하는 비용을 제외하고 교통비와 식비를 간단히 계산해보자. 순수하게 관광에 소요되는 금액을 3박 4일 기준으로 계산하면 다음과 같다.

비목	금액	수량	합계	비고
식사비	10,000/식	10식	100,000	호텔에서 조식 포함인 경우 3식 제외
교통비	15,000/일	4일	60,000	
음료 및 간식	10,000/일	4일	40,000	
입장료 등	15,000/일	3일	45,000	
합계			245,000	

약 250,000~300,000원 정도 소요된다. 여기에 추가로 소요될 경비를 고려해서 준비하는 것이 좋다. 예를 들어, 이자카야(선술집)에 들어가 술을 한잔하면 비용이 조금 더 소요될 수 있다. 평균으로 계산해보면 1박당 100,000~150,000원 정도로 계산해서 환전을 하는 것이 여유롭다. 2박 3일이라면 250,000원, 4박 5일이라면 500,000원 정도 준비하자.

환전은 주거래 은행(예: 급여가 입금되는 계좌)에서 하면 약간이나마 환율 우대 혜택이 주어지므로 주거래 은행을 이용하는 것이 좋다. 공항에서 환전을 하면 정상 수수료를 받기 때문에 조금은 손해다. 환전을 할 때는 많은 금액이 아닐 경우에는 1,000엔권 위주로 준비한다.

TIP **현지에서 손쉽게 현금을 인출할 수 있는 앱**

현지에서 현금을 찾을 때 유용한 앱이 있어 소개한다. '트래블월렛(Travlewallet)'이라는 앱이다. 현지의 ATM 기기에서 인출하기 편하다. 충전한 후 필요할 때 현지에서 현금으로 인출하여 사용할 수 있어 미리 많은 돈을 환전할 필요가 없다.

1. 스마트폰에서 트래블월렛 앱을 다운로드받아 설치한다.
2. 인증을 받은 후 회원가입을 한다.
3. 회원가입 시, VISA 체크카드를 발급받는다. 지정된 주소지로 카드가 배송된다.
4. 현금을 충전한다. 이때, 환전 수수료 없이 충전할 수 있어 득이 된다.
5. 현지의 ATM 기기에서 필요한 금액만큼 현금을 인출한다. 이때 인출 수수료가 기기에 따라 발생한다(1회에 110엔 내외).
6. 현금이 부족할 경우, 연계된 계좌로부터 충전한다.

*1회 충전 금액은 원화 기준 200만 원 내외이며, ATM 기기 인출한도는 $400/1회, $1,000/1일, $2,000/1개월이다. 보다 자세한 내용은 홈페이지(www.travel-wallet.com)에서 확인한다.
*카카오페이, 네이버페이(LINE 페이)를 사용할 수 있는데 아직까지 가맹점 수가 제한적이다.
*하나은행에서도 트래블월렛과 유사한 트래블로그라는 서비스를 제공하고 있다.

❻ 신용카드 사용

일반적으로 해외에서는 현금보다는 신용카드를 사용하는 것이 좋다고 하지만 일본에서는 아직도 신용카드를 받지 않는 곳이 있다. 도쿄올림픽 개최를 계기로 신용카드 사용 가능 업소가 많이 늘기는 했지만 우리나라만큼 일반화되지 않았다. 대형 쇼핑몰이나 호텔 등에서는 사용할 수 있지만 작은 식당이나 시골 가게에서는 신용카드를 사용할 수 없는 곳이 많으니 신용카드만 사용하겠다고 환전을 너무 적게 해서 곤란한 일을 겪지 않도록 한다.

신용카드는 해외에서 일반적으로 사용하는 VISA, MASTER 카드를 소지하는 것이 좋다. 우리나라 은행에서 발행하는 카드도 대부분 VISA, MASTER와 제휴되어 있기 때문에 큰 문제는 없을 것이다. 해외에서 사용을 제한해놓은 경우가 있을 수 있으니 출국 전에 해외에서 사용 가능한지 확인할 필요가 있다.

ATM 기기에서 돈을 인출하는 것도 우리나라보다 원활하지 않은 편이다. 인출이 가장 원활한 곳은 일본의 우체국 은행인 유초은행(ゆうちょ銀行), 편의점 세븐일레븐의 세븐은행 ATM 기기이다.

TIP 경제적인 여행을 위한 팁

1. 사전 정보를 최대한 많이 취득한다.

해당 지역에 대한 정보(교통, 숙박, 관광지)를 최대한 많이 취득하도록 한다. 여행 관련 책자 외에도 인터넷에는 수많은 정보가 있다. '아는 만큼 보인다'는 말이 있듯이 많은 정보를 취득하고 여행을 떠나면 시간과 비용을 절약할 수 있다. 1일 무제한 승차권이나 오사카 주유 패스와 같은 교통 및 시설 입장 무료권은 관련 정보를 정확히 찾아봐야 알 수 있는 사실이다.

2. 호텔에서 조식권을 포함하지 않는다.

개인적으로 여행사나 호텔 예약 사이트를 통해 예약하는 경우에는 조식을 포함하지 않도록 한다. 호텔 조식권이 포함되면 포함되지 않은 금액에 비해 1박당 10,000원(1,000엔) 내외의 추가 요금이 발생한다. 평소에 아침식사를 하지 않는 사람도 있겠지만 아침식사를 호텔 식당이 아닌 외부에서 해결하면 비용을 절약할 수 있다. 도쿄와 오사카와 같은 대도시에는 직장인을 위한 저렴한 소고기덮밥(규동), 우동이나 소바 식당이 많다. 보통 3,000원(300엔)~5,000원(500엔) 대에서 맛과 질이 좋은 음식을 먹을 수 있다.

식당 외에도 편의점이나 도시락 전문점에서 도시락을 구입하여 호텔에서 해결하는 것도 좋은 방법이다. 일본은 도시락 문화가 발달하여 어디를 가도 질 좋은 도시락을 구입할 수 있다. 어느 나라에서나 볼 수 있는 호텔 조식보다는 일본의 현지 식문화를 한 번이라도 더 체험할 수 있는 식사를 권장한다.

3. 많을수록 저렴해진다.

여러 명이 함께 움직일수록 저렴해진다. 호텔 방도 혼자 투숙하는 것보다 트윈으로 두 사람이 머물면 저렴하다는 것은 당연한 사실이다. 또, 여러 날을 머물수록 저렴해진다. 호텔에 따라서는 이벤트를 하는 곳이 많은데 3박 이상 하면 할인을 적용해주는 곳이 많다.

Airbnb와 같은 숙박 중계 업체를 이용하여 민박을 할 때도 하루를 머무나 3~4일을 머무나 청소비는 동일하고 수수료도 큰 차이가 없다. 따라서 여러 날을 묵을수록 하루당 요금이 저렴해지는 효과를 볼 수 있다. 개인적으로 혼자 여행을 즐기는 것이 아니라면 이러한 혜택을 누릴 수 있도록 고려해보는 것도 좋다.

4. 휴대용(포켓) 와이파이 또는 USIM, eSIM은 필수품!

통신사에서 제공하는 1일 10,000원 내외의 상품이 있으나 이것보다는 휴대용(포켓) 와이파이 단말기를 대여하는 것이 경제적이다. 임대료도 하루 10,000원 이내로 통신사보다 훨씬 저렴하다. 휴대용 와이파이 단말기 비용은 인원 수만큼 저렴해진다. 하나의 단말기에 패스워드만 입력하면 여러 명이 접속할 수 있기 때문이다. 김포 또는 인천공항이나 일본 공항에서 받아서 이용하고 귀국길에 반납하면 된다. USIM이나 eSIM도 데이터를 사용하기에는 편리하다. 일본 데이터용 USIM은 한국에서 오는 메시지나 전화를 받을 수 없으니 주의하자.

5. 세트 요금 또는 기간제 요금을 활용하자.

일본은 철도 시설이 잘 갖춰져 있다. 환승이 어려울 수 있으나 어느 역이나 안내판에 한글로 표기되어 있어 조금만 신경을 쓰면 그리 어렵지 않다. 도쿄나 오사카와 같은 대도시에서는 전철이 가장 효율적인 교통수단이다.

전철을 이용할 때는 하루에 몇 번이나 타고 내릴 수 있는 1일 자유이용권과 같이 정해진 기간 내에 반복해서 승차할 수 있는 티켓을 활용한다. 특정 시설과 함께 이용할 수 있는 세트 요금제를 적절하게 활용하도록 한다. 일본은 철도회사가 민영화되어 많은 회사가 경쟁하기 때문에 각 철도회사마다 다양한 기간제 요금이나 세트 상품을 판매하고 있다. 상품에 따라서는 반값 이하의 비용으로 여행을 즐길 수도 있다. 오사카에서는 오사카 주유패스를 구입해 관광하는 것이 가장 효율적이다.

6. 코스를 꼼꼼하게 설계하자.

코스를 어떻게 정하느냐에 따라 시간을 절약할 수 있다. 한 번 지나갔던 곳은 다시 지나가지 않고 짧은 시간에 목적지에 도착할 수 있는 코스를 설계해야 한다. 코스 설계에 따라 비용도 절감할 수 있다.

일반적으로 관광을 할 때는 먼 곳부터 가까운 쪽으로 오면서 관광하는 것이 좋다. 숙소가 매일 바뀌는 경우가 아니라면 숙소로 되돌아와야 하기 때문에 먼 곳을 먼저 가서 가까운 쪽으로 돌아오면서 관광하는 것이 효율적이다. 인터넷과 앱에는 출발지에서 목적지까지 최단 경로와 시간을 알려주는 서비스가 있다. 이러한 사이트의 정보를 최대한 활용하여 효율적인 코스를 설계한다.

7. 안내센터를 잘 활용하자.

큰 역에는 관광안내센터가 있다. 오사카, 신오사카, 우메다역과 같이 많은 노선이 교차되고 사람이 붐비는 역에는 대부분 안내센터가 있다. 또, 철도 회사마다 운영하는 별도의 창구도 있다. 큰 곳에는 한국어가 가능한 스텝이 있어 언어 문제를 해결해주기도 한다. 사소한 것이라도 궁금한 것이 있으면 안내센터를 이용하여 시간을 낭비하지 않도록 하자.

다국어 안내 서비스를
제공하는 관광 안내소

8. 현지인과의 접촉을 두려워하지 말자.

진정한 여행은 현지인과 부딪치면서 느끼는 것이 아닐까? 현지인과 접촉하며 느끼는 재미는 여행의 또 다른 즐거움이라 할 수 있다. 이런 과정에서 일어나는 모든 에피소드는 스토리가 된다. 세상에 어디에도 없는 나만의 여행을 즐기는 방법이다. 관광지가 도쿄나 오사카, 교토와 같은 대도시라면 더욱 그렇다. 치안이 좋아 사건, 사고에 휘말릴 일이 거의 없으니 과감하게 현지인과 소통을 해보자.

일본 여행 시 지켜야 할 것

여권은 반드시 지참하자.

여행자의 신분증은 여권이다. 따라서, 외출할 때는 반드시 여권을 지참하고 다녀야 한다. 분실을 우려해 숙소에 놔두고 다니는 경우가 있는데 반드시 가지고 다녀야 한다. 일본은 매우 안전한 국가다. 강도나 소매치기를 당할 위험은 거의 없다.

흔하지는 않지만 치안을 유지하기 위해 불심검문을 하는 경우가 있다. 이때 여권이 없으면 경찰서에 가서 조사를 받거나 하여 곤란을 겪을 수 있다. 필자도 여권을 지참하지 않고 다니다가 검문을 당한 적이 있는데 이런 저런 질문을 받고 진땀을 흘린 적이 있다. 그 당시에 반드시 여권을 지참하고 다니라는 주의를 받았다. 언어가 통하지 않았다면 많은 시간을 허비했을 것이다. 여권은 반드시 가지고 다니자.

에스컬레이터에서 보행자는 왼쪽으로

일본에 가면 습관적으로 오른쪽으로 걷다가 상대편에서 걸어오는 사람과 부딪치는 경우가 발생한다. 특히 전철역과 같이 사람들이 많이 붐비는 곳에서는 사소한 것이지만 서로 불편을 겪을 수 있으므로 주의해야 한다.

오사카에서는 에스컬레이터에서 걸어 올라가려면 왼쪽 방향으로 걸어 올라가고 오른쪽 방향에서 손잡이를 잡고 서 있어야 한다. 걸어 올라가는 사람을 위해 왼쪽을 비워둔다. 왼쪽에 서 있고 오른쪽을 비워두는 관동 지역과 다른 점이니 같이 기억해둔다.

승객이 모두 하차한 후에 탑승하자.

　일본 전철이나 지하철 홈에서 사람들을 지켜보면 줄을 서서 기다리다가 내리는 사람이 모두 내린 후 차례로 올라탄다. 아무리 바쁜 러시아워라 하더라도 사람이 내리고 있는데 올라타는 사람은 거의 없다. 반드시 모두 하차한 후 탑승하도록 한다. 아무리 힘들고 피곤하더라도 기본적인 매너를 지키도록 하자.

지하철이나 버스에서 음식물 섭취는 삼가자.

　아무리 바쁘고 허기가 지더라도 지하철과 같이 사람들이 많은 곳에서 음식물 섭취는 삼가도록 한다.

벨소리는 진동으로 하고 가급적 전화통화는 자제하자.

　많은 관광객들이 일본 전철을 타본 후 첫 번째 인상을 말할 때 전철 안이 너무 조용하다고 말한다. 말도 소곤소곤하지만 기본적으로 전철 안에서 전화 통화를 하지 않는다. 전화 수신 벨소리가 울리는 경우도 찾아보기 어렵다.

　일본에서는 전철 안에 있을 때 전화가 걸려오면 역에서 내려 통화한 이후에 다음 전철을 타고 이동하는 것이 기본 매너이다. 피치 못하게 통화를 해야 된다면 낮은 목소리로 통화하고 급한 전화면 내려서 통화한 후 다음 전철을 타도록 하자. 벨 소리도 진동으로 전환해놓자.

일본에는 여성 전용 차가 있다.

　일본 지하철에는 여성 전용 차가 있는데 오사카도 마찬  가지다. 여성 전용 칸은 전철 문 근처에 여성 전용 차량(女性専用車両)이라고 표시되어 있으며 플랫폼 바닥에도 여성 전용이라는 문구가 써 있는 핑크색 스티커가 붙어 있다. 문구가 가시성이 떨어지는 경우도 있어 현지인 남자 승객들도 여자 전용 차량임을 인지하지 못하고 타는 경우도 많으니 주의하여 탑승하자.

식당에서의 매너

　식당에 들어가서는 절대로 무작정 자리를 잡고 앉으면 안 된다. 입장한 후 종업원의 안내를 따르는 것이 매너다. 종업원이 나타나지 않으면 입구에서 기다리거나 "고멘구다사이" 또는 "스미마셍"이라고 말하면 종업원이 나타난다. 보통은 몇 명이냐고 묻는다. 이에 답을 하고 종업원의 안내에 따르도록 한다.

길거리에서 흡연은 삼가도록 하자.

일본도 시간이 흐를수록 흡연자들의 입지가 좁아지고 있다. 길거리에서 담배를 피우다가는 벌금을 부과받을 수 있으므로 주의해야 한다. 각 구마다 조례를 제정하여 벌금을 부과하는데 오사카 대부분의 구에서 이러한 조례를 제정하고 있다. 벌금은 1,000엔 또는 2,000엔이다. 벌금이나 제재를 하지 않는 자치구가 있기는 하지만 관광객 입장에서 그러한 구의 구별이 어렵기 때문에 길거리에서는 담배를 피우지 말아야 한다. 특히 걸으면서는 절대 피우지 말아야 한다. 피우고자 할 때는 반드시 흡연 구역을 확인하고 피우도록 한다.

사진을 찍을 때는 반드시 동의를 구하자.

관광객들은 어디를 가더라도 카메라에 거리의 풍경이나 인물을 담고자 한다. 하지만 지하철 안이나 특정 인물을 촬영할 때는 주의해야 한다. 일본 거리를 지나다 보면 메이드 복장이나 만화 캐릭터 복장을 하고 손님에게 전단지를 나눠주는 여성들이 있는데 이 여성들도 함부로 촬영해서는 안 된다. 메이드 카페 등에서는 아예 촬영을 하지 못하도록 규제하고 있다.

상점이나 서점에서도 함부로 촬영해서는 안 된다. 상점의 진열 방법도 하나의 노하우로 여기기 때문이다. 필자도 취재를 위해 촬영을 하려다가 제지를 당한 적이 있다. 촬영을 하고자 할 때는 "촬영을 해도 되겠느냐?"는 의사를 물어본 후 촬영하는 것이 좋다. 특정 인물이 들어갈 때는 반드시 양해를 구한 후 촬영하도록 해야 한다. 거리를 촬영하여 SNS에 올릴 때는 가급적 인물의 윤곽은 가리도록 한다.

유흥업소 주변에서는 주의를 기울여야 한다.

오사카의 대표적 유흥가인 미나미, 기타신치 거리를 걷다 보면 호객꾼들이 말을 걸어온다. 음식점을 안내하는 전단지를 나눠주기도 하고 술집이나 마사지 업소를 안내하기도 한다. 때로는 한국인임을 간파하여 한국어로 말을 걸어오기도 한다. 이런 사람들을 따라가서는 안 된다. 의사소통에 한계가 있기 때문에 위험에 처할 수 있다. 유흥업소가 밀집된 지역을 밤에 돌아다닐 때는 특히 주의를 기울여야 한다.

04

일본의 역사를 알고 가자

앞에서 언급했듯이 관광하기 전에 사전 지식이 있으면 보는 관점이 달라지고 들어오는 정보가 많아진다. 볼거리도 그만큼 많아진다. 간사이 관광 명소 중에는 일본 역사와 관련된 절과 건축물이 많다. 도요토미 히데요시의 오사카성, 도쿠가와 이에야스의 니조성 등 일본 역사를 조금이라도 파악하고 가면 단순한 건물 외관뿐 아니라 이에 얽힌 이야기도 간접 경험할 수 있다. 일본 여행 전에 역사 연표, 신사 구조 등 간단한 정보에 대해 알아보자.

1. 일본 역사 연표

간사이에는 나라시대부터 에도시대 사이의 유적이 많기 때문에 이 시대를 알고 갈 필요가 있다. 헤이세이시대(1989~2019) 이전까지의 일본 역사 연표를 우리나라, 중국과 비교하여 간략하게 정리했다.

시대	일본	대한민국, 중국
조몬시대 (~B.C.300)	수렵과 고기잡이 생활	B.C.6000 무렵-신석기시대 시작 B.C.2333-고조선 건국
야요이시대 (B.C.300~A.D.300)	B.C.400-한반도에서 벼농사 전래 A.D.372-백가가 칠지도 하사	B.C.206-한나라 건국 A.D.39-백가가 왜국과 우호관계 체결
야마토시대 (고훈시대+아스카시대) (A.D.300~710)	550-백제, 일본에 불교 전파 604-쇼토쿠태자가 17조 헌법을 제정 　　(고대국가 기틀 마련) 630-당나라로 첫 번째 견당사(사신) 파견 　　(중앙집권국가 성립의 출발) 672-임신(壬申)의 난 발발	512-신라장군 이사부 우산국 정복 580-수나라 건국 618-당나라 건국 660-황산벌전투, 백제 패 664-나당 연합군 vs 백제-왜 연합군 백강전투로 격돌, 백제 멸망 668-고구려 멸망 676-신라 삼국통일 698-대조영, 발해 건국

나라시대 (710~794)	710-나라로 천도 712-일본 최초의 역사서 고지키(古事記) 편찬 720-니혼쇼키(日本書紀) 편찬 8세기 전반-도다이지(東大寺) 대불 완성. 불교가 정치에도 영향을 끼칠 정도로 불교 문화 융성	751-신라, 불국사와 석굴암 중건 시작 755-당에서 안사의 난이 일어남
헤이안시대 (794~1185)	794-간무(桓武) 일왕, 교토 천도 -한반도, 중국 문화가 약해지고 가나 문자 등 일본색이 강한 문화 형성 -지방 무사단 형성: 호족과 농민들이 자신 들을 지키기 위해 무장세력 조직 -12세기 중기 이후 무사세력 급부상	916-거란 건국(=요나라) 918-고려 건국 926-발해 멸망 935-신라 멸망 960-송나라 건국 993-거란의 1차 고려 침입
가마쿠라시대 (1185~1333)	1192-가마쿠라 막부 시작(초대 쇼군: 미나 모토 요리토모) 1274-몽골이 북 규슈 공격. 태풍으로 저지 당하고 철수 1281-재차 몽골이 공격 1331-고다이고 일왕에 의해 가마쿠라 막부 토벌 1333-가마쿠라 막부 멸망	1115-여진, 금나라 건국 1126-이자겸의 난 1135-묘청의 난 1170-무신정변 1231-몽골의 고려 침입 1271-원나라 건국
무로마치시대 (1336~1573)	1336-아시카가 다카우지, 무로마치 막부 수립 1336~1392-남조와 북조에 각각 왕이 존 재하여 서로 대립 1392-아시카가 다카우지, 정이대장군 임 명, 남북조 통일 1467~1477-막부 왕권다툼인 오닌의 난 1549-스페인에서 기독교 전파 1560-오케하자마 전투 1573-무로마치 막부 멸망	1368-명나라 건국 1380-황산대첩: 최무선의 지휘로 왜선 500척 격파 1388-이성계, 위화도 회군 1392-조선 건국 1446-훈민정음 반포
센코쿠(전국)시대 (1467~1573) 아즈치모모야마 시대 (1573~1603)	1467-센코쿠시대 개막. 오다노부나가의 패 권이 확고해진 시기. 다이묘들이 중앙의 지 배를 받지 않고 독립적 영지 지배 1582-혼노지의 변 1592-도요토미 히데요시, 조선 침략 1598-도요토미 히데요시 사망 1600-세키가하라 전투(히데요시의 아들 히데 요리와 도쿠가와 이에야스 대결, 도쿠가와 승)	1510-삼포왜란. 안골포에 침입한 왜구 를 무찌름 1555-을묘왜변 1592-임진왜란, 한산도대첩 1593-평양성전투, 행주대첩 1597-정유재란 1598-이순신 노량해전 승리

에도시대 (1603~1867)	1603-도쿠가와 이에야스, 에도 막부 설치 1635-에도 막부, 쇄국령 실시 1853-동인도 함대(페리)가 개항 요구 1858-미일 수호통상조약 1867-대정봉환(도쿠가와 요시노부가 권력 을 황실에 돌려줌)	1616-후금 건국(=청나라) 1627-정묘호란 1636-병자호란 1693-안용복, 독도에서 왜인 물리침 1840-아편전쟁 1866-병인양요
메이지시대 (1868~1912)	1868-메이지유신, 에도를 도쿄로 개칭 1889-대일본제국헌법 공포 1894-청일전쟁 발발 1902-영일동맹 체결 1904-러일전쟁 발발	1871-신미양요 1876-강화도조약 1894-동학농민운동 1897-대한제국 성립 1909-안중근, 이토 히로부미 처단 1910-한일합병(일제강점기 시작) 1912-중화민국 건국
다이쇼시대 (1912~1926)	1914-제1차 세계대전, 중국 내 독일 세력 을 물리침 1920-국제연맹 가입 1923-관동대지진 발생, 조선인 학살	1919-3·1운동, 대한민국임시정부 수립 1920-봉오동전투, 청산리대첩
쇼와시대 (1926~1989)	1931-만주사변, 관동군 만주 장악, 국제연 맹 탈퇴 1937-중일전쟁, 난징대학살 1941-진주만 공습, 태평양전쟁 발발 1945-히로시마, 나가사키에 원자폭탄 투 하, 포츠담선언 수락하고 무조건 항복 1946-일본헌법 공포(일왕: 상징적 존재) 1964-도쿄올림픽 개최 1965-한일 협정	1929-광주학생 항일운동 1931-이봉창, 윤봉길 의거 1938-조선육군특별지원명령으로 조선 인 강제동원 1940-한국광복군 결성 1950-6.25전쟁 발발 1961-5·16 군사정변 1980-5·18 민주화운동 1987-6·10 민주항쟁 1988-서울올림픽 개최

2. 신사의 구조

기독교의 교회, 불교의 절과 같이 일본인 각각이 믿는 신을 모시고 예를 올리는 곳이 신사(神社)다. 아이들의 건강을 비는 행사인 시치고산(七五三), 성인식, 결혼식에도 신사를 찾는다. 신년의 행운을 비는 행사(하츠모우데), 회사나 단체의 번영을 기원하는 행사도 신사에서 치른다. 이처럼 일본인들은 신사 참배가 생활의 일부다.

그래서 일본에 가면 신사가 정말 많다. 오랜 역사를 지닌 만큼 신사에는 문화재나 국보가 많다. 이 때문에 일본 관광을 가게 되면 신사를 자연스레 방문하게 되어 있다.

일제라는 아픈 역사를 겪은 우리에게 신사는 다소 복잡한 감정을 가진 곳이지만, 신사에 간다고 우리가 무엇을 빌고 추앙하는 행위를 해야 하는 것은 아니다. 관광지의 하나로 바라보고 일본인들의 참배하는 모습을 보면 여행으로서 신사 견학은 충분하다.

여기서는 신사의 기본 구조를 설명한다. 신사마다 여러 형태가 있으나 일반적으로 다음과 같은 구조로 되어 있다. 입구인 토리이를 지나 초즈야에서 손을 씻고 참배 길을 따라 걸어가 하이덴에서 참배를 올린다. 신사 규모에 따라 하이덴이나 카구라덴이 없는 곳도 있다.

TIP

명칭으로는 '절 사(寺)'가 있으면 절이고, '모일 사(社)'가 있으면 신사로 이해하면 된다. 신사 안에 절이 있는 경우도 있고 절 안에 신사가 있는 경우도 있다.

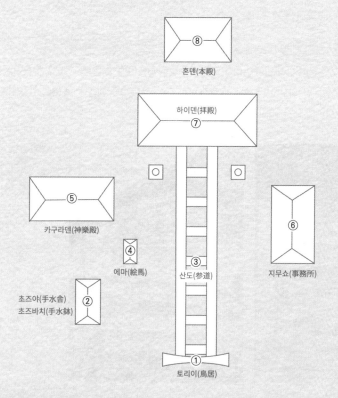

① 토리이(鳥居)

인간과 신의 경계를 나타내는 문이다. 신의 사자인 새가 쉴 수 있도록 만든 문이다. 토리이를 지나면 신의 영역이다. 신사마다 모양은 비슷하지만 재료나 크기가 천차만별이다. 토리이를 지나 한참을 걷는 곳도 많다.

② 초즈야(手水舍), 초즈바치(手水鉢)

몸과 마음을 청결히 하기 위해 손이나 입을 씻는 곳을 초즈야(手水舍)라고 하고, 물을 뜨는 도구를 초즈바치(手水鉢)라고 한다. 종종 관광객들이 물을 마시는 경우가 있는데 예외도 있으나 대부분 음용수가 아니다.

에마를 걸어 놓는 에마가케(絵馬掛け)

▲ 오사카텐만구의 혼덴

◀ 이쿠타 신사 하이덴에서 제를 올리는 모습

③ 산도(参道, 삼도)

본당과 예를 올리는 배전이나 본전(본당)으로 향하는 참배길이다.

④ 에마(絵馬)

목재로 만들어진 판으로 이곳에는 그림(주로 말 그림)이 그려진 나무 패찰이 걸려 있다. 소원을 빌거나 이루었을 때 신사에 사례를 할 때 신사에서 구입하여 걸어 놓는다. 그림의 뒷면에는 신상이나 소원 사항이 적혀 있다.

⑤ 카구라덴(神楽殿, 신락전)

신이 머무르는 곳으로 신을 부르거나 진혼 행사를 하는 곳이다. 춤과 음악 공연을 하는 무대가 있다.

⑥ 지무쇼(事務所, 사무실)

부적이나 '오미쿠지(おみくじ)'라 불리는 점괘를 보는 종이 등을 판매하는 사무실이다.

⑦ 하이덴(拝殿, 배전) 예를 올리는 건물이다.

⑧ 혼덴(本殿, 본전) 신을 모시는 본당 건물이다.

3. 일본식 정원의 종류와 구조

일본의 정원은 세계적으로 유명하다. 일본의 정원은 이탈리아, 프랑스, 영국식 정원 등 서양의 정원보다 규모는 작지만 아기자기하고 철학적인 분위기를 느낄 수 있는 정원이다. 정원의 종류가 많지만 대표적인 정원 양식에 대해 알아보자.

① 가레산스이(枯山水) 정원

대표적인 일본 정원 양식의 하나로, 평탄한 공간에 물을 사용하지 않고 모래와 자갈, 돌을 이용하여 산수의 경치를 표현한 정원이다. 모래를 이용하여 강이나 바다를 표현하고 모래의 홈의 높낮이로 물결이나 파도를 표현한다. 모래는 주로 흰색 모래를 사용한다. 일본의 절이나 신사에 가면 많이 볼 수 있다.

② 회유식(回遊式) 정원

연못을 가운데에 두고 돌면서 감상하는 정원을 말한다. 무로마치시대의 선종사원이나 에도시대 다이묘들에 의해 많이 조성된 정원 양식이다. 일반적으로 연못을 가운데에 두는 지천회유식을 말한다. 연못을 사이에 두고 작은 섬을 만들고 이를 연결하는 다리, 조경석과 나무를 심어 조성한다. 중간에는 쉴 수 있는 정자나 다실을 두어 풍광을 감상할 수 있도록 만든다.

③ 액자(額緣) 정원

　실내의 기둥 또는 문이나 창을 통해서 나타나는 풍경을 액자에 비유하여 표현한 정원이다. 실내에서 기둥과 기둥 사이에 펼쳐지는 화사한 꽃이나 붉게 물든 단풍 등을 감상하는 정원 양식이다. 정원을 꾸밀 당시부터 이런 풍경을 고려하여 꾸민 곳도 있겠지만 건물을 지은 뒤 초목이 자라고 꽃이 피어 아름다운 풍경이 만들어진 곳을 후대에 정원으로 삼은 곳도 있을 것으로 추정된다.

TIP

유명한 정원은 절이나 신사의 입장료와 별도로 지불해야 한다. 이런 이유 때문에 교토의 사찰 관광은 입장료가 만만치 않다. 이를 위해 전통 료칸이나 찻집 중에는 정원을 감상할 수 있도록 아름다운 일본식 정원을 꾸며놓은 곳들에 가는 것도 좋은 대안이다.

③

05

간사이 주요 관광 일정과 추천 코스

여기에서는 오사카를 중심으로 교토, 고베, 나라 지역의 관광지를 둘러보는 일정과 코스를 안내하고자 한다. 도착하는 비행기 시간, 숙소의 위치에 따라 차이가 있을 수 있다. 추천하는 코스를 토대로 약간씩 변경해가며 자신의 취향 및 체력에 맞춰 조정하는 것이 좋다.

01

2박 3일 코스

간사이국제공항이 가깝다고 해도 2박 3일은 많은 곳을 돌아다니기에는 짧은 시간이다. 두 개의 지역을 돌기보다는 하나의 지역을 집중 공략하는 것이 효율적이다.

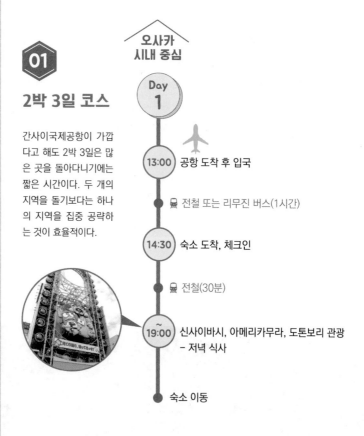

오사카 시내 중심

Day 1

13:00 공항 도착 후 입국

🚈 전철 또는 리무진 버스(1시간)

14:30 숙소 도착, 체크인

🚈 전철(30분)

19:00~ 신사이바시, 아메리카무라, 도톤보리 관광 – 저녁 식사

숙소 이동

짧은 기간 내에 최대한 많은 곳을 관광하기 위해 약간은 힘든 스케줄일 수 있으나 상황에 따라 한두 곳을 건너뛰는 것도 좋으니 자신의 체력이나 상황에 맞춰 조정한다.

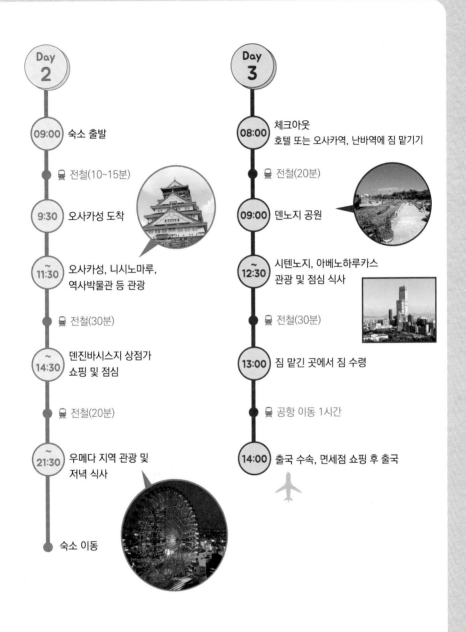

Day 2

09:00 숙소 출발

🚃 전철(10~15분)

9:30 오사카성 도착

~11:30 오사카성, 니시노마루,
역사박물관 등 관광

🚃 전철(30분)

~14:30 덴진바시스지 상점가
쇼핑 및 점심

🚃 전철(20분)

~21:30 우메다 지역 관광 및
저녁 식사

숙소 이동

Day 3

08:00 체크아웃
호텔 또는 오사카역, 난바역에 짐 맡기기

🚃 전철(20분)

09:00 덴노지 공원

~12:30 시텐노지, 아베노하루카스
관광 및 점심 식사

🚃 전철(30분)

13:00 짐 맡긴 곳에서 짐 수령

🚃 공항 이동 1시간

14:00 출국 수속, 면세점 쇼핑 후 출국

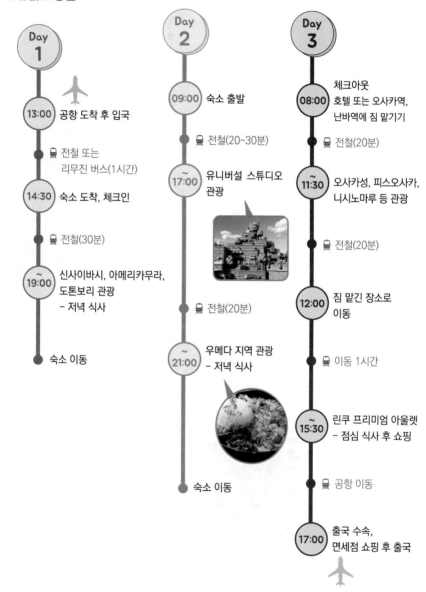

유니버설 스튜디오 중심

유니버설 스튜디오를 메인으로 계획했기 때문에 둘째 날은 유니버설 스튜디오에서 5시까지 즐기고 저녁시간에 번화가인 우메다 지역을 관광한다.

Day 1

13:00 공항 도착 후 입국

🚃 전철 또는 리무진 버스(1시간)

14:30 숙소 도착, 체크인

🚃 전철(30분)

~19:00 신사이바시, 아메리카무라, 도톤보리 관광
– 저녁 식사

숙소 이동

Day 2

09:00 숙소 출발

🚃 전철(20~30분)

~17:00 유니버설 스튜디오 관광

🚃 전철(20분)

~21:00 우메다 지역 관광
– 저녁 식사

숙소 이동

Day 3

08:00 체크아웃
호텔 또는 오사카역, 난바역에 짐 맡기기

🚃 전철(20분)

~11:30 오사카성, 피스오사카, 니시노마루 등 관광

🚃 전철(20분)

12:00 짐 맡긴 장소로 이동

🚃 이동 1시간

~15:30 린쿠 프리미엄 아울렛
– 점심 식사 후 쇼핑

🚃 공항 이동

17:00 출국 수속,
면세점 쇼핑 후 출국

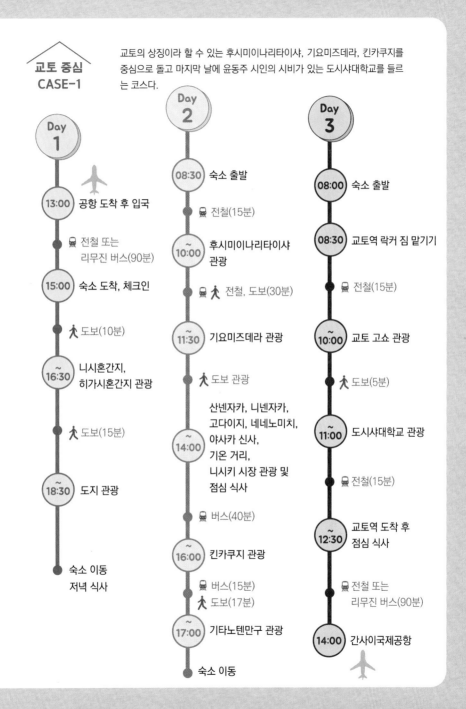

교토의 상징이라 할 수 있는 후시미이나리타이샤, 기요미즈데라, 킨카쿠지를 중심으로 돌고 마지막 날에 윤동주 시인의 시비가 있는 도시샤대학교를 들르는 코스다.

교토 중심 CASE-1

Day 1

- 13:00 공항 도착 후 입국
  - 🚈 전철 또는 리무진 버스(90분)
- 15:00 숙소 도착, 체크인
  - 🚶 도보(10분)
- ~16:30 니시혼간지, 히가시혼간지 관광
  - 🚶 도보(15분)
- ~18:30 도지 관광
  - 숙소 이동 저녁 식사

Day 2

- 08:30 숙소 출발
  - 🚈 전철(15분)
- ~10:00 후시미이나리타이샤 관광
  - 🚈🚶 전철, 도보(30분)
- 11:30 기요미즈데라 관광
  - 🚶 도보 관광
- ~14:00 산넨자카, 니넨자카, 고다이지, 네네노미치, 야사카 신사, 기온 거리, 니시키 시장 관광 및 점심 식사
  - 🚌 버스(40분)
- ~16:00 킨카쿠지 관광
  - 🚌 버스(15분)
  - 🚶 도보(17분)
- 17:00 기타노텐만구 관광
  - 숙소 이동

Day 3

- 08:00 숙소 출발
- 08:30 교토역 락커 짐 맡기기
  - 🚈 전철(15분)
- 10:00 교토 고쇼 관광
  - 🚶 도보(5분)
- ~11:00 도시샤대학교 관광
  - 🚈 전철(15분)
- ~12:30 교토역 도착 후 점심 식사
  - 🚈 전철 또는 리무진 버스(90분)
- 14:00 간사이국제공항

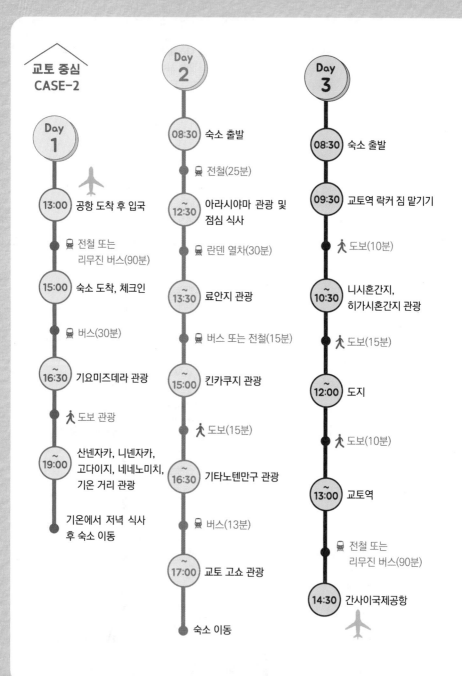

교토 중심
CASE-2

Day 1

13:00 공항 도착 후 입국

🚃 전철 또는
리무진 버스(90분)

15:00 숙소 도착, 체크인

🚌 버스(30분)

~16:30 기요미즈데라 관광

🚶 도보 관광

~19:00 산넨자카, 니넨자카,
고다이지, 네네노미치,
기온 거리 관광

기온에서 저녁 식사
후 숙소 이동

Day 2

08:30 숙소 출발

🚃 전철(25분)

~12:30 아라시야마 관광 및
점심 식사

🚃 란덴 열차(30분)

~13:30 료안지 관광

🚃 버스 또는 전철(15분)

~15:00 킨카쿠지 관광

🚶 도보(15분)

~16:30 기타노텐만구 관광

🚌 버스(13분)

~17:00 교토 고쇼 관광

숙소 이동

Day 3

08:30 숙소 출발

09:30 교토역 락커 짐 맡기기

🚶 도보(10분)

~10:30 니시혼간지,
히가시혼간지 관광

🚶 도보(15분)

~12:00 도지

🚶 도보(10분)

~13:00 교토역

🚃 전철 또는
리무진 버스(90분)

14:30 간사이국제공항

02

3박 4일 코스

대개 여행 일정으로 3박 4일을 잡는 경우가 많다. 오사카와 교토에서만 보내는 일정과 오사카와 다른 지역을 조합하여 보내는 일정을 소개하고자 한다. 오사카만 관광할 때에는 난바나 오사카역 둘 중 아무 곳에나 호텔을 잡아도 되지만 오사카뿐 아니라 교토나 고베 등 다른 곳도 가겠다 하면 오사카역 주변에 호텔을 잡는 것을 추천한다.

오사카만 관광

3박 4일을 오로지 오사카만 관광하는 코스다. 유니버설 스튜디오를 비롯해 오사카의 주요 관광지를 모두 훑어볼 수 있다.

Day 1

13:00 공항 도착 후 입국

✈ 전철 또는 리무진 버스(60분)

14:30 숙소 도착, 체크인

🚈 전철(30분)

~19:00 신사이바시, 아메리카무라, 도톤보리 관광 – 저녁 식사

숙소 이동

Day 2

09:00 숙소 출발

🚈 전철(20~30분)

~16:30 유니버설 스튜디오

🚈 전철(20분)

~21:00 우메다 지역 관광 – 저녁 식사

숙소 이동

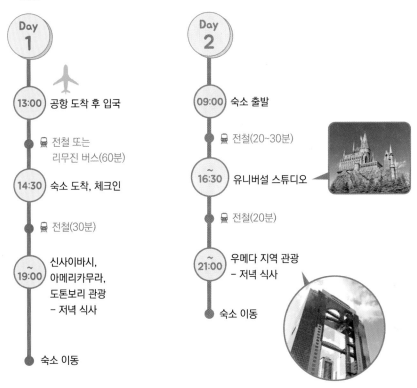

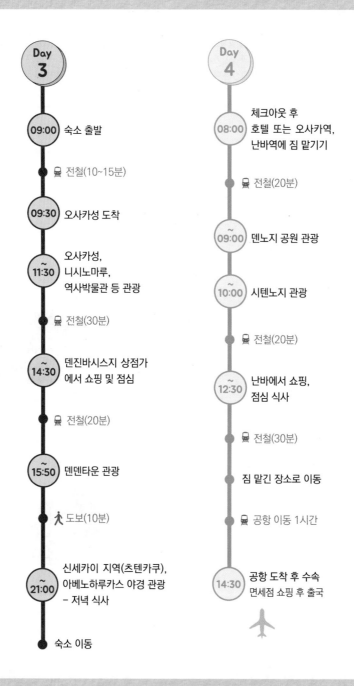

Day 3

09:00 숙소 출발

🚈 전철(10~15분)

09:30 오사카성 도착

~11:30 오사카성, 니시노마루, 역사박물관 등 관광

🚈 전철(30분)

~14:30 덴진바시스지 상점가 에서 쇼핑 및 점심

🚈 전철(20분)

~15:50 덴덴타운 관광

🚶 도보(10분)

~21:00 신세카이 지역(츠텐카쿠), 아베노하루카스 야경 관광 – 저녁 식사

숙소 이동

Day 4

08:00 체크아웃 후 호텔 또는 오사카역, 난바역에 짐 맡기기

🚈 전철(20분)

~09:00 덴노지 공원 관광

~10:00 시텐노지 관광

🚈 전철(20분)

~12:30 난바에서 쇼핑, 점심 식사

🚈 전철(30분)

짐 맡긴 장소로 이동

🚈 공항 이동 1시간

14:30 공항 도착 후 수속 면세점 쇼핑 후 출국

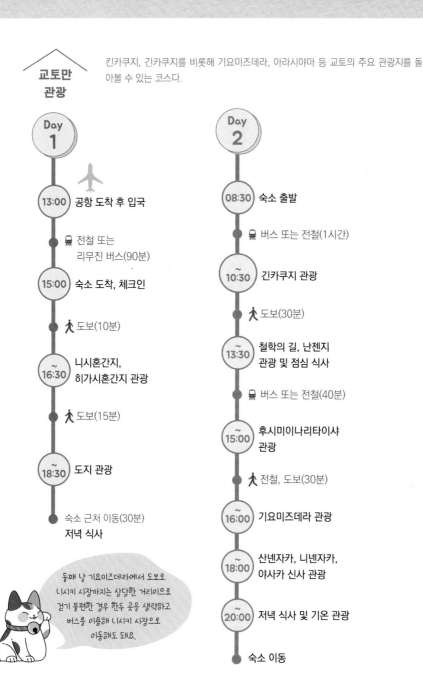

교토만 관광

킨카쿠지, 긴카쿠지를 비롯해 기요미즈데라, 아라시야마 등 교토의 주요 관광지를 돌아볼 수 있는 코스다.

Day 1

13:00 공항 도착 후 입국

🚆 전철 또는 리무진 버스(90분)

15:00 숙소 도착, 체크인

🚶 도보(10분)

~16:30 니시혼간지, 히가시혼간지 관광

🚶 도보(15분)

~18:30 도지 관광

숙소 근처 이동(30분)
저녁 식사

둘째 날 기요미즈데라에서 도보로 니시키 시장까지는 상당한 거리이므로 걷기 불편한 경우 한두 곳을 생략하고 버스를 이용해 니시키 시장으로 이동해도 돼요.

Day 2

08:30 숙소 출발

🚆 버스 또는 전철(1시간)

~10:30 긴카쿠지 관광

🚶 도보(30분)

~13:30 철학의 길, 난젠지 관광 및 점심 식사

🚆 버스 또는 전철(40분)

~15:00 후시미이나리타이샤 관광

🚶 전철, 도보(30분)

~16:00 기요미즈데라 관광

~18:00 산넨자카, 니넨자카, 야사카 신사 관광

20:00 저녁 식사 및 기온 관광

숙소 이동

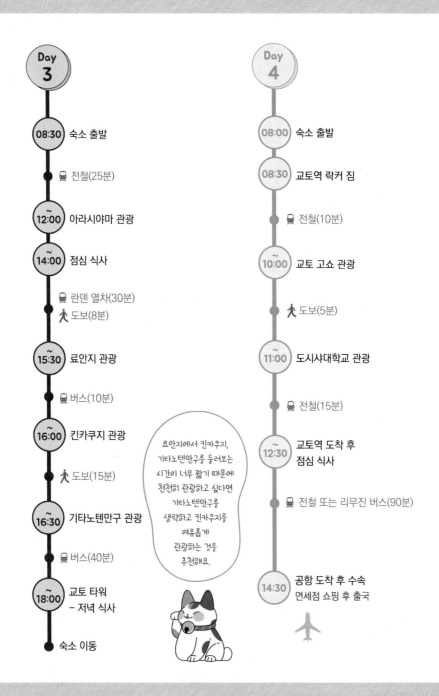

Day 3

08:30 숙소 출발

🚆 전철(25분)

~12:00 아라시야마 관광

~14:00 점심 식사

🚆 란덴 열차(30분)
🚶 도보(8분)

~15:30 료안지 관광

🚌 버스(10분)

~16:00 킨카쿠지 관광

🚶 도보(15분)

~16:30 기타노텐만구 관광

🚌 버스(40분)

~18:00 교토 타워
- 저녁 식사

숙소 이동

료안지에서 킨카쿠지,
기타노텐만구를 둘러보는
시간이 너무 짧기 때문에
천천히 관광하고 싶다면
기타노텐만구를
생략하고 킨카쿠지를
여유롭게
관광하는 것을
추천해요.

Day 4

08:00 숙소 출발

08:30 교토역 락커 짐

🚆 전철(10분)

~10:00 교토 고쇼 관광

🚶 도보(5분)

~11:00 도시샤대학교 관광

🚆 전철(15분)

~12:30 교토역 도착 후
점심 식사

🚆 전철 또는 리무진 버스(90분)

14:30 공항 도착 후 수속
면세점 쇼핑 후 출국

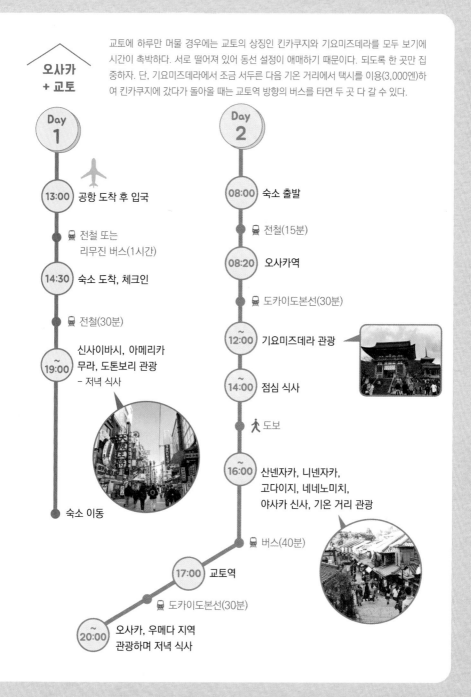

오사카
+ 교토

교토에 하루만 머물 경우에는 교토의 상징인 킨카쿠지와 기요미즈데라를 모두 보기에 시간이 촉박하다. 서로 떨어져 있어 동선 설정이 애매하기 때문이다. 되도록 한 곳만 집중하자. 단, 기요미즈데라에서 조금 서두른 다음 기온 거리에서 택시를 이용(3,000엔)하여 킨카쿠지에 갔다가 돌아올 때는 교토역 방향의 버스를 타면 두 곳 다 갈 수 있다.

Day 1

13:00 공항 도착 후 입국

🚉 전철 또는
리무진 버스(1시간)

14:30 숙소 도착, 체크인

🚉 전철(30분)

~19:00 신사이바시, 아메리카
무라, 도톤보리 관광
– 저녁 식사

숙소 이동

Day 2

08:00 숙소 출발

🚉 전철(15분)

08:20 오사카역

🚉 도카이도본선(30분)

~12:00 기요미즈데라 관광

~14:00 점심 식사

🚶 도보

~16:00 산넨자카, 니넨자카,
고다이지, 네네노미치,
야사카 신사, 기온 거리 관광

🚌 버스(40분)

17:00 교토역

🚉 도카이도본선(30분)

~20:00 오사카, 우메다 지역
관광하며 저녁 식사

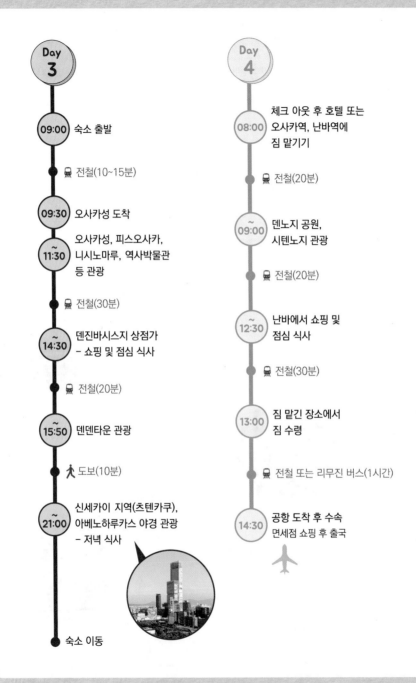

Day 3

09:00 숙소 출발

🚇 전철(10~15분)

09:30 오사카성 도착

~11:30 오사카성, 피스오사카, 니시노마루, 역사박물관 등 관광

🚇 전철(30분)

~14:30 덴진바시스지 상점가 – 쇼핑 및 점심 식사

🚇 전철(20분)

~15:50 덴덴타운 관광

🚶 도보(10분)

~21:00 신세카이 지역(츠텐카쿠), 아베노하루카스 야경 관광 – 저녁 식사

숙소 이동

Day 4

08:00 체크 아웃 후 호텔 또는 오사카역, 난바역에 짐 맡기기

🚇 전철(20분)

~09:00 덴노지 공원, 시텐노지 관광

🚇 전철(20분)

~12:30 난바에서 쇼핑 및 점심 식사

🚇 전철(30분)

13:00 짐 맡긴 장소에서 짐 수령

🚇 전철 또는 리무진 버스(1시간)

14:30 공항 도착 후 수속 면세점 쇼핑 후 출국 ✈️

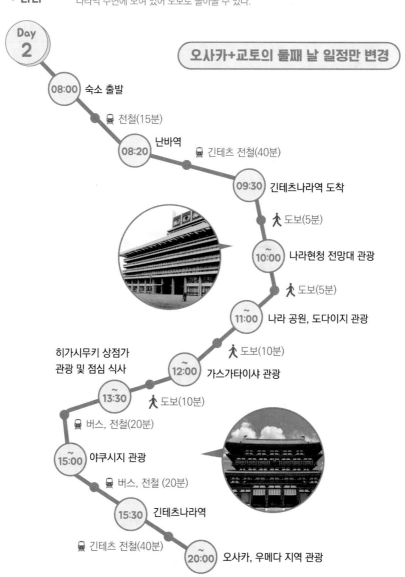

오사카
+ 나라

오사카+교토 관광에서 교토 대신 나라로 이동하여 관광하는 코스다. 하루에 나라를 돌아보기 때문에 짧은 시간 내에 해결해야 한다. 야쿠시지를 제외하고는 대부분의 일정이 나라역 주변에 모여 있어 도보로 돌아볼 수 있다.

Day
2

오사카+교토의 둘째 날 일정만 변경

08:00 숙소 출발

전철(15분)

08:20 난바역

긴테츠 전철(40분)

09:30 긴테츠나라역 도착

도보(5분)

10~00 나라현청 전망대 관광

도보(5분)

11~00 나라 공원, 도다이지 관광

도보(10분)

히가시무키 상점가
관광 및 점심 식사

12~00 가스가타이샤 관광

13~30

도보(10분)

버스, 전철(20분)

15~00 야쿠시지 관광

버스, 전철 (20분)

15:30 긴테츠나라역

긴테츠 전철(40분)

20~00 오사카, 우메다 지역 관광

오사카 + 고베

오사카+교토 관광에서 교토 대신 고베로 이동하여 관광하는 코스다. 고베의 주요 관광지인 기타노이진칸, 이쿠타 신사를 비롯해 항구도시 고베의 풍경을 즐길 수 있다.

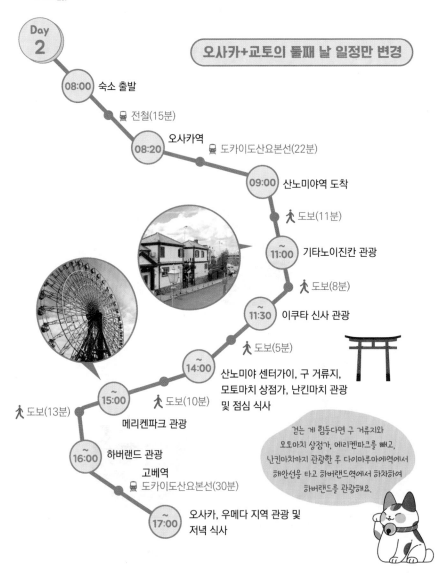

Day
2

오사카+교토의 둘째 날 일정만 변경

08:00 숙소 출발

🚃 전철(15분)

08:20 오사카역

🚈 도카이도산요본선(22분)

09:00 산노미야역 도착

🚶 도보(11분)

11:00 기타노이진칸 관광

🚶 도보(8분)

11:30 이쿠타 신사 관광

🚶 도보(5분)

14:00 산노미야 센터가이, 구 거류지,
모토마치 상점가, 난킨마치 관광
및 점심 식사

15:00 메리켄파크 관광

🚶 도보(10분)

🚶 도보(13분)

16:00 하버랜드 관광
고베역
🚈 도카이도산요본선(30분)

17:00 오사카, 우메다 지역 관광 및
저녁 식사

걷는 게 힘들다면 구 거류지와
모토마치 상점가, 메리켄파크를 빼고,
난킨마치까지 관광한 후 다이마루마에역에서
해안선을 타고 하버랜드역에서 하차하여
하버랜드를 관광해요.

03

4박 5일 코스

약간은 여유 있게 짜서 알차게 여행할 수 있는 일정이다. 한 지역보다는 오사카를 포함하여 두 곳 이상의 지역으로 설계하도록 하자. 하지만 늦게 출발해서 빨리 돌아오는 비행기라면 제대로 관광하는 날은 3일이나 다름이 없으니 일정을 조정해야 한다.

오사카
+ 교토

오사카에서 2박, 교토에서 2박을 하는 여행으로 오사카의 도회지 및 먹거리를 즐기고, 교토의 전통과 자연을 즐기는 여정이다.

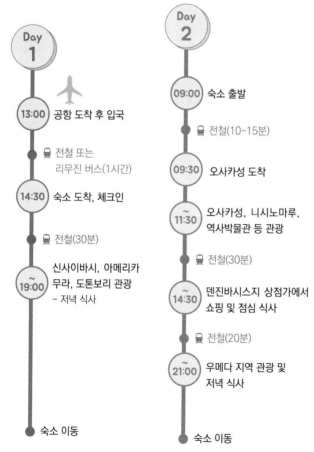

Day 1

13:00 공항 도착 후 입국

🚆 전철 또는 리무진 버스(1시간)

14:30 숙소 도착, 체크인

🚆 전철(30분)

~19:00 신사이바시, 아메리카무라, 도톤보리 관광 – 저녁 식사

숙소 이동

Day 2

09:00 숙소 출발

🚆 전철(10~15분)

09:30 오사카성 도착

~11:30 오사카성, 니시노마루, 역사박물관 등 관광

🚆 전철(30분)

~14:30 덴진바시스지 상점가에서 쇼핑 및 점심 식사

🚆 전철(20분)

~21:00 우메다 지역 관광 및 저녁 식사

숙소 이동

기요미즈데라에서 도보로 기온 거리까지 걷다 보면 시간이 지체될 수 있다. 조금 서둘러 걷든지 산넨자카 또는 니넨자카에서 고다이지, 네네노미치를 건너뛰어 야사카 신사나 기온 거리를 관광하면 시간을 절약할 수 있다. 킨카쿠지 영업 시간이 17시까지이기 때문에 너무 늦지 않도록 해야 한다.

Day 3

08:00 체크아웃 후 숙소 출발

🚆 전철(15분)

08:20 오사카역

🚆 도카이도본선(30분)

09:00 교토역 도착

🚆 전철(15분)

10:30~ 후시미이나리타이샤 관광

🚆 전철, 도보(30분)

14:00~ 기요미즈데라 관광 및 점심 식사

🚶 도보

15:30~ 산넨자카, 니넨자카, 고다이지, 네네노미치, 야사카 신사, 기온 거리 관광

🚌 버스(40분)

17:30~ 킨카쿠지 관광

🚌 버스(30분)

● 숙소 도착

기온 거리에서 택시로 킨카쿠지를 가면 시간은 20~25분 정도, 비용은 3,000엔 정도예요. 상황에 따라 택시를 이용하는 것도 좋아요.

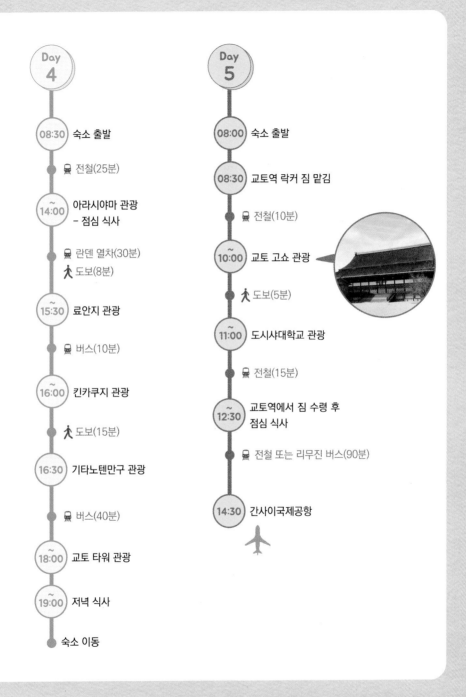

Day 4

08:30 숙소 출발

🚈 전철(25분)

~14:00 아라시야마 관광
– 점심 식사

🚈 란덴 열차(30분)
🚶 도보(8분)

~15:30 료안지 관광

🚈 버스(10분)

~16:00 킨카쿠지 관광

🚶 도보(15분)

16:30 기타노텐만구 관광

🚈 버스(40분)

~18:00 교토 타워 관광

~19:00 저녁 식사

숙소 이동

Day 5

08:00 숙소 출발

08:30 교토역 락커 짐 맡김

🚈 전철(10분)

~10:00 교토 고쇼 관광

🚶 도보(5분)

~11:00 도시샤대학교 관광

🚈 전철(15분)

~12:30 교토역에서 짐 수령 후
점심 식사

🚈 전철 또는 리무진 버스(90분)

14:30 간사이국제공항

✈

오사카
+교토+고베
또는 나라

오사카에서 고베 또는 나라를 다녀온 후 교토에 가서 1박을 하는 여정이다. 세 곳을 돌아보기 때문에 약간 타이트한 스케줄이다.

Day 1

13:00 공항 도착 후 입국

🚃 전철 또는
리무진 버스(1시간)

14:30 숙소 도착, 체크인

🚃 전철(30분)

~19:00 신사이바시, 아메리카무라, 도톤보리 관광
– 저녁 식사

● 숙소 이동

Day 2

08:00 숙소 출발

🚃 전철(15분)

08:20 오사카역

🚃 도카이도산요본선(22분)

09:00 산노미야역 도착

🚃 전철(11분)

~11:00 기타노이진칸 관광

🚶 도보(8분)

~11:30 이쿠타 신사 관광

🚶 도보(5분)

~14:00 산노미야 센터가이, 구 거류지,
모토마치 상점가, 난킨마치 관광
– 점심 식사

🚶 도보(10분)

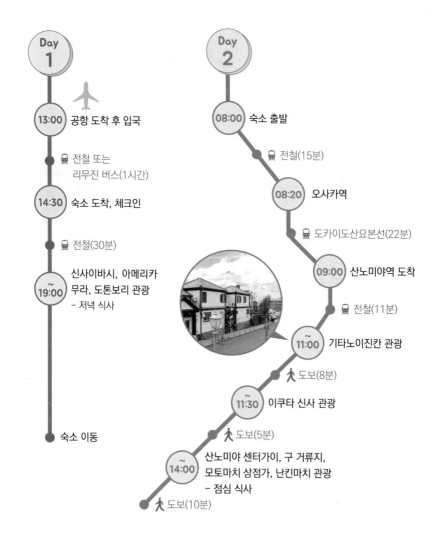

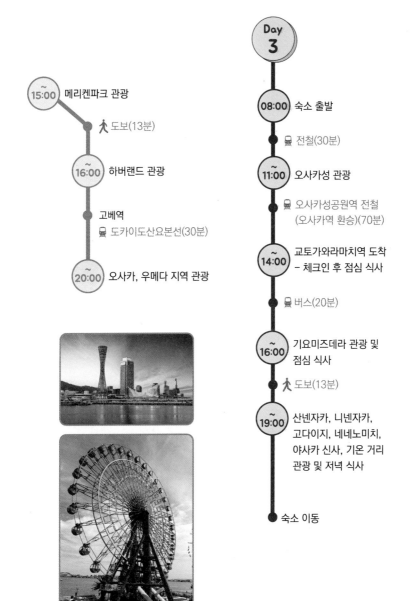

15:00 메리켄파크 관광

🚶 도보(13분)

16:00 하버랜드 관광

고베역
🚈 도카이도산요본선(30분)

20:00 오사카, 우메다 지역 관광

Day
3

08:00 숙소 출발

🚈 전철(30분)

11:00 오사카성 관광

🚈 오사카성공원역 전철
    (오사카역 환승)(70분)

14:00 교토가와라마치역 도착
      – 체크인 후 점심 식사

🚌 버스(20분)

16:00 기요미즈데라 관광 및
      점심 식사

🚶 도보(13분)

19:00 산넨자카, 니넨자카,
      고다이지, 네네노미치,
      야사카 신사, 기온 거리
      관광 및 저녁 식사

숙소 이동

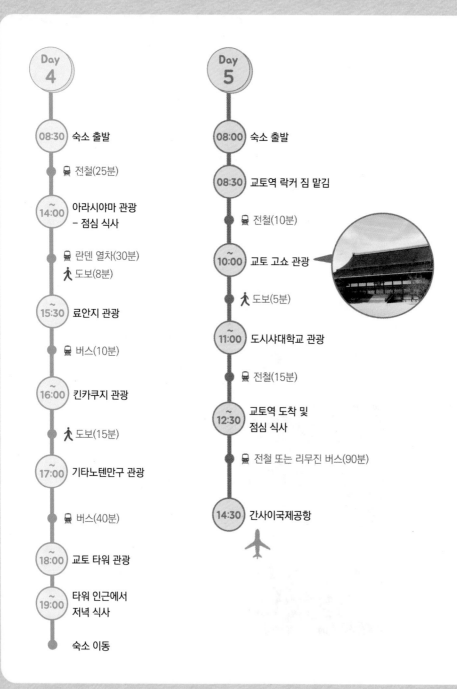

Day 4

08:30 숙소 출발

🚇 전철(25분)

~14:00 아라시야마 관광
– 점심 식사

🚃 란덴 열차(30분)
🚶 도보(8분)

~15:30 료안지 관광

🚌 버스(10분)

~16:00 킨카쿠지 관광

🚶 도보(15분)

~17:00 기타노텐만구 관광

🚌 버스(40분)

~18:00 교토 타워 관광

~19:00 타워 인근에서
저녁 식사

● 숙소 이동

Day 5

08:00 숙소 출발

08:30 교토역 락커 짐 맡김

🚇 전철(10분)

~10:00 교토 고쇼 관광

🚶 도보(5분)

~11:00 도시샤대학교 관광

🚇 전철(15분)

~12:30 교토역 도착 및
점심 식사

🚇 전철 또는 리무진 버스(90분)

14:30 간사이국제공항

✈

오사카
+교토+고베
+ 나라

간사이 지역 네 곳을 관광하는 코스로 숙소를 오사카에 두고 교토, 고베, 나라를 하루
씩 다녀오는 코스다. 따라서 낮 시간에 교토, 고베, 나라를 다녀오고 저녁에 오사카로
돌아와서 오사카 관광을 즐긴다.

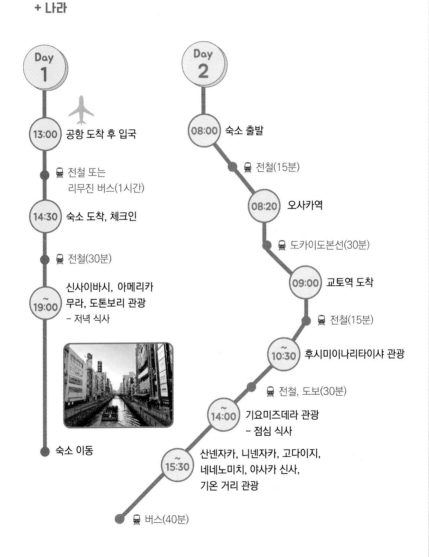

Day 1

13:00 공항 도착 후 입국

🚃 전철 또는
리무진 버스(1시간)

14:30 숙소 도착, 체크인

🚃 전철(30분)

19:00 신사이바시, 아메리카
무라, 도톤보리 관광
– 저녁 식사

숙소 이동

Day 2

08:00 숙소 출발

🚃 전철(15분)

08:20 오사카역

🚃 도카이도본선(30분)

09:00 교토역 도착

🚃 전철(15분)

10:30 후시미이나리타이샤 관광

🚃 전철, 도보(30분)

14:00 기요미즈데라 관광
– 점심 식사

15:30 산넨자카, 니넨자카, 고다이지,
네네노미치, 야사카 신사,
기온 거리 관광

🚃 버스(40분)

17:00 킨카쿠지 관광

🚌 버스(40분)

교토역
🚃 도카이도본선(30분)

~20:00 오사카, 우메다 지역 관광
        – 저녁 식사

기요미즈데라에서 도보로 기온 거리까지 걷다
보면 시간이 지체될 수 있다. 조금 서둘러 걷든
지 산넨자카 또는 니넨자카에서 고다이지, 네네
노미치를 건너뛰어 야사카 신사나 기온 거리를
관광하면 시간을 절약할 수 있다. 킨카쿠지 관
광 가능 시간이 17시까지이기 때문에 너무 늦
지 않도록 해야 한다.

하나미코지 거리에서 택시로
킨카쿠지를 가면 시간은 20~25분 정도,
비용은 3,000엔 정도예요. 상황에 따라
택시를 이용하는 것도 좋아요!

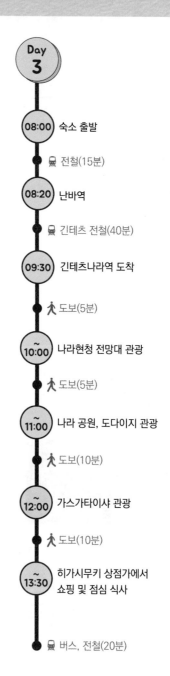

Day 3

08:00 숙소 출발

🚃 전철(15분)

08:20 난바역

🚃 긴테츠 전철(40분)

09:30 긴테츠나라역 도착

🚶 도보(5분)

10:00 나라현청 전망대 관광

🚶 도보(5분)

~11:00 나라 공원, 도다이지 관광

🚶 도보(10분)

~12:00 가스가타이샤 관광

🚶 도보(10분)

~13:30 히가시무키 상점가에서
       쇼핑 및 점심 식사

🚌 버스, 전철(20분)

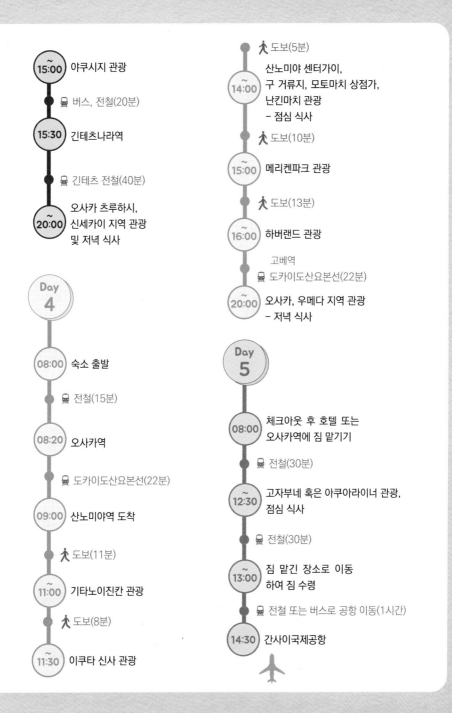

~15:00 야쿠시지 관광

🚌 버스, 전철(20분)

15:30 긴테츠나라역

🚃 긴테츠 전철(40분)

~20:00 오사카 츠루하시, 신세카이 지역 관광 및 저녁 식사

Day 4

08:00 숙소 출발

🚃 전철(15분)

08:20 오사카역

🚃 도카이도산요본선(22분)

09:00 산노미야역 도착

🚶 도보(11분)

11:00 기타노이진칸 관광

🚶 도보(8분)

~11:30 이쿠타 신사 관광

🚶 도보(5분)

14:00 산노미야 센터가이, 구 거류지, 모토마치 상점가, 난킨마치 관광 – 점심 식사

🚶 도보(10분)

~15:00 메리켄파크 관광

🚶 도보(13분)

~16:00 하버랜드 관광

고베역
🚃 도카이도산요본선(22분)

~20:00 오사카, 우메다 지역 관광 – 저녁 식사

Day 5

08:00 체크아웃 후 호텔 또는 오사카역에 짐 맡기기

🚃 전철(30분)

~12:30 고자부네 혹은 아쿠아라이너 관광, 점심 식사

🚃 전철(30분)

~13:00 짐 맡긴 장소로 이동하여 짐 수령

🚌 전철 또는 버스로 공항 이동(1시간)

14:30 간사이국제공항

04 가성비 최고의
오사카 주유패스(周遊パス)

오사카 여행에서 가장 가성비 좋은 패스는 오사카 주유패스다. 메트로를 포함하여 크루즈 유람선과 각종 시설을 무료 또는 할인하여 즐길 수 있는 패스다. 두 곳 정도만 돌아도 본전은 뽑을 정도로 가성비가 뛰어나니 오사카 관광을 계획하는 여행자는 무조건 주유패스를 구입하기를 권한다. 아래의 코스는 주유패스 이용이 가능한 곳을 중심으로 짠 코스다. 이용 가능한 시설이 바뀌는 경우가 많으니 사전에 확인이 필요하다.

1일권: 3,300엔

08:00
숙소 출발

전철(10~15분)

09:00
오사카성 주변 역
(다니마치욘초메역,
모리노미야역) 도착
후 성내 산책

11:00
천수각,
역사박물관
관광

다니마치욘초메역
→에비스초역(15분)

14:00
츠텐카쿠,
신세카이 관광
및 점심 식사

다니마치욘초메역
→에비스초역(15분)

22:30
우메다 스카이빌
딩, HEP FIVE 대
관람차 관광 및
저녁 식사

신사이바시역
→우메다역(15분)

16:30
도톤보리 리버크
루즈, 도톤보리,
신사이바시 상점
가 관광

도부츠엔마에역
→난바역(10분)

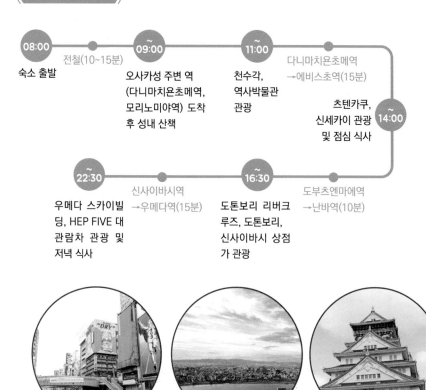

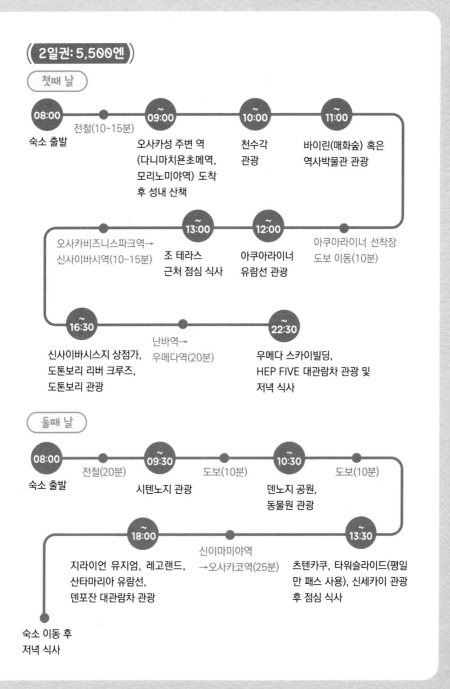

2일권: 5,500엔

첫째 날

08:00
숙소 출발

전철(10~15분)

09:00
오사카성 주변 역
(다니마치욘초메역,
모리노미야역) 도착
후 성내 산책

10:00
천수각
관광

11:00
바이린(매화숲) 혹은
역사박물관 관광

13:00
조 테라스
근처 점심 식사

12:00
아쿠아라이너
유람선 관광

오사카비즈니스파크역→
신사이바시역(10~15분)

아쿠아라이너 선착장
도보 이동(10분)

16:30
신사이바시스지 상점가,
도톤보리 리버 크루즈,
도톤보리 관광

난바역→
우메다역(20분)

22:30
우메다 스카이빌딩,
HEP FIVE 대관람차 관광 및
저녁 식사

둘째 날

08:00
숙소 출발

전철(20분)

09:30
시텐노지 관광

도보(10분)

10:30
덴노지 공원,
동물원 관광

도보(10분)

18:00
지라이언 뮤지엄, 레고랜드,
산타마리아 유람선,
덴포잔 대관람차 관광

신이마미야역
→오사카코역(25분)

13:30
츠텐카쿠, 타워슬라이드(평일
만 패스 사용), 신세카이 관광
후 점심 식사

숙소 이동 후
저녁 식사

06

여행 가기 전에 알아두면 좋은
오사카 기본 먹거리

오사카는 먹다가 망한다는 의미의 '쿠이다오레(食い倒れ)'라는 말이 붙을 정도로 음식의 도시다. 천하의 부엌(天下の台所)이라고 불리기도 한다. 대부분의 음식이 우리나라 사람들 입맛에도 잘 맞아 큰 거부감 없이 먹을 수 있다. 오사카의 대표적인 먹거리로 쿠시카츠, 타코야키, 오코노미야키, 야키소바를 들 수 있다. 이 밖에도 일본에서 즐길 수 있는 음식에 대해 알아보자.

쿠시카츠(串カツ)

오사카 하면 떠오르는 먹거리 중 하나가 쿠시카츠다. 메이지시대에 도쿄에서 먹기 시작했다는 설이 있지만 도쿄에서도 쿠시카츠 가게는 '오사카 명물 쿠시카츠'라는 간판으로 영업을 할 정도다. 쿠시카츠는 채소나 고기를 꼬치에 끼워서 옷을 입혀 기름에 튀긴 요리다.

소스
두 번 찍는 것
금지!

오사카 지역에서는 서서 먹는 식당도 많다. 객석 테이블에 놓인 스테인레스 용기에 담긴 전용 소스를 찍어 먹는다. '두 번 찍는 것 금지(二度付けお断り)'라는 문구를 볼 수 있는데 위생상 하나의 쿠시카츠에 소스를 한 번만 찍어 먹으라는 의미다. 이는 소스를 재사용하기 때문이다. 하지만 코로나 이후 위생 문제로 인해 개인용 소스를 주는 곳이 늘었다. 쿠시카츠를 시키면 양배추를 잘게 썰어 제공하는데 느끼함을 해소하고 위를 보호해준다고 한다. 일반적으로 손으로 집어먹는다. 양배추는 무한 제공하는 곳이 많다.

타코야키(タコ焼き)

우리나라에서도 인기가 있는 음식인 타코야키는 오사카에서 탄생한 음식이다. 축제와 같은 이벤트나 행사장, 먹거리 골목에 반드시 등장하는 음식이다. 오사카 지역에서는 이쑤시개를 꽂아서 먹고, 도쿄에서는 젓가락으로 먹는다. 문어 대신 오징어를 넣으면 '이카야키'라 한다.

오코노미야키(お好み焼き)

일본식 전으로 오사카의 대표적 음식이다. 철판 요리의 하나로 밀가루와 채소, 계란, 면 등을 섞은 후 소스를 가해서 부친 후 가쓰오부시나 마요네즈를 뿌려 철판에서 익힌다. 양배추, 계란, 고기, 오징어 등을 넣어 만든 '간사이 (또는 오사카) 스타일'과 양배추, 콩나물, 중화 메밀국수에 계란을 풀어서 부치는 '히로시마 스타일'이 유명하다. 가격은 700~1,000엔 정도. 전문점이 아닌 이자카야에서는 조금 더 저렴하게 즐길 수 있다.

야키소바(焼きそば)

간편하게 먹을 수 있어 축제와 같은 이벤트 매장 등에서 빠지지 않는 메뉴다. 중화면을 돼지고기나 닭고기, 양배추, 당근, 양파, 콩나물 등 야채와 함께 소스에 볶은 요리를 말한다. 명칭에는 '소바'라고 하지만 면의 재료는 메밀이 아닌 밀가루다. 지역이나 들어가는 재료에 따라 '아사히가와쇼유 야키소바', '카레 야키소바', '이탈리안 야키소바' 등 다양한 종류가 있다.

오차즈케(お茶漬け)

녹차에 밥을 말고 토핑을 얹어 먹는 음식이다. 일종의 죽이라 할 수 있다. 연어가 올라가면 연어 오차즈케, 명란이 올라가면 명란 오차즈케가 된다. 간단히 끼니를 때울 때 간편식으로 먹는 다. 술 마신 다음날, 밥이 부담스러울 때 오차즈케로 속을 달래는 것도 좋다. 코스 요리에서는 디저트로 나오기도 한다.

스시(寿司)

세계적으로 알려진 일본의 대표적인 음식이며 바다를 면하고 있는 오사카의 대표 음식이다. 생선이 많이 나오고 쌀을 주식으로 하는 환경에서 이 두 가지 식재료를 가장 어울리게 먹는 방법이 스시다. 원래는 동남아에서 밥 속에 넣어 생선을 보관하던 저장법을 일본에서 발전시킨 요리다. 생선의 종류 및 쥐는 방법에 따라 다음과 같이 구분하기도 한다.

니기리 스시
(握り寿司)

'니기루(握る)'는 '쥐다'라는 의미로 손으로 주물러 만든 생선 초밥이다.

마키 스시
(巻き寿司)

'마키(巻き)'는 '감다'라는 의미다. 김, 해초류 등으로 말아서 만든 것을 말한다.

이나리 스시
(稲荷寿司)

유부초밥을 말한다. 달짝지근한 유
부로 초밥을 싼 것이다.

얹는 재료에 따른 명칭

명칭	재료	명칭	재료
이쿠라(いくら)	연어알	우니(うに)	성게
네기토로(ネギトロ)	파를 얹은 참치살	시라우오(白魚)	뱅어
가니미소(カニ味噌)	게장	카이바시라(かいばしら)	조개관자
사몬(サーモン)	연어	빈토로(びんとろ)	날개 다랑어
마구로(マグロ)	참치	오토로(大トロ)	참치 대뱃살
타이(タイ、鯛)	도미	사바(サバ、鯖江)	고등어
간파치(カンパチ)	잿방어	아지(鯵)	전갱이
호타테(帆立)	가리비	아와비(鮑)	전복
에비(エビ)	참새우	보탄에비(ボタンエビ)	모란새우
아마에비(甘エビ)	단새우	아카가이(赤貝)	피조개
도리가이(とり貝)	새조개	이가(いか)	오징어

스시는 대체적으로 고가에 속한다. 좌석이 있는 일반 식당에서 두 사람이 스시를 먹을 경우, 기본 10만 원 이상의 비용을 지불해야 한다. 일본 여행을 왔으니 현지에서 스시를 먹어보겠다면 비교적 저렴한 회전초밥(回転寿司) 식당이나 서서 먹는 스시(立食い寿司) 식당을 권한다. 회전초밥 식당은 저렴한 곳은 두 피스 한 접시에 100엔대이며, 비싼 생선은 200엔, 300엔, 400엔대까지 있다. 접시의 색상에 따라 가격이 다르니 주머니 사정을 고려하여 잘 선택하여 즐기도록 한다.

라멘(ラーメン)

일본의 라멘 식당은 우리나라 라면과 같은 인스턴트 라면이 아니라 생면에 각종 재료로 우려낸 국물을 사용하는 면 요리다. 지역에 따라 재료가 다른 만큼 면의 종류, 국물의 종류가 특색이 있다. 그래서 북쪽의 삿포로 라멘, 남쪽의 하카타 라멘과 같이 지역의 이름이 붙은 라멘이 많다. 대표적인 라멘의 종류를 살펴보면 다음과 같다.

라멘의 종류

소유 라멘
간장으로 국물 맛을 낸 라멘이다. 후쿠시마의 기타가타 라멘이 유명하다.

미소 라멘
일본 된장인 '미소'로 국물 맛을 낸 라멘이다. 미소의 달달하고 구수한 맛이 특징이다. 삿포로의 미소 라멘이 유명하다.

시오 라멘
소금(시오 : 塩)으로 국물 맛을 낸 라멘이다. 국물이 투명하며 깔끔한 맛이 특징이다. 홋카이도의 하코다테 지역의 라멘이 대표적이다.

야채 라멘
채소를 익히거나 볶아서 국물을 내기도 하고 기본 국물에 면을 함께 얹어서 먹기도 한다. 된장 국물인 경우 '된장 야채 라멘'이라고 부르기도 한다.

돈코츠 라멘
돼지 뼈를 우려내 국물 맛을 낸 라멘이다. 추가로 생선이나 채소를 넣어 국물을 우려내기도 한다. 처음 접한 사람은 약간 비위가 상할 수 있으나 깊은 맛이 있어 맛을 알고 나면 다시 찾게 된다. 하카타의 돈코츠 라멘이 유명하다.

탄탄멘
중국 사천성이 발상지인 라멘으로 참기름에 고추를 볶아 만든 매운 국물이 특징이다. 사천성 요리답게 약간 매운 맛이 특징이다.

츠케멘
국물과 면이 따로 나와 국물에 찍어 먹는 라멘이다. 츠케멘을 취급하는 가게는 그리 많지 않다. 일반적으로 면이 두꺼운 것이 특징이다.

히야시 라멘
냉면과 비슷하게 차가운 면에 야채, 고기, 계란 등을 얹어 먹는 라멘이다.

기타
기무치(김치) 라멘, 네기(파) 라멘, 모야시(숙주) 라멘 등 재료 및 특징에 따라 다양한 이름을 갖고 있다. 네기미소(파, 된장) 라멘, 부타기무치(돼지, 김치) 라멘, 돈코츠쇼유(돼지 뼈, 간장) 라멘과 같이 두 가지 이상의 재료를 조합한 경우 두 단어를 조합한 라멘 이름도 많다.

먹는 사람의 취향에 따라 토핑을 하기도 하는데 김, 파, 계란, 마늘, 숙주, 죽순(멘마), 차슈라 불리는 돼지고기 등이 있다. 라멘 가격은 일반적으로 1,000엔 내외다. 일본의 3대 라멘은 삿포로, 하카타, 기타가타를 꼽는다.

우동(うどん)

일본의 3대 면 요리는 우동, 라멘, 메밀 면이다. 우동도 라멘과 마찬가지로 지역과 재료에 따라 다양한 종류가 있다. 먹는 방법에 따라 다음과 같이 분류한다.

먹는 방법에 따른 분류

가케 우동
삶은 면을 넣고 국물만 부은 우동이다. 파와 같은 간단한 양념을 하기도 한다. 가장 일반적인 우동이다. 국물이 옅은 편이며 국물까지 먹는다.

붓가케 우동
삶은 우동 면에 소량의 옅은 국물을 부은 우동이다. 취향에 따라 일본 양념장의 일종인 '츠유(つゆ)'를 붓고 파와 같은 양념을 추가하여 먹는다. 가케 우동과의 차이는 국물이 더 진하지만 국물의 양은 적은 편이다. 국물이 진하기 때문에 주로 면만 먹는다.

자루 우동
면과 국물이 따로 나오는 우동이다. 면을 국물에 찍어 먹는 우동이다.

가마아게 우동
면을 삶은 후 물에 식히지 않은 상태로 우동 맛을 즐길 수 있게 하는 우동이다. 국물은 진한 편이기 때문에 주로 면만 먹는다.

재료에 따른 분류

타누키 우동
'타누키'는 우리말로 '너구리'다. 너구리가 들어간 것은 아니고 주 재료를 뺐다는 의미로, '타네누키(たねぬく)'에서 유래되었다는 설이 있다. 우동 국물에 튀김 부스러기를 넣은 우동이다.

기츠네 우동
'기츠네'는 우리말로 '여우'다. 여우가 유부를 좋아한다고 해서 명명되었다는 설이 있다. 양념한 유부가 들어간 유부 우동을 말한다.

덴푸라 우동
'덴푸라'는 우리말로 '튀김'이다. 우동 위에 새우 튀김이나 채소 튀김을 얹은 우동이다.

츠키미 우동
'츠키미(月見)'는 '달을 본다'라는 의미로 생 달걀을 넣은 우동이다. 계란의 흰자와 노른자가 달을 보는 것 같다는 의미에서 붙은 이름이다.

카레 우동
우동에 카레를 넣어 카레 맛이 나는 우동이다.

니쿠 우동
'니쿠'는 '고기'를 말하는데 우동에 소고기, 돼지고기를 넣은 우동이다. 지방에 따라 말고기를 넣기도 한다.

미소 우동
일본식 된장을 가미한 우동이다.

이렇게 국물을 내는 재료나 들어가는 토핑에 따라 다양한 이름의 우동이 있다. 일반적으로 우동은 따뜻한 면 요리지만, '히야시 우동'은 면이 차가운 것이 특징이다. 일반적으로 면과 국물이 따로 나오는 '자루 우동'이 차가운 면을 제공한다.

 메밀 면(소바: 蕎麦)

메밀 면은 원재료인 메밀을 이용하여 면을 만든 것이다. 지역에 따라 국물의 진한 정도, 색깔, 맛이 다르다. 메밀 면도 우동과 마찬가지로 먹는 방법에 따라 자루, 가케, 붓가케로 나눈다. 여기에 재료나 토핑에 따라 다양한 종류의 메뉴가 있다.

자루 소바/모리 소바

차갑게 식힌 면과 간장 국물(츠유)이 따로 나와 면을 간장 국물에 찍어 먹는 메밀 면 요리다. 면에 김을 얹은 것을 '자루 소바', 얹지 않은 것을 '모리 소바'로 구분하기도 한다.

가케 소바

별도의 재료를 넣지 않고 뜨거운 국물에 먹는 메밀 면이다.

타누키 소바

국물과 면 위에 튀김 부스러기와 파가 들어가 있는 메밀 면이다.

기츠네 소바

국물과 면 위에 유부가 들어가 있는 메밀 면이다.

덴푸라 소바

국물과 면 위에 튀김이 들어가 있는 메밀 면이다. 덴세이로소바(天せいろそば)라고도 한다.

오로시 소바

붓가케 메밀면의 한 종류로 무를 갈아 얹은 후 파나 김 등을 추가한 메밀면이다. 별도의 그릇에 간 무를 넣어 찍어 먹기도 한다.

츠키미 소바

계란의 흰자와 노른자가 달을 보는 것 같다는 의미로 국물과 면 위에 생 계란을 넣는다.

토로로 소바

가케 메밀 면의 한 종류로 마를 갈아 계란 흰자와 비벼 먹는다. 별도의 그릇에 간 무와 계란을 찍어 먹기도 한다.

크로켓 소바

국물과 면 위에 크로켓을 얹은 메밀 면이다.

이 밖에도 오리고기 국물로 만든 카모세이로 소바(鴨せいろそば), 버섯을 주 재료로 한 나메코 소바(なめこそば) 등 다양한 토핑 및 재료로 만든 메밀 면이 있다. 같은 종류의 메뉴라도 지방에 따라 다르게 부르기도 하고 특정 가게에서 고유의 이름을 지어 부르기도 한다.

덮밥(돈부리: 丼物)

'○○丼'이라 쓰인 요리는 덮밥 요리다. '○○동(돈)'으로 발음한다. 한자의 모양에서 알 수 있듯이 우물 정(井)에 점이 들어가 있어 가운데에 무언가를 얹어놓은 듯한 형상이다. 가장 많이 알려진 음식이 소고기 덮밥인 '규동(牛丼)'이다. 300~400엔 내외로 충분히 한 끼를 해결할 수 있다.

돈부리의 종류

규동

얇게 썬 소고기와 양파를 삶아 쌀밥 위에 얹어 놓은 요리다. 취향에 따라 베니쇼가(紅生姜)라 불리는 빨간색 생강을 넣거나 일곱 가지 맛의 고춧가루(七味: 시치미)를 뿌려 먹는다. 김치나 샐러드(일본식 표현: 사라다)를 추가로 주문하여 먹는다고 해도 700엔 이내에서 해결할 수 있다.

보통 규동 식당은 자판기를 통해 식권을 구입한 후 카운터에 앉아 식권을 내놓으면 음식이 나온다. 최근의 자판기는 다국어 기능을 지원하고 있다. 한국어로도 식권을 구매할 수 있어 일본어를 몰라도 큰 어려움 없이 구매할 수 있다.
소고기 덮밥은 프랜차이즈 가게가 많은데, 일본에서 가장 유명한 곳은 마츠야(松屋), 요시노야(吉野家), 스끼야(やき家)다. 일본의 어느 지역을 가더라도 세 식당 중 한 곳은 있다고 할 정도로 많다.

부타동(豚丼)

소고기 대신 돼지고기를 얹은 덮밥이다.

텐동(天丼)

튀김을 얹은 덮밥이다.

우나기동(ウナギ丼)

장어를 얹은 덮밥이다.

가츠동(かつ丼)

돈카츠를 얹은 덮밥이다.

오야코동(親子丼)

닭고기와 계란을 얹은 덮밥이다. 오야코(親子)는 부모와 자식을 말하는데, 닭이 어미이고 계란이 자식이라 하여 오야코(親子)라 부른다.

타닌동(他人丼)

돼지고기와 계란을 얹은 덮밥을 말하는데 돼지와 계란은 타인이라는 의미에서 이러한 이름이 붙었다고 한다.

기타

새우를 얹으면 에비동(エビ丼), 카레가 들어가면 카레동(カレ丼), 생 계란이 들어가면 츠키미동(月見丼), 생선이 들어가면 카이센동(海鮮丼) 등 어느 재료를 얹느냐에 따라 이름이 지어진다.

《 생선 회(사시미: 刺身) 》

신선도가 높은 어패류를 잘게 썰어 간장(쇼유), 겨자(와사비), 생강을 곁들여 먹는다. 야채나 해초류와 함께 먹기도 한다. 다만 일본에서 생선 회를 즐기기에는 가격적인 부담이 크다. 우리나라처럼 곁들이 찬이 없다.

《 튀김(덴푸라: 天婦羅) 》

서서 먹는 저렴한 식당에서부터 고급 요정에 이르기까지 어디에서나 접할 수 있는 대중적인 요리라 할 수 있다. 음식점 골목에 가보면 튀김 전문점이 많다. 튀김 전문점은 비교적 고가이며 선술집인 이자카야에서 비교적 저렴하게 먹을 수 있다.

《 샤부샤부(しゃぶしゃぶ) 》

의성어로, 우리말로 표현하면 '살랑살랑'에 해당된다. 얇게 썬 고기(소고기, 돼지고기, 닭고기 등)를 야채, 두부 등을 끓인 물에 넣어 살짝 데쳐서 간장, 참기름 등에 찍어서 먹는다. 일본에서도 약간은 고가인 고급 요리라 할 수 있다. 3,000~5,000엔 이상으로 가성비를 따지는 여행객 입장에서 즐기기에는 약간 부담스러운 가격이긴 하다.

스키야키(すき焼き)

전골 요리의 하나로 전용 철판이나 냄비에 얇게 여민 쇠고기를 채소, 버섯, 두부와 함께 익혀서 먹는 요리다. 양념은 간장, 설탕, 계란 등이다. 최하 3,000~5,000엔대의 가격이다. 조리 후에 날계란을 풀어 찍어 먹는다.

찬코나베(ちゃんこ鍋)

찬코나베는 일본의 전통 스포츠인 스모 선수들이 먹는 음식으로 알려져 있다. '찬코'는 스모 선수들이 만드는 요리를 말하고 '나베'는 냄비를 말한다. 커다란 냄비에 해산물, 고기, 두부와 채소를 넣어 끓이는 요리다. 최소 3,000엔 이상이다.

말고기(馬肉)

우리나라에서는 일반적으로 말고기를 먹지 않지만 일본에서는 말고기를 먹는다. 특히 '바사시(馬刺し)'라 하여 말고기 회를 먹기도 한다. 말고기 전문점에서 파는 요리는 고가의 요리에 속하기 때문에 부담스러운 금액이다. 하지만 일부 술집에서는 말고기 회 메뉴를 갖추고 있는 집도 있으니 적당한 가격대의 가게를 찾아봐도 좋다. 고기의 색상이 벚꽃 색상과 비슷하다 하여 '사쿠라니쿠(桜肉)'라는 이름으로 판매되기도 한다.

삼각 김밥과 도시락

일본의 편의점에서 쉽게 구할 수 있는 음식이다. 점심시간 즈음에 회사원이 많은 오피스 빌딩 주변이나 학생들이 많은 캠퍼스 근처의 공원에 가보면 여기저기 의자에 앉아 도시락을 먹는 광경을 목격할 수 있다. 식당에 들어가기 애매할 때, 간단히 요기를 하고자 할 때는 삼각 김밥이나 도시락을 권한다. 일본은 삼각 김밥이나 도시락 문화가 발달하여 다양한 메뉴와 질을 보장한다.

편의점 외에는 도시락 전문점이 있다. 도시락 전문점은 편의점보다 더 질 좋은 도시락이 많다. 관광을 가서 매 끼니를 도시락으로 때울 수는 없겠지만 한 번쯤은 도시락으로 요기를 하는 것도 좋다. 특히 호텔에서 조식을 포함하지 않은 경우라면 아침에 가까운 편의점에서 도시락이나 삼각 김밥을 구입하여 호텔에서 먹는 것도 비용을 절약할 수 있는 좋은 방법이다.

편의점에 진열된 각종 도시락과 샐러드

TIP 주문 방법과 시스템

해외여행을 가면 식당에서 주문하는 방법이 낯설어 두려움이 있기 마련이다. 일본 요리는 우리와 비슷하지만 일본어 소통이 되지 않는 경우에는 주문할 때 상당히 애를 먹는다. 여기서는 주문하는 일반적인 방법을 소개한다.

• 자판기

인건비가 올라가면서 자판기 주문 시스템이 늘어가고 있다. 가게의 내부 또는 외부에 있는 식권 자판기를 통해 식권을 구입한다. 주로 서서 먹는 식당이나 라멘, 소고기덮밥(규동) 식당같이 간단히 먹을 수 있는 식당에서 이런 주문 방법을 도입하고 있다. 식당 외부 또는 내부에 있는 자판기에서 원하는 메뉴를 선택하여 식권을 구매한 후 카운터에 제시하면 해당 메뉴의 음식이 나온다. 최근에는 다국어 서비스 자판기도 늘어나고 있다.

식당 앞에 있는 식권 자판기

• 메뉴판

식당이나 술집에서 가장 일반적인 방법이다. 사진으로 표시된 메뉴판이면 음식 사진을 보고 주문하면 된다. 최근에는 이자카야 등에서 태블릿 PC를 이용한 주문 시스템이 늘어나고 있다. 음식 이미지가 제공되고 다국어 기능이 있어 수월하게 주문할 수 있다.

일본어로 의사소통이 되지 않고 사진으로 구성된 메뉴판이 없는 경우는 그 식당의 메인 요리를 주문하는 것이 무난하다. 예를 들어, 소고기 덮밥 식당에 가면 소고기 덮밥인 '규동(牛丼)'을 주문한다. 소고기 덮밥에는 보통인 '나미(並)'와 곱빼기인 '오오모리(大盛)'가 있다.

식당에서는 '테쇼쿠(정식: 定食)'란 이름이 붙은 메뉴가 많다. '부타쇼가야키 테쇼쿠(돼지생강볶음 정식: 豚生姜焼き定食)', '카루비야키니쿠 테쇼쿠(갈비 정식: カルビー焼肉定食)', '함바그 테쇼쿠(햄버거 정식: ハンバーグ定食)' 등이다. 이는 메뉴 이름 앞에 있는 요리에 쌀밥과 미소시루(된장국) 등이 세트로 되어 있는 요리를 말한다. 단품 요리로 주문할 수 있지만 '테쇼쿠'로 주문하면 단품 요리를 따로 주문하는 것보다 가격이 저렴하다.

햄버거 정식

• 무한리필 식당이나 술집

일본은 '타베호다이(무제한 먹기: 食べ放題)', '노미호다이(무제한 마시기: 飲み放題)'와 같이 무제한으로 먹고 마시는 가게가 있다. 주로 이자카야나 클럽에 있는 메뉴. 정해진 메뉴를 무제한으로 먹고 마실 수 있는 시스템이다. 식당에 따라서는 음료만 무제한으로 마실 수 있는 '노미호다이(飲み放題)' 메뉴를 두기도 한다. 가게에 들어서면 단품으로 주문할 것인지, 무제한으로 주문할 것인지 결정한다. '타베호다이' 또는 '노미호다이'도 하나의 메뉴라 생각하고 선택하면 된다.

주의해야 할 점은 대부분 시간제로 운영되며 1인당 가격이라는 점이다. 보통은 1시간 반에서 2시간 정도로 시간 제한이 있다. 마감할 시간이 얼마 남지 않으면 종업원이 와서 '라스트 오더'를 받는다. 단체로 갔을 때 유용할 수 있으나 1인당 가격이라는 점을 고려하여 신중하게 선택해야 한다. 술을 마시지 못하는 사람도 입장한 인원 수에 맞춰 가격을 지불해야 한다. 세 사람이 들어가서 두 사람만 노미호다이(무제한 마시는 메뉴)를 주문할 수는 없다.

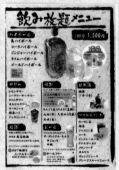

노미호다이 메뉴의 예

• 1인당 가격제

입장료를 받는 가게는 기본적으로 1인당 가격제를 실시한다. 우리나라는 술집에 들어가면 주문한 음식과 술의 양에 따라 계산을 하지만 일본은 1인당 입장료와 주문한 양에 따라 비용을 청구하는 곳이 많다. 대표적인 예로 노래방(가라오케)이 있다. 우리나라는 노래방에 들어가면 한 명이 들어가든 세 명이 들어가든 룸 하나의 가격을 시간으로 정산하지만 일본은 1인당 요금으로 계산한다. 무제한 먹고 마시는 가게도 기본적으로 1인당 요금이며, 가게에 따라서는 인원 수 제한을 두기도 한다. 메뉴판에 'お一人様'라고 쓰여 있으면 1인당 가격이다.

혹시라도 입장료가 있는 클럽이나 바에 들어가게 된다면 테이블 가격이 아니라 1인당 가격이라는 것을 잊지 말아야 한다. 가볍게 생각하고 들어갔다가 계산을 할 때 예상했던 금액보다 많이 나와 문제가 되지 않도록 주의해야 한다.

• 주문식단제

일본은 어디를 가나 주문식단제이기 때문에 기본 요리 이외의 주문은 추가로 비용을 지불해야 한다는 점을 명심해야 한다. 우리나라는 갈비를 시키면 기본적으로 김치, 상추 등 곁들이 반찬이 제공된다. 하지만 일본에서는 갈비와 별도로 상추, 김치, 국을 따로 주문해야 한다. 김치도 한 접시를 다 비우면 다시 돈을 지불해서 추가 주문해야 한다. 서서 먹는 우동 식당에서는 우동과 함께 단무지 몇 조각이 나오는데 일반적으로 제공된 양 외에는 추가로 제공되지 않는다.

07

여행 가기 전에 알아두면 좋은
일본의 술 문화

여행의 피로를 푸는 데 빠지지 않는 것이 술일 것이다. 술을 즐기지 않는 사람이라 할지라도 술집의 분위기를 느껴보는 것이 좋다. 술집의 메뉴는 우리나라와 크게 차이 나지는 않는다. 일본에서 술을 마실 수 있는 장소와 메뉴에 대해 간단히 알아보자.

한잔하기 좋은 장소

이자카야(居酒屋)

이자카야의 영문 메뉴판의 예

일본의 선술집이다. 우리나라에서도 일본어 그대로 '이자카야'라는 이름의 술집이 많다. 일본에 가서 술 한잔을 가장 저렴하게 즐길 수 있는 장소가 이자카야일 것이다. 비교적 저렴하고 다양한 종류의 음식과 음료, 술을 즐길 수 있다. 여독을 푸는 의미에서 한잔을 하고 싶다면 이자카야를 권하고 싶다.

오사카에는 이자카야 체인점이 많다. 전역에 퍼져 있는 체인점으로는 와라와라(笑笑), 시로기야(白木屋), 도호우켄분로쿠(東方見聞錄), 와타미(和民), 우오타미(魚民), 쇼야(庄屋) 등이 있다. 이곳 역시 주문식단제로 거의 모든 메뉴를 하나씩 주문해야 된다. '오토오시(お通し)'라 하여 삶은 콩(껍질이 붙어있는 상태)이나 채소를 저린 오싱코 정도만 기본적으로 나온다.

대도시에서는 외국인 관광객을 위해 메뉴판에도 신경을 쓰고 있으니, 일본어를 구사하지 못하더라도 쉽게 주문할 수 있을 것이다.

야타이(屋台)

우리나라의 포장마차와 비슷한 분위기이다. 안쪽에 요리, 서빙하는 사람이 있으며 손님들은 테이블을 사이에 두고 둘러앉는다. 간단한 요리와 술을 판매하며, 마츠리와 같은 축제 현장에서 빠지지 않는 음식점이다. 겨울에는 바람막이용으로 비닐을 두른다.

야타이는 주로 전철 역 주변이나 유흥가 뒷골목에 많다. 취급하는 요리는 다양하다. 꼬치구이, 오징어구이와 같은 술안주부터 식사로도 충분한 야키소바, 라면, 닭 요리, 냄비 요리도 있다. 심지어 우리나라 요리인 김밥이나 떡볶이를 제공하는 야타이도 있다. 이용하는 연령은 30대 이후 중년의 비율이 높다. 일본어나 일본 문화에 익숙하지 않은 관광객이 들어가기에는 약간 부담스러울 수 있다.

꼬치구이(串焼き) 또는 닭꼬치(焼き鳥) 집

꼬치구이는 대표적인 서민 요리로, '야키도리' 또는 '쿠시야키'라는 간판을 달고 있으며 서민 동네의 식당가나 역 주변의 작은 뒷골목에 많이 있다. 닭고기, 껍질, 닭 내장 등을 파, 마늘, 버섯 등과 함께 막대에 끼워 소스를 묻힌 후 구운 요리다. 닭꼬치 전문점은 물론 포장마차에 해당하는 야타이나 선술집인 이자카야 등에서 쉽게 접할 수 있는 요리다. 가게에 들어가보면 뿌연 연기가 자욱하고 꼬치구이 냄새가 코를 자극한다. 맥주나 소주와 함께 여독을 풀기에 제격이라 할 수 있다.

오사카의 대표적인 서민 먹자골목인 신세카이나 츠루하시, 덴진바시스지 뒷골목에 들어가 보면 좁은 골목에 전봇대와 전선이 뒤얽혀 있고 작은 간판이 즐비하게 늘어서 있다. 골목에 들어서면 꼬치구이의 냄새가 코를 자극한다. 꼬치구이뿐 아니라 라멘, 소바, 우동 등 다양한 요리를 저렴하게 먹을 수 있다.

뒷골목의 작은 선술집에 들어가 일본의 서민 요리를 즐기며 한잔 마시는 것도 여행의 즐거움이 될 것이다.

서서 마시는 술집(다치노미: 立ち飲み)

서서 마시는 술집은 낮에 영업하는 곳도 있지만 대부분은 저녁 즈음에 영업을 시작한다. 특징은 좁은 공간에 많은 사람들이 들어갈 수 있어 저렴하다는 것이다. 안주 종류는 의외로 많다. 메뉴판에 빼곡하게 써진 메뉴 종류를 보면 놀라울 정도다. 샐러드나 꼬치구이, 소시지와 같은 간단한 안주부터 일손이 많이 들어가는 파스타와 냄비(나베) 요리, 생선 회도 있으며 심지어 말고기도 있다.

술도 맥주를 비롯하여 한국의 소주, 일본주, 각 지방의 술, 위스키, 보드카와 같은 양주도 다양하다. 일반 가게에 비해서 저렴하고 퇴근길에 간단히 마실 수 있다는 점에서 서민 직장인들에게 사랑을 받는다. 간단한 음료와 음식도 맛볼 수 있는 곳이니 한 번쯤 들어가보는 것도 좋다. 우리나라에서는 느끼기 어려운 이색적인 풍경과 일본인들의 삶의 한 단면을 볼 수 있을 것이다.

바와 클럽(バー、クラブ)

바(Bar)나 클럽(Club)은 관광객 입장에서는 언어와 비용 면에서 부담스러운 장소다. 일본에는 다양한 바와 클럽이 있다. 다만 유흥가에서는 호객행위에 당해 따라갔다가 낭패를 당할 수도 있으므로 조심해야 한다. 아예 따라가지 않는 것이 상책이다. 한국 클럽은 한국인이 서빙하기 때문에 들어가서 즐기기는 편하지만 수십만 원이 소요된다는 점에서 주의해야 한다. 일본까지 가서 한국 클럽에 들어가는 것은 권하고 싶지 않다.

스나쿠(スナック)

'스낵 바(bar)'를 지칭한다. '스낵'의 일본식 발음이 '스
나쿠'다. 우리나라에서 스낵 바 하면 단순히 간식류를 제
공하는 식당에 가깝지만 일본에서는 술을 마시는 식당
의 이미지가 강하다. 스낵 바는 간단한 식사나 안주가
제공되고 술을 마실 수 있는 가게다. 노래를 부를 수 있
는 가라오케(노래방) 기계도 있다. 카운터를 중심으로
둘러앉아 있거나 테이블을 서너 개 놓을 정도의 그리 넓
지 않은 공간이다. 한두 명의 직원에 의해 운영되며, 때
에 따라서는 주인이나 직원이 손님과 함께 노래를 부르
기도 한다. 바(bar)의 또 다른 형태라 할 수 있다.

주인이 직접 노래를 부르는 스나쿠의 풍경

**주류의
종류**

하이볼(ハイボール)

우리나라에도 많이 알려진 술로, 위스키에 탄산음료와 레몬이나 라임을 첨
가해 청량감을 높인 음료이다. 직접 만드는 경우 위스키의 도수나 양에 따라
하이볼의 도수가 달라지지만 판매되는 하이볼 캔은 7도 정도의 제품이 많다.

시중에서 판매되는 하이볼 캔

홋삐(ホッピ)

일본에만 있는 마실 거리로 '짝퉁 맥주'라 할 수 있는 홋삐는 1940년대 말부터 인기를 얻은 맥아 발효 음료다. 이자카야에서도 쉽게 볼 수 있다. 알코올이 0.8%로 주세법상 청량음료로 취급되지만 맥주를 마시는 기분을 낼 수 있다. 소주에 섞어 마시기도 한다. 일반적으로 도쿄를 중심으로 한 관동 지방에서 널리 마신다.

츄하이(酎ハイ)와 사와(サワー)

츄하이와 사와는 거의 유사한 음료다. 츄하이를 주문하면 일본 소주에 얼음과 함께 레몬과 같은 과일을 내온다. 소주에 얼음을 넣은 다음 과일즙을 짜서 마신다. 손님이 직접 만들어 마시는 칵테일이라 할 수 있다. 사와도 비슷한 음료로 탄산이 섞인 주스라 할 수 있다. 일본에서는 주로 이자카야 등에서 술을 잘 마시지 못하는 사람이나 여성들이 즐겨 마신다. 시중에는 캔 제품도 인기를 얻고 있다.

니혼슈(日本酒)

한자를 우리말로 바꾸면 '일본 술'이며, '사케'라고 부르기도 한다. 우리나라에서는 '정종'이라 부른다. 일본 주세법상 알코올 도수가 22도 이하다. 사람에 따라 다르게 느끼겠지만 우리 소주와 달리 부드러운 느낌이다.

담그는 방법에 따라 양조 알코올을 사용하지 않고 쌀과 누룩으로만 빚는 '준마이슈(純米酒)', 준마이슈의 마지막 단계에서 양조 알코올이 첨가된 '혼죠죠슈(本醸造酒)', 정미 비율을 60% 이하로 맞춰 저온에서 천천히 양조하는 '긴죠슈(吟醸酒)' 등이 있다. 일본에는 각 지방마다 양은 양조장이 있어 100년 이상 대를 이어 술을 빚는 곳들도 있고 많은 주류 브랜드가 존재한다. 차갑게(오히야: お冷) 마시기도 하고 따뜻하게 데워서(아츠캉: 熱燗) 마시기도 한다. 데워서 마실 때는 돗구리(とっくり)라는 작은 병에 담아 나오는 경우가 많다.

쇼츄(焼酎)

증류주다. 니혼슈와 마찬가지로 여러 지역의 양조장에서 재료에 따라 다양한 브랜드가 출시되고 있다. 알코올은 20도 이상이며 25도가 가장 일반적이다. 재료는 쌀, 보리, 지게미, 감자, 흑당, 메밀 등 다양하다. 감자로 담근 술은 독특한 향이 있어 맞지 않는 사람도 있을 수 있다. 도수가 높아 물에 희석하여(미즈와리) 마시는 사람이 많다.

미즈와리(水割り)

일종의 칵테일로 위스키를 물과 섞는다. 일본인들에게는 위스키와 같이 도수가 높은 술을 물에 희석시켜 마시는 것이 일반적이다. 위스키의 알코올 도수를 약하게 하는 목적이 크지만 향도 은은하게 즐길 수 있다.

08

여행 가기 전에 알아두면 좋은
간사이 쇼핑

일본 상품의 질은 세계적으로 정평이 나 있다. 이번에는 쇼핑을 위한 노하우로 매장 종류별로 간단한 특징을 살펴보자. 면세점은 세계 어느 나라를 가더라도 있기 때문에 여기에서는 언급하지 않겠다.

편의점

편의점에서 쇼핑을 한다는 것이 와닿지 않을 수 있으나 품목에 따라서는 유용할 수 있다. 분위기는 우리나라 편의점과 별반 차이는 없다. 간단한 생활용품과 음료수와 우유, 빵과 도시락 등의 간편식품, 맥주나 와인 등의 주류와 안주, 만화와 잡지, 간단한 읽을 거리 등 다양한 종류의 상품을 팔고 있다. 가격은 할인점에 비해 저렴한 편은 아니지만 그렇다고 바가지를 쓸 정도는 아니다.

편의점의 최대 장점은 돌발 상황이 생겼을 때 있다. 일본은 전압이 달라 한국에서 가져온 전자기기를 이용하려면 어댑터가 필요한데, 호텔에서 대여해주지 않을 경우에는 가까운 편의점에서 구입할 수 있다.

드럭 스토어

말이 '드럭 스토어'지 약뿐 아니라 만물상에 가까울 정도로 많은 종류의 상품을 판다. 일반 의약품을 비롯하여 건강과 미용에 관련된 상품이 주를 이루고 있다. 감기약과 소화제를 비롯한 약품, 파스, 근육통에 바르는 크림이나 스프레이, 미세먼지용 마스크 등 건강과 관련된 상품, 미용 관련 상품, 티슈와 세제용품, 간단한 음료와 인스턴스 식품, 맥주와 와인 등 다양한 상품이 있다. 어떤 곳은 의류를 취급하는 가게도 있다. 관광객들이 비교적 저렴한 비용으로 여성에게 선물할 수 있는 소품이 많다.

간사이의 대표적인 드럭스토어는 다이코쿠(ダイコク), 마츠모토기요시(マツモトキヨシ), 코쿠민(コクミン), 잇뽄도(一本党), 세이죠(セイジョー), 뉴도락구(ニュードラッグ) 등이 있다. 중저가의 선물을 구매하고자 한다면 일본의 드럭 스토어를 추천한다. 관광객이 많이 찾는 대형 역 주변에 있는 드럭 스토어는 한글, 영어, 중국어로 제품명을 표기

해놓거나 관광객이 선호하는 제품을 전면에 전시해놓고 설명문을 붙여놓은 곳도 있다. 화장품이나 의약품 등을 5,000엔 이상 구매하면 면세 혜택을 받을 수 있다. 내가 구입하고자 할 상품들이 5,000엔이 넘는다면 따로따로 구입하지 말고 가능한 한 매장에서 구입해 면세 혜택을 받는 것이 좋다.

초저가 할인점

초저가 상품을 판매하는 할인점이다. 국내에서도 인기 있는 1,000원숍은 일본의 100엔숍에서 들어온 것이다. 다이소를 비롯하여 세리아(Seria), 땡큐마트, 두(CAN-DO), 로손스토어100 등이 있다. 초저가이기 때문에 'Made in Japan'은 드물고 외국에서 생산된 제품이 많다. 국내에는 들어와 있지 않은 상품도 상당히 많아서 일본풍 디자인과 색채를 띤 제품을 구매하고자 할 때는 유용할 것이다. 시간적인 여유가 된다면 보물찾기를 하듯 찾아보면 의외로 질 좋은 상품을 저렴한 가격에 구입할 수 있다.

초저가 할인점 중 하나인 돈키호테

다이소 다음으로 인지도가 높은 곳이 '돈키호테(ドン・キホーテ)'다. 도톤보리 한가운데에도 매장이 있다. 저가 상품의 백화점이라 할 정도로 많은 상품을 판매하고 있다. 취급하는 상품은 일용잡화, 화장품, 의류, 각종 레저용품, 인테리어 가전용품, 시계와 가전제품, 모바일 기기 및 관련 액세서리 등이다. 역시 저가 상품 중심이다 보니 외국에서 생산된 제품이 많다.

전자제품 대형 양판점

전자제품점은 난바 지역에 많이 모여 있다. 전국적으로 많은 점포를 두고 있는 '빗쿠카메라 (Bic Camera)'를 비롯해 LABI, 에디온(エディオン) 등이 있다. 요도바시카메라는 우메다 지역에 대형 매장을 갖고 있다.

빗쿠카메라는 난바, 아베노 지역 등 여러 곳에 매장을 가지고 있다. 빗쿠카메라, 요도바시카메라는 초기에 카메라를 중심으로 판매하다가 시계, 가전제품, 게임기, 컴퓨터, 모바일 제품으로 영역을 넓혀 나갔다. 어린이용품과 장난감, 각종 피규어 상품도 판매하고 있다.

특히 취미 관련 상품을 판매하는 '호비칸(ホビー館)' 매장에 가보면 다양한 취미 관련 상품이 있다. 건담 모형(프라모델), 전철 모형, 탱크와 총기 등 군 관련 모형, 각종 게임이나 애니메이션의 캐릭터와 피규어 등 일본의 특징적인 상품들을 볼 수 있다.

이런 제품은 우리 관점으로 보면 어린이 장난감이지만 실제 내방객들의 연령층은 어린이들보다 30~40대 중년 남자 중심이다. 물론 어린이 장난감을 선물로 구입하기에 좋은 장소이기도 하다. 우리나라에서도 방영되는 일본 애니메이션 캐릭터 상품도 많고, 중저가의 시계나 카메라 용품 등 다양한 상품이 있다. 상품을 구입하지 않더라도 한 번쯤 방문해서 놀이 문화를 눈으로 확인해보는 것도 재미있을 것이다.

백화점 및 대형 쇼핑몰

우리와 마찬가지로 일반적으로 질 좋고 고가인 상품이 많다. 오사카에는 많은 백화점이 자리 잡고 있다. 특히 우메다 지역에 가면 백화점과 대형 쇼핑몰이 몰려 있다. 간사이 지역의 주요 백화점과 상점가는 다음과 같다.

오사카 · 교토 · 고베 · 나라 지역 백화점 및 대형 쇼핑몰

지역	백화점 또는 쇼핑몰	특징
오사카	한큐백화점	일본 최대급 매장 면적, 모든 연령층을 소화할 수 있는 백화점이다.
	다이마루백화점	고딕 양식의 본관 건물로 고급 브랜드, 화제의 브랜드를 취급하고 있다.
	한큐 3번가	대형 서점, 쇼핑몰과 음식점이 모인 다양한 장르의 쇼핑센터다.
	아베노 큐즈 몰	10~20대 패션 브랜드를 중심으로 구성되어 있으며, 일본 최대급 유니클로 매장이 자리 잡고 있다.
	한신우메다 본점	식료품이 강점인 백화점이다. 8층에는 오사카를 연고지로 한 한신 타이거즈 숍이 있다.
	루쿠아 1100	백화점 형식의 일본 최대급 규모의 패션 상점가가 자리 잡고 있다.
	HEP FIVE	오사카 시내를 관망할 수 있는 대관람차를 탈 수 있으며, 패션, 잡화 매장 등으로 이루어진 복합상업시설이다.
	하비스 플라자	일류 브랜드 직영점과 편집숍, 레스토랑 등이 자리 잡고 있다.
	그랜드프런트 오사카	호텔과 주거시설, 오피스 건물이 있으며 패션몰과 레스토랑이 어우러진 주상복합시설이다.
	누 차야마치 플러스	중년층의 라이프스타일을 중심으로 한 상가가 많은 우메다 지역의 백화점이다.
	파르코 신사이바시	유명 패션숍과 무인양품 등 생활 잡화가 어우러진 종합 쇼핑몰이다.
	신사이바시스지 상점가	노포 상점가를 비롯해 해외 명품숍 등이 자리한 동서양 혼합형 종합 쇼핑몰이다.
	아메리카무라	젊은이들 중심의 헌 옷, 중고 의류, 각종 액세서리와 잡화를 판매하는 쇼핑가다.
	난바파크스	미나미 지역의 랜드마크로 자리 잡고 있으며 중년 취향의 세련된 종합 쇼핑몰이다. 특히 정원과 인테리어가 볼 만하다.
	미나미센바	세련된 카페와 개성미 넘치는 패션숍이 자리 잡고 있다.

오사카	호리에	20~30대의 감각적인 패션과 소품이 주를 이루는 세련된 거리다.
	난바시티	난카이난바역에 위치한 지하 2층~지상 2층의 대형 쇼핑몰이다.
교토	산조 거리	교토의 트랜디한 잡화, 패션 매장들과 카페가 자리 잡고 있다.
	니시키 시장	일본 전통을 지키는 교토의 전통 시장으로 전형적인 전통 상점가가 자리 잡은 시장이다.
	테라마치쿄고쿠	교토 최대의 아케이드 상점가다.
	신쿄고쿠 상점가	산조부터 시조까지 500m에 걸쳐 자리 잡은 전통 상점가다.
	후지이 다이마루	1870년에 개업한 역사를 간직한 백화점이다. 최근에는 젊은 층의 패션에 주력하고 있다.
	이온 몰 교토	교토 남부에 위치한 대표적인 복합 쇼핑몰이다.
	교토바루	패션 매장, 라이프스타일 매장, 서점 등이 모여 있는 복합 쇼핑몰이다.
	더 큐브	교토역과 연결되어 있으며 관광객을 위한 특산품 및 선물 매장이 많다.
고베	산노미야 센터가이	고베 최대의 아케이드 상점가다.
	고베바루	패션숍, 라이프스타일숍, 서점 등이 모여 있는 복합 쇼핑몰이다.
	사카에마치 거리	100년 넘은 건물 사이사이로 수입 잡화점, 패션 잡화점, 핸드메이드숍과 분위기 있는 카페가 자리 잡은 거리다.
	고베 하버랜드 우미에	세 개의 관으로 나누어져 200여 개의 점포가 자리 잡은 고베 최대의 종합 쇼핑몰이다.
나라	히가시무키 상점가	오랜 역사를 지닌 전통 상점가로 식당과 일본 전통 특산품 상점이 주를 이룬다.
	모치이도노센터가이	나라에서 가장 오래된 상점가로, 상가 활성화 프로젝트로 개성 넘치는 다양한 매장이 들어오며 활기를 띤 쇼핑몰이다.
	나라 패밀리	옥상에서 헤이조 궁터나 카스가야마 풍경을 볼 수 있는 종합 쇼핑몰이다.
	미나라	야쿠시지 등 관광 명소와 가까운 슈퍼마켓이다. 금붕어 박물관, 패션숍, 푸드코트 등으로 이루어진 복합 상업시설이다.

린쿠 프리미엄 아울렛
Rinku Premium Outlet

📍 大阪府泉佐野市りんくう往来南3-28 / 3-28 Rinkūōraiminami, Izumisano, Osaka
🕙 10:00 ~ 20:00(계절에 따라 변동 있음)

출국 전에 쇼핑을 위해 들르는 곳

린쿠 프리미엄 아울렛은 단체 관광객의 필수 코스로, 공항에 가기 전에 들르는 쇼핑몰이다. 물론 개인 관광이라 하더라도 공항에 가기 전에 시간이 남는다면 들르기 좋다. 공항을 오가는 스카이 셔틀버스가 운행된다.

간사이국제공항 건너편에 자리하고 있으며 미국의 항구도시 찰스턴을 모델로 하여 만들어진 아울렛이다. 명품 브랜드를 비롯해 의류, 장난감, 생활잡화, 주방용품, 스포츠 용품, 일본 특산품 등 여행객들을 유혹한다. 인포메이션 센터에 가서 여권을 제시하면 외국인 전용 할인 쿠폰을 제공한다. 쇼핑을 하려면 반드시 받아서 할인 혜택을 받도록 하자.

린쿠 프리미엄 아울렛은 메인(Main) 사이드와 씨(Sea) 사이드로 구분된다.

(메인 사이드) 명품 브랜드, 일본 여성 브랜드 의류, 대형 편집숍, 유아의류 및 장난감

(씨 사이드) 명품 브랜드, 캐주얼 및 스포츠 브랜드, 주방용품 등
각 층별로 식당과 카페가 많아 일본을 떠나기 전 먹거리로 유명한 오사카의 음식을 음미할 수 있다.

간사이국제공항 (약 20분)	린쿠 프리미엄 아울렛	오사카(약 70분)
		USJ(약 50분)
		교토(약 90분)

간사이국제공항에서

	약 6분		약 6분	
간사이국제공항		린쿠타운역		린쿠 프리미엄
	JR간사이공항선 / 난카이선 공항익스프레스		도보	아울렛
간사이국제공항		스카이셔틀버스		

🔰 성인 200엔, 아이 100엔(편도)

오사카에서

JR오사카역	약 60분 JR한와선 '간쿠쾌속'		
덴노지역	약 44분 JR한와선 '간쿠쾌속'	**린쿠타운역**	약 6분 도보 **린쿠 프리미엄 아울렛**
난카이난바역	약 40분 난카이본선 '공항급행'		

교토 방면에서

JR교토역	약 80분 특급 '하루카'	**간사이국제공항**	스카이셔틀버스			**린쿠 프리미엄 아울렛**
JR교토역	약 30분 JR도카이도본선 '신카이소쿠'	**오사카역**	약 15분 간사이국제공항의 '간쿠카이소쿠'	**신이마미야 역**	약 35분 난카이본선 익스프레스	**린쿠타운역** 약 6분 도보

TIP   관광객을 위한 면세 혜택

일본에서는 상품을 구입할 때 물건 가격의 10%가 소비세로 징수된다. 하지만 해외 여행객을 유치하기 위한 일환으로 관광객의 경우 백화점, 양판점, 드럭 스토어나 디스카운트 스토어 등에서 일정한 수속을 마치면 10%의 소비세를 돌려받을 수 있다. 즉, 소비세를 내지 않아도 된다.

• 면세 대상 및 금액

면세 조치를 받을 수 있는 조건은 일본에 입국한 지 6개월 이내인 외국 국적의 사람이나 6개월 이상 경과했다 하더라도 체류 자격이 외교나 공용인 경우이다. 한 매장에서 하루에 구매한 가격이 가전제품과 같은 일반 물품은 10,000엔 이상이거나 식품, 음료, 화장품, 의약품과 같은 소모품은 5,000엔 이상 50만 엔까지 해당된다. 일행이 있다면 한 번에 모아서 면세 혜택을 받는 것이 좋다.

• 절차

　면세 대상이 되는 물품을 구입하면 카운터에서 면세 혜택(수속)을 받을 것이냐고 묻는다. 카운터에서 점원이 묻지 않는 경우, 면세 조건에 해당되면 "맨제이 데츠즈키 오네가이시마스(免税手続き、お願いします)" 또는 "텍스후리 오네가이시마스(Tax Free、お願いします)"라고 말하면 점원이 면세 절차에 맞춰 서류를 준다.

　담당자에게 여권을 건네면 '수출면세물품 구입기록표'를 기록하고 출국 시 국외 반출한다는 내용이 적힌 구입 서약서를 여권에 붙여준다. 소모품은 30일 이내에 반출해야 하며, 구입한 제품을 투명한 비닐로 포장하여 서류와 함께 주는데 이 서류를 반드시 지참하도록 한다. 주의해야 할 점은 상점에서 포장해준 상태 그대로 가져가야 한다는 점이다. 출국 시 검사를 했을 때 포장이 뜯겨 있으면 10%의 소비세를 부담할 수도 있다.

　이러한 절차를 밟아 주는 가게는 가게 입구에 'Japan, Tax-free Shop'라는 마크나 문구가 크게 붙어 있다. 한글로 '면세점'이라고 표기해 놓기도 한다.

면세점임을 표시하는 마크

여권에 부착된 면세 서류

09

여행 가기 전에 알아두면 좋은
간사이 지역의 축제

일본 여행을 계획한다면 가능한 한 축제(마츠리: 祭り)를 참관할 수 있도록 한다. 마츠리는 다양한 볼거리를 제공한다. 지역마다 특색이 있는 축제가 많은데 그중에서 오사카의 텐진(天神) 마츠리와 교토의 기온(祇園) 마츠리는 도쿄의 간다(神田) 마츠리와 함께 일본의 3대 마츠리로 꼽는다. 다음은 간사이 지역에서 펼쳐지는 마츠리 종류이다.

기온 마츠리

나라 우키미도(浮見堂) 등불축제

간사이 지역 축제 일정

시기	지역	축제 이름	비고
01.28	나라	야마야키	와카쿠사산에서 잔디를 태우는 행사.
음력 01.01 (구정)	나라	슈니에	설날에 행하는 불교사원의 법회로, 한 해의 순조로운 시작과 풍년을 빎(도다이지 행사가 대표적).
2월 중순 이후	전 지역	매화 축제	오사카성, 오사카텐만구, 반파쿠 기념공원(오사카), 기타노텐만구, 니조성, 다이카쿠지(교토), 나라 공원(나라) 등에서 열림.
3월 중순	오사카	코스프레 축제	덴덴타운에서 열리는 덕후들의 코스프레 축제.
3월 말~4월	전 지역	벚꽃 축제	벚꽃 개화 시기인 3월 20일 이후에 전 지역에서 열림.
4월 상순	오사카	라이트업	오사카성 니시노마루 정원에서 행하는 라이트업 행사.
4월 중순	고베	벚꽃 축제	히메지성 주변의 벚꽃 축제.
05.15	교토	아오이 마츠리	교토의 3대 마츠리로, 귀족 마츠리. 시모가모 신사~가미가모 신사에서 헤이안 시대 복장을 갖추고 행진.
5월 중	고베	고베 마츠리	플라워로드를 따라 삼바 퍼레이드, 스포츠 체험, 각종 퍼포먼스가 볼거리.
06.05~06.06	교토	아가타 마츠리	우지시의 아가타 신사에서 행하는 마츠리로 모든 불을 소등한 후 어둠 속에서 이루어지는 기묘한 축제.
06.30~07.02	오사카	아이젠 마츠리	오사카 3대 마츠리. 덴노 지역~아이젠도쇼만인까지 유카타 복장을 한 여성들의 행진이 볼거리.
07.24~07.25	오사카	텐진 마츠리	일본 3대 마츠리. 오사카텐만구의 화려한 불꽃놀이가 볼거리.
07.01~07.31	교토	기온 마츠리	일본 3대 마츠리. 질병, 액운을 물리치는 축제. 야사카 신사, 시조카라스마 주변에서 하며 14~24일에 하는 가마 행진이 볼거리.
07.20 경	고베	미나토 마츠리	메리켄파크 주변에서 공연과 벼룩시장, 포장마차 등을 엶.

07.30~08.01	오사카	스미요시 마츠리	바다의 날의 축제. 스미요시 신사에서 주관. 2t 무게의 가마 행진이 야마토강에 들어가는 게 볼거리.
8월 초	고베	해상 불꽃놀이	고베 메리켄파크 주변에서 펼쳐지는 불꽃놀이.
08.15	전 지역	오봉(일본 추석)	음력 8월 15일은 일본의 추석으로 3~4일간이 연휴. 성묘와 함께 다양한 행사.
8월 초~중순	나라	등화회(燈花会)	등불 축제.
9월 경로일 직전 토, 일요일	오사카	단지리 마츠리	매년 9월과 10월 2회에 걸쳐 개최. 9월 개최는 기시와다지구, 하루키지구의 단지리 마츠리가 유명. 무게 4t의 수레를 끌고 달리는 행사가 볼거리.
음력 08.15 (추석)	고베	중추절	차이나타운(난킨마치)에서 펼치는 중추절(추석) 축제.
음력 08.15 (추석)	나라	우네메 마츠리	우네메 신사에서 주최. 오후 5시부터 나라역에서 사루사와까지 꽃수레 행렬.
10.22	교토	지다이 마츠리	교토의 3대 마츠리. 고증을 거친 의상과 제구를 갖추고 교토 교엔~헤이안진구 일대를 행진하는 행렬이 볼거리.
10월 하순~11월	전 지역	단풍 축제	단풍이 절정을 이룬 시기로 12월 초까지도 이어짐.
12월 중	전 지역	라이트업	각 지역 및 명소에서 열리는 일루미네이션 라이트업.

여행 가기 전에 알아두면 좋은
꽃과 단풍 명소

간사이 여행 중 빠질 수 없는 볼거리가 꽃과 단풍이다. 도심 속에서도 공원이 잘 가꾸어져 있으며 특히 교토는 사찰이나 신사가 산과 가까이 있고 조경이 잘 갖춰져 있어 벚꽃과 단풍이 아름답기로 유명하다. 간사이 지역의 대표적인 매화와 벚꽃, 단풍 명소를 소개한다.

매화 명소

매화는 간사이 지역에서 빠르면 12월 하순부터 피기 시작하여 3월까지 볼 수 있다. 만개하는 시기는 2월에서 3월에 걸쳐 있다. 벚꽃이 봄을 알리는 전령이라면 매화는 겨울을 보내는 배웅객이자 봄을 맞이하는 마중객이다.

오사카	
오사카텐만구 (大阪天満宮)	♥ 大阪市北区天神橋 2-1-8 / 2-1-8 Tenmanbasi, Kita Ward, Osaka 약 100그루의 매화나무가 심어져 있어 개화 시기에는 '우메 마츠리'가 개최된다. 2월 중순에서 3월 중순까지 볼 수 있으며 이 시기에는 2일간 야간 개장도 실시하여 밤에 꽃을 즐길 수 있다.
오사카성 매화숲 (大阪城梅林)	♥ 大阪市中央区大阪城 2 / 2 Osakajo, Chuo Ward, Osaka 오사카성 안에 있으며 104품종 1,200여 그루가 심어져 있다. 오사카 관광의 필수 코스인 오사카성 관광과 함께 꽃구경도 즐길 수 있다. 특히 하나의 가지에서 두 가지 색을 내는 매화 품종 '생각대로(오모이마마)', 전국에 몇 그루밖에 없는 꽃 속에서 꽃이 피는 '카노우교쿠쵸타이카쿠' 등을 볼 수 있다.
만국박람회 기념공원 (万博記念公園)	♥ 大阪府吹田市千里万博公園 / Senribanpakukoen, Suita, Osaka 기념 공원 내에 위치한 자연문화원의 일본 정원 2개소에 매화 숲이 있다. 태양의 탑(太陽の塔) 옆의 입구로 들어가면 쉽게 접근할 수 있다. 2월 중순에서 3월 중순 사이에 '만국박람회 기념공원 매화 축제'를 한다.
고젠 공원 (荒山公園)	♥ 大阪府堺市南区宮山台2-3 / 2-3 Miyayamadai, Minami Ward, Sakai, Osaka 1984년부터 매화 숲을 조성하기 시작하여 약 50종, 1,200그루가 심어져 있다.

교토	
아오타니바이린 (青谷梅林)	📍 京都府城陽市中山 / Nakayama, Joyo, Kyoto 가마쿠라시대부터 있었다고 알려진 매화 숲. 흰색 매화꽃이 많이 핀다. 2월 말 ~3월 초에 매화 마츠리를 개최한다.
교토부립 식물원 (京都府立植物園)	📍 京都市左京区下鴨半木町 / Shimogamo Hangicho, Sakyo Ward, Kyoto 12,000종의 식물이 있는 식물원이며 일본 최대급의 회유식 온실에 열대, 아열 대 식물이 있다. 매화 숲은 식물원 중앙에 자리 잡고 있으며 60여 품종이 심어져 있다. 12월~3월에 핀다.
우메노미야타이샤 (梅宮大社)	📍 京都市右京区梅津フケノ川町 30 / 30 Umezu Fukenokawacho, Ukyo Ward, Kyoto 신사의 꽃이 매화로, 경내 여기저기 매화가 심어져 있다. 450그루의 매화가 심 어져 있으며, 3월 첫 번째 일요일에는 이벤트 바이산사이(梅産祭)를 개최하는데 수확한 매화를 이용한 매화주스를 맛볼 수 있다.
기타노텐만구 (北野天満宮)	📍 京都市上京区馬喰町 / Bakurocho, Kamigyo Ward, Kyoto 교토에서도 매화의 명소로 알려진 바이엔(梅苑)은 꽃의 정원으로 알려져 있다. 만개하는 2월~3월에 일반인들에 공개되며 유료이다.
고베	
오카모토바이린 공원 (岡本梅林公園)	📍 神戸市東灘区岡本 6-6-8 / 6-6-8 Okamoto, Higashinada Ward, Kobe 고베에서 '매화는 오카모토, 벚꽃은 요시노'라는 말이 있을 정도로 매화 꽃으로 유명한 곳이다. 200여 그루가 심어져 있으며 2월 말~3월 초에 매화 마츠리가 개최된다.
스마리큐 공원 (須磨離宮公園)	📍 神戸市須磨区東須磨1-1 / 1-1 Higashisuma, Suma Ward, Kobe, Hyogo 1914년에 완공된 별궁이었으나 1945년 폭격에 의해 건물이 소실되어 다시 복 원했다. 지금은 서양식 정원인 본원과 식물원으로 구성되어 있다. 매년 매화를 보는 모임 '바이겐카이(梅見会)'가 열린다.
기타노텐만구 (北野天満神社)	📍 神戸市中央区北野町 3-12-1 / 3-12-1 Kitanochō, Chuo Ward, Kobe, Hyogo 이진칸 거리에서 유명한 기타노에 있는 신사다. 고베를 내려다볼 수 있는 절경이 며 매화도 함께 감상할 수 있다.
나라	
가타오카바이린 (片岡梅林)	📍 奈良県奈良市高畑町1149 / 1149 Takabatakecho, Nara 나라 공원 안에 있는 매화 숲으로 250그루의 매화나무가 심어져 있다. 사슴과 함께 즐기는 매화도 색다른 즐거움이다.

오이와케바이린 (追分梅林)	📍 奈良県奈良市中町 / Nakamachi, Nara
	한때 4,000그루가 핀 매화의 명소였지만 토양이 악화되어 폐원했다가 2016년부터 다시 문을 열어 매화를 보는 모임 '간바이카이(観梅会)'를 개최하고 있다.
즈키가세바이게이 (月ヶ瀬梅渓)	📍 奈良県奈良市月ヶ瀬尾山 / Tsukigaseoyama, Nara
	나바리강을 따라 매화나무 계곡이 장관을 이룬다. 1만 그루에 달하는 매화나무가 절경이다. 3월에 매화 마츠리가 개최된다.
아노우바이린 (賀名生梅林)	📍 奈良県五條市西吉野町北曽木 / Nishiyoshinocho Hokusogi, Gojo, Nara
	구릉의 아래부터 중간 지점까지 2만 그루의 매화나무가 심어져 있다.
히로바시바이린 (広橋梅林)	📍 奈良県吉野郡下市町広橋 / Hirohashi, Shimoichi, Yoshino District, Nara
	5,000그루의 매화로 장관을 이룬다. 2월 말~3월 초에 매화 마츠리가 개회된다.

오사카텐만구

나라 츠키가세바이게이

벚꽃 명소

일본의 국화(國花)는 벚꽃이다. 벚꽃이 조성된 공원과 사찰도 많고, 이를 찾는 관광객도 많을 수밖에 없다. 특히 교토는 어느 사찰을 지정하기 어려울 정도로 거의 모든 사찰에서 벚꽃을 즐길 수 있다. 간사이 지역은 3월 중순부터 4월 상순 정도가 만개하는 시기다.

오사카	
조폐국 벚꽃 길 (造幣局桜の通り)	📍 大阪市北区天満 1-1-79 / 1-1-79 Tenma, Kita Ward, Osaka 조폐국 구내의 벚꽃 거리로 개화 시기에 1주일간 개방한다. 560m에 걸쳐 350그루의 벚꽃나무가 심어져 있는 길이 장관을 이룬다. 도심에 있으며 밤에는 라이트업 행사로 많은 사람들이 몰린다. 조폐박물관도 구경할 수 있다.
오사카성 공원 (大阪城公園)	📍 大阪市中央区大阪城 2/2 Osakajo, Chuo Ward, Osaka 오사카성 내의 니시노마루 정원에 위치한 약 300그루의 벚꽃나무로 이루어진 숲이다. 오사카부의 표준목도 설치되어 있어 오사카를 대표하는 벚꽃 명소다. 개화 시기에는 야간에 라이트업 이벤트도 개최된다.
만국박람회 기념공원 (万博記念公園)	📍 大阪府吹田市千里万博公園 / Senribanpakukoen, Suita, Osaka 9품종 5,500그루의 벚꽃으로 장관을 이룬다. 벚꽃 축제 기간에는 야간 라이트업 이벤트도 진행한다. 대형 놀이기구, 박물관, 일본 정원 등도 있어 하루 온전히 놀 수 있는 장소다.
시텐노지 (四天王寺)	📍 大阪市天王寺区四天王寺 1-11-18 / 1-11-18 Shitennoji, Tennoji Ward, Osaka 일본 최초의 불교사원으로 알려진 시텐노지(사천왕사)에서는 백제 양식의 건축물과 함께 벚꽃을 구경할 수 있다. 벚꽃나무는 50그루 정도로 적은 편이지만 접근성이 좋아 많은 사람들이 찾는다.
콘고지 (金剛寺)	📍 大阪府河内長野市天野町996 / 996 Amanocho, Kawachinagano, Osaka 봄이 되면 사찰 경내에는 벚꽃과 함께 복숭아꽃, 튤립, 진달래가 만발한다. 시즌에는 아악 연주 등 무대 행사도 개최된다. 무료 관람이 가능하지만 오사카 도심에서 1시간 정도 소요된다.
교토	
아라시야마 (嵐山)	📍 京都府城陽市中山 / Nakayama, Joyo, Kyoto 1,500그루의 벚꽃으로 '일본 벚꽃 명소 100'에 뽑힌 곳이다. 가쓰라강, 도게쓰교 등 다른 관광 시설과 함께 벚꽃을 즐길 수 있다.

다이고지 (醍醐寺)	📍 京都市伏見区醍醐東大路町22 / 22 Daigohigashiojicho, Fushimi Ward, Kyoto 산 전체가 사찰 영역으로, 국보인 5층탑과 금당 등 역사적 건물과 함께 700그루의 벚꽃이 볼거리다. 도요토미 히데요시가 반했다고 알려져 있으며 4월 두 번째 일요일에는 '꽃 구경 행렬' 이벤트가 열린다.
헤이안진구 (平安神宮)	📍 京都市左京区岡崎西天王町 97 / 97 Okazaki Nishitennocho, Sakyo Ward, Kyoto 넓은 회유식 정원을 중심으로 연못 주변을 감싸고 있는 벚꽃이 볼거리이다. 하늘을 뒤덮은 벚꽃과 수면에 비친 벚꽃이 조화를 이루는 풍경이 아름답다.
기요미즈데라 (清水寺)	📍 京都市東山区清水1-294 / 1-294 Kiyomizu, Higashiyama Ward, Kyoto 교토의 관광지 중 빠질 수 없는 곳으로 사시사철 관광객이 붐빈다. 주변에 1,500그루의 벚꽃이 심어져 있어 본당의 테라스인 부타이에서 내려다보면 색다른 느낌이 든다.
데츠가쿠노미치 (哲学の道)	📍 京都市左京区銀閣寺町 / Sakyo-ku between Ginkakuji and Nyakuoji-jinja, Kyoto Kyoto Prefecture 교토 시내에서 유일하게 '일본의 길 100선'에 뽑힌 곳으로 산책을 하면서 벚꽃을 즐길 수 있는 곳이다. 만개하면 벚꽃 터널이 형성되고 비와호 수로에 떨어지는 벚꽃을 감상할 수 있다.
고베	
히메지성 (姫路城)	📍 兵庫県姫路市本町68 / 68 Honmachi, Himeji, Hyogo '일본 벚꽃 명소 100선'에 뽑힌 곳으로, 일본의 가장 아름다운 성이라고 하는 히메지성의 천수각과 조화를 이루어 더욱 아름답다. 성 주변의 벚꽃 1,000그루와 산노마루 광장, 니시노마루 정원의 벚꽃은 반드시 봐야 할 명소다.
스마우라산조 놀이공원 (須磨浦山上遊園)	📍 神戸市須磨区西須磨字鉄拐 / Nishisuma, Suma Ward, Kobe 고베에서 벚꽃나무가 가장 많은 곳으로 알려진 명소다. 해변 가까이에 있는 송림과 근처 산의 벚꽃까지 볼 수 있어 벚꽃의 파노라마를 즐길 수 있다. 로프웨이를 타고 산에 오르면 고베공항, 아카시 대교를 볼 수 있다.
시립오지 동물원 (市立王子動物園)	📍 神戸市灘区王子町 3-1 / 3-1 Ojicho, Nada Ward, Kobe 동물원 내에 480그루의 벚꽃이 터널을 이루어 아름다운 곳이다. 개화 철에는 3일간 라이트업 이벤트를 하는데 무료로 입장할 수 있다.

나라	
나라 공원 (奈良公園)	📍 奈良市春日野町 외 / Kasuganocho, Nara '일본 벚꽃 명소 100선'에 선정된 곳으로 사슴과 함께 벚꽃을 즐길 수 있다. 3월 중순부터 5월 상순까지 즐길 수 있도록 다양한 수종이 심어져 있다. 4월 하순에서 5월 상순까지 피는 '나라노야에자쿠라'는 반드시 봐야 할 벚꽃이다.
요시노산 (吉野山)	📍 奈良県吉野郡吉野町吉野山578 / 578 Yoshinoyama, Yoshino, Yoshino 헤이안시대부터 심어진 산 벚꽃으로 '한 눈에 천 그루가 보인다'하여 '이매센본 (一目千本)'이라 부른다. 대부분 흰색으로 약 3만 그루의 벚꽃이 산을 뒤덮고 있다.
즈키가세호반 (月ヶ瀬湖畔)	📍 奈良県奈良市月ヶ瀬尾山 / Tsukigaseoyama, Nara 즈키가세호반을 따라 4km에 걸쳐 벚꽃이 심어져 호반에 비친 벚꽃이 아름답다. 나바리강에 있는 하치만 다리를 장식한 벚꽃은 더욱 아름답다. 4월에는 벚꽃 마츠리가 개최된다.

고다이지

나라 공원

단풍 명소

일본도 우리와 같이 사계절이 뚜렷하여 붉게 물든 단풍은 빼놓을 수 없는 볼거리다. 사찰과 신사 주변의 정원에 물든 단풍은 주변 풍경과 어우러져 더욱 진한 풍경을 만들어낸다. 특히 교토의 사찰이나 신사 대부분은 아름다운 단풍을 볼 수 있다.

오사카	
오사카성 공원 (大阪城公園)	📍 大阪市中央区大阪城 2 / 2 Osakajo, Chuo Ward, Osaka
	천수각 앞에 있는 300년 수령의 은행나무, 공원 동쪽에 1km에 달하는 은행나무 가로수, 공원 내의 느티나무와 단풍나무가 물들면 천수각과 어우러져 관광객을 끌어 모은다.
만국박람회 기념공원 (万博記念公園)	📍 大阪府吹田市千里万博公園 / Senribanpakukoen, Suita, Osaka
	사시사철 빠지지 않는 명소다. 공원 내의 자연문화원과 일본 정원에 있는 약 200종, 10,000그루의 수목이 울긋불긋 물든다. 11월 상순부터 단풍나무가 물들기 시작한다.
나카노시마 공원 (中之島公園)	📍 大阪市北区中之島1-1 / 1-1 Nakanoshima, Kita Ward, Osaka
	장미 공원으로 알려져 있는 수변 공원이지만 가을에는 단풍나무와 느티나무 가로수가 볼거리다. 중앙공회당과 일본은행 오사카지점 구관 등 건축물과 단풍이 어우러져 또 다른 세계를 연출한다.
고도스지 (御堂筋)	📍 大阪府大阪市北区~中央区 / Kita Ward ~ Chuo Ward, Osaka
	고도스지 거리는 신사이바시 근처에 있는 오사카의 얼굴이라 할 수 있는 메인 스트리트다. 이 거리의 상징인 은행나무 가로수는 4km, 900그루 이상 심어져 가을이 되면 절경을 이룬다. 12월 초가 되면 일루미네이션과 함께 아름다운 풍경을 즐길 수 있다.
호시다단지 (ほしだ園地)	📍 大阪府交野市星田5019-1 / 5019-1 Hoshida, Katano, Osaka
	오사카성에서 1시간 거리로 도심에서 가까운 국가 지정 자연공원이다. 산길을 쉽게 걸을 수 있는 보도와 인공 암벽이 있어 하이킹이나 클라이밍을 즐기기에 최적의 장소다. '별의 그네(星のブランコ)'라 불리는 280m의 출렁다리 위에서 360도로 펼쳐진 단풍이 든 풍경을 바라볼 수 있다.
교토	
아라시야마 (嵐山)	📍 京都府城陽市中山 / Nakayama, Joyo, Kyoto
	붉은색, 노란색으로 물든 산을 배경으로 강이 흐르고 강에 걸친 다리가 나오는 풍경 사진을 찍을 수 있다. 가는 길에 토롯코열차에서 보는 단풍도 정취를 더한다.

에이칸도 (永観堂)	📍京都市左京区永観堂町48 / 48 Eikandocho, Sakyo Ward, Kyoto '단풍의 에이칸도'라는 수식어가 붙을 정도로 단풍이 아름다운 곳이다. 약 3,000그루의 단풍이 지천회유식 정원과 다보탑을 둘러싸고 있어 환상적인 풍경을 만들어낸다.
헤이안진구 (平安神宮)	📍京都市左京区岡崎西天王町 / Okazaki Nishitennocho, Sakyo Ward, Kyoto 광대한 넓이의 신원의 곳곳에 단풍이 물들고 거대한 도리이와 오카자키 공원의 낙엽송이 아름다운 캔버스를 물들인다.
기요미즈데라 (清水寺)	📍京都市東山区清水1-294 / 1-294 Kiyomizu, Higashiyama Ward, Kyoto 일본 PR 화보에 가장 많이 등장하는 컷 중 하나가 단풍에 물든 기요미즈데라일 것이다. 낮에는 선명한 단풍이 빛을 발하고 야간에는 라이트업으로 낮과는 다른 환상적인 분위기를 자아낸다.
기타노텐만구 (北野天満宮)	📍京都市上京区馬喰町 / Bakurocho, Kamigyo Ward, Kyoto 경내에 350그루의 단풍나무가 장관을 이루는 단풍정원 '모미지엔(モミジ苑)'이 있다. 전망대에서 바라보면 국보 본당과 단풍이 어우러져 절경을 이룬다. 11월 중순~12월 초순에 야간 라이트업 이벤트를 실시한다. 가미야강에 비치는 단풍은 또 다른 풍경을 연출한다.
고베	
고베 시립삼림 식물원 (神戸市立森林植物園)	📍神戸市北区山田町上谷上長尾1-2 / 1-2 Yamadacho Kamitanigami, Kita Ward, Kobe, 광활한 면적에 수목 약 1,200종을 원산지별로 식재한 수목 중심의 식물원이다. 10월 하순부터 38종, 3,000여 그루가 순차적으로 단풍이 들어 '세계 삼림의 단풍 순례'가 가능하다.
스마리큐 공원 (須磨離宮公園)	📍神戸市須磨区東須磨1-1 / 1-1 Higashisuma, Suma Ward, Kobe, Hyogo 약 4,000그루의 장미와 사계절에 어울리는 초목이 자리 잡고 있다. 약 600그루의 단풍나무가 심어져 있어 볼거리가 많다. 붉은색과 노란색으로 물든 단풍이 150m 길이의 터널을 만든다. 단풍철 토, 일, 공휴일은 라이트업 이벤트를 개최하여 환상적인 분위기가 된다.
롯코산 (六甲山)	📍神戸市灘区六甲山町北六甲4512-336 / 4512-336 Kitarokkō, Rokkōsanchō, Nada Ward, Kobe 가을의 롯코산은 가장 매력적인 곳이다. 일본의 3대 온천으로 꼽히는 아리마온천이 있는 롯코산 로프웨이 창에서 바라보는 풍경은 최고로 아름답다.

나라	
나라 공원 (奈良公園)	📍 奈良市春日野町 외 / Kasuganocho, Nara
	나라 공원은 시기를 가리지 않는다. 가을이 되면 은행나무, 벚꽃나무, 상록수가 어우러져 다양한 색상을 자랑한다. 아침에 와카쿠사산에 떠오르는 햇살이 비추면 환상적인 풍경이 만들어진다.
이스이엔 가든 (依水園)	📍 奈良市水門町74 / 74 Suimoncho, Nara
	에도시대 전기의 전원(前園)과 메이지시대의 후원(後園) 두 개의 지천회유식 정원이 있다. 11월 중순에는 단풍나무와 철쭉과의 관목이 물들면 연못의 풍경과 함께 한 폭의 그림을 선사한다. 원내에 있는 미술관에서는 단풍철에 맞춰 전시회도 개최한다.
다츠타 공원 (竜田公園)	📍 奈良県生駒郡斑鳩町稲葉車瀬 7 / 7 Inabakurumase, Ikaruga, Ikoma District, Nara
	다츠타 공원은 도시 공원으로 다츠다강을 따라 봄에는 벚꽃이 흐드러지고 가을이 되면 단풍으로 빨갛게 물이 든다. 단풍 철에는 강에 비추는 단풍이나 떨어지는 낙엽이 아름다운 풍경을 만들어내며, 단풍 마츠리가 열린다. 주변에 플리마켓이 열리기도 한다.

아라시야마

이스이엔 가든

11

여행 가기 전에 알아두면 좋은
어뮤즈먼트(오락 시설)

여행지만의 엔터테인먼트도 빠지지 않는 관광거리 중 하나다. 오사카 지역은 수도 도쿄에 버금가는 테마파크와 놀이 시설이 자리 잡고 있다.

오사카	
유니버설 스튜디오 재팬	📍 大阪市此花区桜島2-1-33 / 2-1-33 Sakurajima, Konohana Ward, Osaka 오사카뿐 아니라 일본의 대표적인 테마파크이다. 유니버설 스튜디오에서 제작한 영화를 테마로 하여 다양한 체험을 할 수 있다. 이곳에서 즐기기 위해서는 하루 스케줄로 잡아야 본전을 뽑을 수 있을 만큼 풍부한 볼거리와 즐길 거리가 있다.
하비스PLAZA ENT	📍 大阪市北区梅田2-5-25 / 2-5-25 Umeda, Kita Ward, Osaka 일본의 최정상급 연극 극단인 극단시키(劇団四季)의 전용 극장이 있으며, 식사와 라이브 콘서트를 즐길 수 있다.
HEP 대관람차	📍 大阪市北区角田町5-15 / 5-15 Kakudachō, Kita Ward, Osaka 대표적인 번화가인 우메다 지역에 자리한 빨간색 대관람차다. 도심 한가운데에서 외곽 지역은 물론 오사카에서 가장 번화한 우메다 지역을 내려다볼 수 있다. 도심 야경을 즐길 수 있는 저녁 시간대의 탑승을 추천한다.
에비스타워 대관람차	📍 大阪市中央区宗右衛門町7-13 / 7-13 Souemonchō, Chuo Ward, Osaka 도톤보리에 자리 잡은 돈키호테 건물에 있으며 세계 최장 타원형 대관람차다. 도톤보리 주변을 한눈에 바라볼 수 있는 명소다.
오사카성 고자부네 놀잇배	📍 大阪市中央区大阪城 2 / 2 Osakajo, Chuo Ward, Osaka 성 주변의 해자를 도는 놀잇배로 놀잇배에서 보는 성벽이 장관이다.
아쿠아라이너	📍 大阪市中央区城見1-3-2 / 1-3-2 Shiromi, Chuo Ward, Osaka 오사카성항에서 오오카와강 가운데 있는 나카노지마까지 왕복하는 크루즈선이다. 오사카성과 주변의 빌딩가를 다른 시점으로 둘러볼 수 있다.
츠텐카쿠 전망대 및 슬라이드	📍 大阪市浪速区恵美須東1-18-6 / 1-18-6 Ebisuhigashi, Naniwa Ward, Osaka 오사카를 관망할 수 있는 장소로 내려올 때 지상 3층에서 1층까지 미끄럼을 타듯 스테인리스로 만든 원통형 슬라이더를 타고 내려오는 짜릿한 체험을 할 수 있다.

자우오 난바 본점	📍 大阪市中央区日本橋1-1-13 B1F / B1F 1-1-13 Nipponbashi, Chuo Ward, Osaka
	미끼를 구입하여 물고기를 직접 낚은 다음 원하는 요리(회, 구이, 스시 등)를 요청하여 먹을 수 있는 곳이다. 이곳 외에도 이러한 가게가 몇 곳이 더 있다.
덴포잔 하버 빌리지	📍 大阪市港区海岸通1-1-10 / 1-1-10 Kaigandori, Minato Ward, Osaka
	세계 최대급의 수족관인 '카이유칸'을 비롯해 대관람차, 레고랜드 디스커버리센터 오사카 등의 시설이 자리 잡고 있다. 어린이와 여행할 경우 적극 추천한다.
산타마리아	📍 大阪市港区海岸通1-1-10 / 1-1-10 Kaigandori, Minato Ward, Osaka
	콜럼버스의 산타마리아호를 약 2배 크기로 재현한 배로 오사카항 근처를 45분간 유람하는 크루즈선이다. 바닷가에서 바라보는 오사카항을 즐길 수 있다. 해질 무렵의 석양과 함께 즐기기를 추천한다.
지라이언 뮤지엄	📍 大阪市港区海岸通2-6-39 / 2-6-39 Kaigandori, Minato Ward, Osaka
	클래식 자동차에 관심이 많은 여행객에게 추천한다. 서양의 고급 자동차부터 일본의 올드카 등 250여 대의 자동차가 전시되어 있다.
교토	
교토 타워	📍 京都市下京区東塩小路町721-1 / 721-1 Higashishiokojicho, Shimogyo Ward, Kyoto
	교토 시내를 전망할 수 있는 탑이다. 시 전체가 유네스코 문화유산인 교토는 경관을 지키기 위해 3층 정도의 높이로 제한하는데 100m 정도의 교토 타워가 그나마 교토 시내를 관망할 수 있다.
고베	
메리켄파크	📍 神戸市中央区波止場町2 / 2 Hatobacho, Chuo Ward, Kobe
	파크 내에 있는 고베포트타워는 108m 높이의 파이프를 얽어 맨 형태의 타워다. 5층 전망대에서 고베항과 시내를 관망할 수 있다. 고베 해양박물관도 있다.
하버랜드	📍 神戸市中央区東川崎町1 / 1 Higashikawasakicho, Chuo Ward, Kobe
	고베역과 연결된 쇼핑몰로 메리켄파크 건너편에 자리 잡고 있다. 박물관과 대관람차를 즐길 수 있다.
고베 호빵맨 어린이 박물관	📍 神戸市中央区東川崎町1 / 1 Higashikawasakicho, Chuo Ward, Kobe
	한국에서도 익숙한 캐릭터 호빵맨 놀이시설이다. 하버랜드 내의 시설로 호빵맨 캐릭터의 놀이시설과 박물관이 있으며, 호빵맨 관련 특산품과 상품을 판매한다.
고베항 크루즈	📍 神戸市中央区波止場町7-1 / 7-1 Hatobachō, Chuo Ward, Kobe
	바다에서 고베를 바라볼 수 있는 유람선이다. 에도시대의 유람선을 재현해놓은 배도 있고 최신의 유람선도 즐길 수 있다.

관광 도우미
GoogleMap 사용 팁

   우리나라에서는 네이버나 T-map 등의 영향으로 구글 지도 사용자가 적은 편이지만 일본을 포함한 외국에서는 구글 맵이 강력한 길잡이 도구로 사용된다. 한국의 구글 맵과는 달리 위성사진도 더욱 선명하고 네비게이션 기능, 리뷰 기능이 활성화되어 있어 일본 여행에 구글 맵은 절대 빼놓을 수 없는 도구다. 일본에 가기 전에 반드시 핸드폰에 설치해놓자.

   본 책에서는 구글 맵의 '내 지도'를 활용해 가이드북 내의 명소와 식당의 위치를 표시해 두었다. 구글 맵으로 현재 위치를 알 수 있기 때문에 책에 소개되어 있는 곳을 찾기 어려울 때 사용하면 유용하다. QR코드를 스캔하면 지도에 명소와 맛집이 뜬다. 붉은색 동그라미가 책에 소개된 명소들이고, 파란색 동그라미가 [쇼핑 & 맛집]에 나온 가게들이다. 각 동그라미 안의 번호는 책의 번호 순서와 동일하다. 또한 길에 길게 직선표시가 되어 있는 곳은 상점가다.

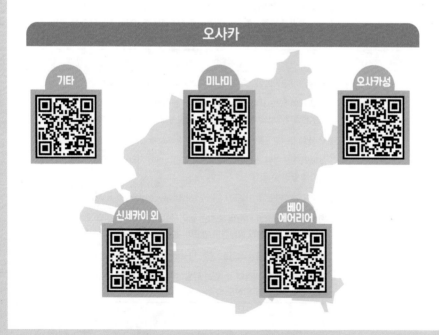

PART 1.

오사카

Osaka

일본 제2의 도시이자 간사이의 핵심 도시인 오사카.
볼거리, 놀거리, 맛집 등 오사카 관광에 대해 알아보자.

기타

미나미·오사카성

신세카이·시텐노지

베이 에어리어

오사카는 어떤 도시?

간사이

오사카시

오사카부

오사카(大阪)는 일본 제2의 도시로 맛의 도시, 물의 도시로 알려져 있다. 오사카부(大阪府)에는 880만 명 정도가 거주하고 있으며, 43개의 시정촌(33개 시(市), 9개의 정(町), 1개의 촌(村))으로 이루어져 있다.

2023년 이코노미스트에서 발표한 '세계에서 살기 좋은 도시'에 10위로 선정되었으며, 15위를 차지한 도쿄보다 순위가 높다. 오사카는 긴키(近畿) 지역의 경제와 교통 중심지이다. 일왕이 거주했던 교토와 인접해 있어 사람들의 이동이 많고 상업이 번성했기에 지금도 경제의 중심지 역할을 하고 있다. 바다를 통한 수상교통의 요지이기도 하다. 지금도 파나소닉, 샤프, 다이킨코교, 쿠보타 등 일본의 유수 기업 본사가 있다.

오사카는 산과 바닷가와 면하고 있어 식재료가 풍부하고, 이로 인해 맛의 고장으로도 알려져 있다. 하우스식품 닛폰햄, 오츠카식품, 구리코, 산토리홀딩스, 닛신식품, 후지제유 등 많은 식품회사의 본사가 자리 잡고 있으며 타코야키, 오코노미야키 등 우리가 잘 아는 음식으로도 유명하다.

사람들은 외향적 성향이 강하며 오사카 사투리는 도쿄에 비해 높낮이가 심하다. 그래서 인지 목소리 톤이 높고 빨라 시끄럽다는 느낌이 든다. 활발하고 밝은 간사이 사람들의 성향 때문인지는 몰라도, 일본의 유명한 개그맨들 중에는 간사이 출신이 많다. 일본에서 제일 큰 연예기획사 요시모토코교(吉本興業)는 오사카에 본사를 두고 있다. 이 밖에도 마츠타케, 카푸콘, SNK, 픽스레코드 등 유명 게임 및 엔터테인먼트 관련 회사가 많아 관련 산업도 발달하였다.

오사카는 우리나라와 지리적으로 가까워 일제강점기부터 한국인이 많이 거주한 곳이기도 하다. 현재 츠루하시(鶴橋) 지역에 코리아타운이 형성되어 있다.

오사카의 교통 시스템

오사카는 간사이 지방의 교통의 중심지이다. 오사카를 중심으로 운행되는 철도회사만 해도 JR니시니혼(서일본), 지하철인 오사카메트로, 한큐, 게이한, 긴테츠 등 여러 회사가 있다. 한 노선만 가지고 있는 회사도 있지만 보통은 여러 노선을 운영하고 있기에 노선이 상당히 복잡한 편이다.

철도는 크게 서울 지하철 2호선과 같이 오사카 시내를 순환하는 JR순환선(간조선), 각 지역을 커버하는 지하철(METRO)과 민영 전철이 있다. 오사카의 거점 역은 우메다 지역의 오사카역과 우메다역을 비롯해 신오사카역, 난바역, 덴노지역, 교바시역, 모리노미야역 등이 있다.

01 전철의 종류

일본 전철 시스템은 매우 복잡하다. 일본을 자주 드나드는 사람들도 헤맬 정도로 많은 노선이 복잡하게 얽혀 있다. 오사카의 모든 노선을 지도 한 장으로 표현하면 너무 복잡해 표현하기 어렵다. 그래서 전철 내부에 있는 노선도를 보면 해당 노선의 운영 주체(회사)가 운행하는 노선만 표시해놓은 경우가 대부분이다. 예를 들어, JR니시니혼 노선에는 대부분 JR니시니혼이 운행하는 전철 노선도만 표시되어 있다.

다음은 오사카의 주요 전철 회사와 노선 이름이다. 지하철을 타기 전에 자신이 이용할 주요 노선에 대해 미리 알아두면 예기치 못한 시간 낭비를 줄일 수 있다.

오사카의 주요 전철 회사와 노선

구분	노선 이름	
JR서일본 (JR西日本)	JR도자이선(東西線) JR간사이공항선(関西空港線) JR간사이본선(関西本線) JR한와선(阪和線) JR사쿠라지마선(桜島線) JR산요신칸센(山陽新幹線)	JR오사카간조선(大阪環状線) JR도카이도본선(東海道本線) JR가타마치선(片町線) JR간조렌라쿠선(大阪環状連絡線) JR오사카히가시선(おおさか東線)
오사카메트로 (大阪メトロ)	미도스지선(御堂筋線) 다니마치선(谷町線) 요츠바시선(四ツ橋線) 주오선(中央線) 센니치마에선(千日前線)	사카이스지선(堺筋線) 이마자토스지선(今里筋線) 뉴토라무(ニュートラム) 트램 열차 나가호리츠루미료쿠치선 (長堀鶴見緑地線)
게이한덴키철도 (京阪電気鉄道)	게이한가타노선(京阪交野線) 게이한본선(京阪本線)	게이한나카노지마선(京阪中野島線)
긴테츠선 (近鉄線)	긴테츠시기선(近畿信貴線) 긴테츠오사카선(近畿大阪線) 긴테츠나가노선(近畿長野線) 긴테츠케이한나선(近畿けいはんな線) 긴테츠도묘지선(近畿道明寺線)	긴테츠나라선(近畿奈良線) 긴테츠미나미오사카선(近畿南大阪線) 긴테츠난바선(近畿難波線) 긴테츠니시시기케이블 (近畿西信貴ケーブル)
한큐전철 (阪急電鉄)	한큐교토본선(阪急京都本線) 한큐고베본선(阪急神戸線) 한큐센리선(阪急千里線)	한큐다카라츠카본선(阪急宝塚線) 한큐미노오선(阪急箕面線)
한카이전기궤도 (阪堺電気鉄道)	한카이전기궤도 한카이선 (阪堺電気軌道阪堺線)	한카이전기궤도 우에마치선 (阪堺電気軌道上町線)
한신전기궤도 (阪神電気鉄道)	한신난바선(阪神なんば線)	한신본선(阪神本線)
미즈마철도 (水間鉄道)	미즈마철도(水間鉄道)	
센보쿠고속철도 (泉北高速鉄道)	센보쿠고속철도(泉北高速鉄道)	
오사카모노레일 (大阪モノレール)	오사카모노레일(大阪モノレール)	오사카모노레일사이토선 (大阪モノレール彩都線)
난카이덴키철도 (南海電気鉄道)	난카이구코선(南海空港線) 난카이고야선(南海高野線) 난카이다카시노하마선 (南海高師浜線)	난카이본선(南海本線) 난카이시오미바시선(南海汐見橋線) 난카이타나가와선(南海多奈川線)

노세전철 (能勢電鉄)	노세전철묘켄선(能勢電鉄妙見線)
기타오사카규코전철 (北大阪阪急電鉄)	기타오사카규코전철(北大阪阪急電鉄)

02 수상 버스

물의 도시답게 오사카에는 특별한 교통 수단인 '수상 버스'가 존재한다. 대중교통 수단이라기 보다는 관광선 역할을 하고 있지만 오사카를 여행한다면 한 번쯤 타보기를 권한다. 대표적인 크루즈선은 다음과 같다.

아쿠아마리나(アクアマリナー)

오사카 중심부를 관통하는 오오가와(大川)강을 따라 왕복하는 크루즈다. 육상이 아닌 강에서 바라보는 오사카의 풍경은 또 하나의 볼거리를 제공한다. 오사카성 항구에서 출발하여 되돌아오는 코스다.

아쿠아 미니(アクアー mini)

오사카성과 도톤보리를 연결하는 셔틀 보트다. 오사카성 항구를 출발하여 번화가인 도톤보리강에 있는 도톤보리를 거쳐 미나토마치 선착장에 도착한다. 강의 양쪽으로는 번화한 오사카의 풍경이 펼쳐진다. 오사카성에서 미나미 지역으로 이동하며 관광하는 여행객들에게 맞춤 이동 수단이다. 운행 기간이 따로 있으니 운행 가능 여부를 미리 확인해야 한다.

산타마리아(サンタマリア)

오사카 해안을 따라 움직이는 해상 크루즈다. 콜럼버스의 산타마리아호를 2배 크기로 건조하였으며 오사카 항구를 주유하는 관광 크루즈선이다. 덴포잔 하버빌리지, 카이유칸에서 출항하여 오사카항구 내를 주유한다. 바닷바람을 느끼면서 여유로운 시간을 즐길 수 있다.

히마와리(ひまわり)

메이지시대에 요도가와강을 왕복한 증기선을 모티브로 건조된 유람선이다. 예약제로 운영된다.

도톤보리 리버크루즈(道頓堀リバークルーズ)

도톤보리강을 따라 20분 정도 관광하는 크루즈로, 도톤보리를 강 위에서 즐기는 코스이다. 벚꽃 시즌에는 벚꽃 관람을 위한 크루즈가 운행되기도 하며, 기업이나 단체에서 통째로 임대하는 크루즈도 있다. 크루즈 여행을 저렴하게 즐기는 가장 좋은 방법은 아쿠아라이너, 산타마리아, 도톤보리 리버크루즈를 탑승할 수 있는 오사카 주유패스를 구입하는 것이다.

03 할인 승차권

일본은 각 철도회사마다 할인 승차권이나 세트 형식의 상품을 많이 내놓는다. 가장 대표적인 것이 1일 자유이용권, 2일 자유이용권과 같이 정해진 기간 내에 얼마든지 타고 내릴 수 있는 기간 한정 자유 승차권이다. 자유 관광을 하려면 이러한 할인 승차권이나 자유 이용권을 활용하는 것이 경제적이다. 시기와 회사에 따라 다양한 승차권을 발매하고 있으니 공항 관광안내센터에서 확인하여 해당 시기에 맞는 승차권을 구매하길 바란다.

주의해야 할 점은 발행하는 승차권의 종류에 따라 탑승할 수 있는 전철과 탑승할 수 없는 전철이 있다는 점이다. 오사카 내에서도 JR 열차만 탈 수 있는 승차권이 있고 지하철(메트로)만 탈 수 있는 탑승권이 있다. 오사카의 대표적인 관광 할인 승차권을 알아보자.

오사카 주유패스(大阪周遊バス)

유효 기간 내에 전철, 지하철(메트로), 버스를 얼마든지 탈 수 있다. 또한 오사카성 등 40여 개 인기 시설을 무료로 입장할 수 있고, 관광시설, 레스토랑, 기념품 가게 등에서 할인 및 선물을 받을 수 있는 등 여러 혜택이 있다. 주의할 점은 JR니시니혼(JR서일본)은 해당되지 않는다는 점이다.

> **• 구입:** 마이리얼트립이나 쿨룩 같은 여행 플랫폼을 통해 구매 후 QR코드를 받아 사용할 수 있다. 1일권이 3,300엔, 2일권이 5,500엔이다.

- **사용 방법:** 티켓 1장으로 하루(2일권은 이틀간) 동안 전철이나 버스를 탑승할 수 있다. 주의할 점은 사용 시작 시간부터 하루가 아니라는 점이다. 새벽 3시가 넘어가면 사용할 수 없다. 관광시설 등에서는 입장용 바코드를 인식한다. 기념품 가게 등 할인 가능한 가게에서는 카드를 제시하면 할인해준다(가게에서의 할인은 기간에 따라 변동이 있을 수 있다).

- **사용 가능 교통 범위 및 시설**

1일권과 2일권은 기본적으로 혜택 내용에 차이가 없다. 이용 가능한 시설, 이용가능한 교통 범위도 같다. 아래 공식 홈페이지에서 이용가능한 교통 범위를 확인할 수 있다.

사용 가능 교통 범위

시설을 이용할 때는 이용하기 전에 영업 상황(휴관일, 영업시간)을 반드시 확인해야 한다. 이용할 수 있는 시설이 자주 업데이트되기 때문에 아래의 링크(한국어 서비스)에 들어가 참조하길 바란다.

카드 승차권을 제시하면 전철이나 버스의 이용일에 한해(2일권은 2일간) 각 시설을 1회씩 무료로 이용할 수 있다.

오사카 관광의 기본
오사카 주유패스로 갈 수 있는 곳!

각 시설의 영업 상황은 반드시 사전에 확인해야 한다.
시기나 상황에 따라 입장 가능 여부가 종종 바뀌기도 하니
꼭 확인하길 바란다.

❶ 우메다 스카이빌딩 공중정원 전망대	• 무료 입장은 16:00까지 • 이후는 입장료 30% OFF • [요금] 1,500엔 • [휴일] 연중무휴
❷ 기누타니 고지 천공 미술관	• [요금] 1,000엔 • [휴일] 화(공휴일이면 다음 평일) • 12/30~1/3은 전시 교체 기간
❸ HEP FIVE 관람차	• [요금] 600엔 • [휴일] 부정기적
❹ 오사카 시립주택박물관	• [요금] 600엔 • [휴일] 화, 12/29~1/2 • 기모노 체험은 별도 요금(상황에 따라 영업)
❺ 오사카 시립과학관	• [요금] 400엔 • [휴일] 월(공휴일이면 다음 평일), 연말연시 등 • 무료 입장은 전시장 한정 • 플라네타리움은 별도 요금
❻ 나카노시마 리버크루즈	• [요금] 1,200엔 • [휴일]7/13·24·25,12/29~1/3 • 첫 운행 1시간 전에 오픈하는 매표소에서 카드 승차권을 제시한 후 지정편의 승선권으로 교환(당일 현장 예매만 가능) • 우천 시 운행하지 않을 가능성 있음
❼ 국립국제미술관	• [요금] 430엔 • [휴일] 월(공휴일이면 다음날), 연말연시, 전시 교체 기간 • 무료 입장은 컬렉션전 한정

⑧ 도톤보리 리버크루즈	• [요금] 1,000엔 • 첫 운행 1시간 전에 오픈하는 매표소에서 카드 승차권을 제시하고 지정편의 승선권으로 교환 (당일 현장 예매만 가능) • 비가 많이 오지 않을 시에 운항 • 도톤보리 리버크루즈와 도톤보리 리버재즈 보트는 둘 중 하나만 이용 가능
⑨ 도톤보리 리버재즈보트	• 기간 한정 운항 • 5월~6월 토, 일, 공휴일 • 9월~11월 토, 일, 공휴일 • [요금] 2,000엔 • 각 편마다 선착순 5명 • 11:00에 개장하는 미나토마치 선착장에서 카드 승차권을 제시하고 지정편의 승선권으로 교환. 당일 현장 예매만 가능 • 우천 시 운항 중단
⑩ 가미가타 우키요에관	• 요금] 700엔 • [휴일] 월(공휴일이면 다음날), 12/29~1/1 • 우키요에 판본 체험은 별도 요금
⑪ 도톤보리 ZAZA의 ZAZA 개그 라이브	• [요금] 800엔 • [휴일] 부정기적(최신 정보는 시설의 홈페이지, SNS에서 확인 필요) • ZAZA 개그 라이브 한정 • 만석일 경우 입장 불가능 • 공연은 일본어로만 진행
⑫ 원더 크루즈	• [요금] 도톤보리 루트 1,200엔(20분) • 홈페이지 예약 우선 탑승(현장 구매의 경우 남는 좌석이 없으면 탑승 불가) • 비가 많이 오지 않을 시에 운항 • 승선 전에 홈페이지를 통해 예약 확인 필요
⑬ 덴포잔 대관람차	• [요금] 800엔 • [휴일] 1/10~11
⑭ 지라이언 뮤지엄	• [요금] 1,200엔 • [휴일] 월(공휴일이면 다음날) • 대관 행사 시 입장 불가 • 대절 등으로 인해 영업 시간이 변경되는 경우 있음

⑮ 산타마리아 데이 크루즈	• [요금] 1,600엔
	• [휴일] 매주 평일 2일간 운휴 일정 및
	    임시 운휴 있음
	• 영업 시간: 11:00~17:00
	• 날씨에 따라 코스가 변경되는 경우 있음
	• 산타마리아 데이 크루즈와 트와일라이트
	    크루즈는 둘 중 하나만 이용 가능

⑯ 산타마리아 트와일라이트 크루즈	• [요금] 2,100엔 • [휴일] 무휴 • 대절된 경우 승선 불가능(사전 문의)

⑰ 캡틴 라인	• [요금] 1,700엔
	• [휴일] 부정기적(USJ 휴원일 또는 카이유칸
	  휴관일은 전편 운휴)
	• 왕복 이용 가능(패스 이용 날짜에 한함.
	  시간대에 따라 편도만 이용 가능한 경우 있음)

⑱ 레고랜드	• [요금]2,800엔(3세 이상) • [휴일]부정기(덴포잔 마켓플레이스에 따름) • 어린이(15세 이하) 단독 입장 불가 • 공식 웹사이트에서 예약 필수 • 평일만 무료 입장, 주말과 공휴일 등은 할인 요금(2,300엔)으로 입장 가능
⑲ 사키시마청사 코스모타워 전망대	• [요금] 800엔 • [휴일] 월(공휴일이면 다음날), 1/1 • 8월은 무휴
⑳ 보트 레이스 스미노에	• [요금]시설 입장료 100엔. 감상 유료석(B시트) 1,500엔 • [휴일] 부정기적 • 성수기, 연말연시 개최 등에는 이용 불가 • 개최 일정 확인 필요 • 레이스 개최일에만 무료 입장 가능(제외일 있음) • 미성년자(20세 미만) 단독 입장 불가
㉑ 오사카성 천수각	• [요금] 600엔 • [휴일] 12/28~1/1
㉒ 오사카성 니시노마루 정원	• [요금] 200엔 • [휴일] 월(공휴일이면 다음 평일), 12/28~1/4 • 이벤트 시 변경 있음

㉓ 오사카 수상버스 아쿠아라이너	• [요금] 1,600엔
	• [휴일] 매주 평일 2일간 운휴 일정 및
	  임시 운휴 있음. 1, 2월은 휴무가 부정기적
	• 기간 한정 운항. 계절에 따라 운항편 변동.
	  최신 정보는 홈페이지 확인
	• 매표소에서 카드 승차권을 제시하고
	  지정편의 승선권으로 교환받아야 함
	• 오사카성, 나카노시마 주변 주유코스
	  오사카성 승선장 발착 한정
	• 아쿠아라이너, 오카와강 벚꽃 크루즈,
	  요리미치 선셋 크루즈는 셋 중 하나만 이용 가능

㉔ 오카와강 벚꽃 크루즈	• [요금] 1,200엔
	• [휴일] 기간 중 무휴, 기간 한정 운항, 악천후인
	  때는 운휴 가능성 있음
	• 매표소에서 카드 승차권을 제시하고 지정편의
	  승선권으로 교환받아야 함

㉕ 요리미치 선셋 크루즈	• [요금] 1,500엔 • [기간 한정 운항] 9, 10월의 토, 일만 운항 • 매표소에서 주유패스를 제시하고 지정편의 승 선권으로 교환받아야 함
㉖ 오사카성 고자부네 놀잇배	• [요금] 1,500엔 • [휴일] 12/28~1/3 • 매표소에서 카드 승차권을 제시하고 지정편의 승 선권으로 교환받아야 함(당일 현장 예매만 가능) • 악천후일 때는 운휴 가능성 있음
㉗ 중요 문화재 오사카성의 망루 'YAGURA' 특별 개방	• [요금] 800엔 • [휴일] 부정기 • 봄, 여름, 가을 기간 한정 개관 • 니시노마루 정원 입구의 매표소에서 접수
㉘ 오사카 역사박물관	• [요금] 600엔 • [휴일] 화(공휴일이면 다음 평일), 12/28~1/4 • 무료 입장은 상설전 한정. 특별전은 별도 요금
㉙ 오사카 기업가 뮤지엄	• [요금] 300엔 • [휴일] 일, 월, 공휴일, 8/11~8/15, 12/23~1/3

③⓪ 피스 오사카(오사카 국제평화센터)	• [요금] 250엔 • [휴일] 월, 공휴일 다음날(9~11월 제외), 관내 정리일(지정된 달의 월말), 12/28~1/4
③① 사쿠야 코노하나관	• [요금] 500엔 • [휴일] 월(공휴일이면 다음 평일), 12/28~1/4
③② 츠텐카쿠(일반 전망대)	• [요금] 900엔 • [휴일] 무휴 • 특별 옥외 전망대 덴보 파라다이스는 별도 요금
③③ 덴노지 동물원	• [요금] 500엔 • [휴일] 월(공휴일이면 다음 평일), 12/29~1/1
③④ 게이타쿠엔 정원	• [요금] 150엔 • [휴일] 월(공휴일이면 다음 평일), 12/29~1/1
③⑤ 시텐노지(중심가람, 혼보정원)	• [요금] 각 300엔 • [휴일] 무휴(정원만 휴원일 있음) • 경내에서 두 번째 시설 이용 시 카드 승차권을 다시 제시해야 함
③⑥ 나가이 식물원	• [요금] 200엔 • [휴일] 월(공휴일이면 다음 평일), 12/28~1/4 • 정규 개원 시간에는 무료입장 가능. 야간 개원 등은 별도 요금
③⑦ 오사카 시립자연사박물관	• [요금] 300엔 • [휴일] 월(공휴일이면 다음 평일), 12/28~1/4 • 상설전 한정 무료입장 가능 • ③⑥ 나가이 식물원에도 입장 가능(야간 입장은 별도)

③⑧ 사카이 리쇼노모리	• [요금] 관람료 300엔, VR 1200엔
	• [휴일] 셋째 주 화(공휴일이면 다음 평일),
	       12/29~1/3
	• 2일권으로는 난카이전철 이용 불가능
	  2일권으로 사카이 지역을 이용할 경우에는
	  별도 요금이 필요

③⑨ 사카이시박물관	• [요금] 200엔
	• [휴일] 월(공휴일이면 개관), 12/28~1/4
	  무료 입장은 상설전, 기획전만
	• 2일권으로는 난카이전철 이용 불가능.
	  2일권으로 사카이 지역을 이용할 경우에는
	  별도 요금이 필요

㊵ 만국박람회 기념공원 (자연 문화원 · 일본 정원)	• [요금] 260엔 • [휴일] 수, 12/28~1/1 • 최신 정보는 공식 홈페이지에서 확인 • 기타오사카 급행과 오사카 모노레일을 이용하려면 별도 요금 필요 • 오사카 주유패스 이용 가능 구역 이외의 구역을 이용하는 경우, 별도 교통비가 필요
㊶ 오사카 휠(대관람차)	• [요금] 1,000엔 • [휴일] 부정기적(EXPOCITY에 따름) • 기타오사카 급행과 오사카 모노레일을 이용하려면 별도 요금 필요 • 오사카 주유패스 이용 가능 구역 이외의 구역을 이용하는 경우, 별도 교통비가 필요 • 일반 곤돌라 한정
㊷ 친동 추억의 음악살롱	• [공연 장소] 아베노하루카스 긴테츠 본점 WING관 스페이스9 • [요금] 1,000엔 • [휴일] 부정기적 • 최신 정보는 시설의 홈페이지, SNS에서 확인
㊸ 타워 슬라이더	• [요금] 1,000엔 • [휴일] 무휴 • 평일에 한해 입장 무료 • 특별 옥외 전망대 덴보 파라다이스 별도 요금

* 배경색이 있는 곳은 동일 색상 중 하나만 선택해 이용 가능.

* 선박 이용 상품의 경우 하천의 상황과 시설 보수, 선박 수리 등으로 예고 없이 운항을 하지 않을 경우가 있음.

오사카 라쿠유패스(오사카 e-Pass)

오사카 라쿠유패스(e-Pass)는 오사카 주유패스의 자매 패스로 오사카의 주요 관광지 20여 곳을 QR코드 하나로 입장할 수 있는 패스다. 간략하게 오사카를 즐기려는 관광객에게 적합하다. 단, 교통 수단은 포함되어 있지 않다.

- **구입:** 1일권 2,400엔, 2일권 3,000엔이다. 어린이 요금은 없다. 구입은 마이리얼트립이나 쿨룩 등 여행 플랫폼을 통해 가능하다.

주유패스 및 e-Pass 티켓 사이트

- **이용 방법:** 시설 입구에서 QR 코드를 제시하면 입장이 가능하다. 오사카 주유패스와 달리 교통 수단은 이용할 수 없다. 2일권이라도 한 시설에 대해 한 번만 사용할 수 있다.
이용할 수 있는 시설 목록은 다음의 URL(한국어 서비스)을 참고한다.

엔조이에코 카드(エンジョイエコカード)

엔조이에코 카드는 오사카메트로, 오사카 시티버스를 하루에 얼마든지 탈 수 있으며 오사카 시내 관광지 입장료 할인 등이 있는 카드다. 단, 오사카 시티버스 중 IKEA츠루하마/유니버설 스튜디오(USJ)행 버스, 공항 버스, 온디멘드 버스는 해당되지 않는다.

- **구입:** 성인 820엔(토, 일, 휴일 620엔), 어린이 310엔으로 이용할 수 있다. 지하철역 구내 판매기, 창구, 매점에서 구입할 수 있다.

- **이용 방법:** 일반 승차권처럼 개찰기에 삽입한다. 구입일과 관계없이 처음 사용할 때부터 당일에 한해 이용할 수 있다. 버스도 탑승구에 있는 개찰기 투입구에 삽입한다. 처음 투입하면 날짜가 인쇄되는데 찍힌 일자 당일에 한해 이용할 수 있다.

할인 특전으로 오사카의 주요 관광지에서 할인을 받을 수 있다. 예를 들어, 오사카성 천수각은 입장료가 600엔인데 엔소이에코 카드를 가져가면 10% 할인된 540엔이다. 엔조이에코 카드에 대한 자세한 내용(한국어 서비스)은 다음의 URL을 참조한다.

정액 카드(回数カード)

오사카메트로, 오사카 시티버스의 전 노선을 탑승할 수 있는 교통카드다. 승차 구간에 따라 운임이 차감되는 시스템이다. 단, 오사카 시티버스 중 IKEA츠루하마/유니버설 스튜디오(USJ)행 버스, 공항 버스, 온디멘드 버스는 해당되지 않는다.

- **구입:** 성인은 3,000엔 권을 구매하면 3,300엔, 어린이는 1,500엔 권을 구매하면 1,650엔 분을 탑승할 수 있다. 각 역의 자동 정기권 발행기(핑크색 발권기) 및 역 구내 정기권 발매소에서 판매한다.

- **이용 방법:** 개찰기에 투입하고 목적지에서 나올 때 개찰기에 투입하는 방식이다. 지하철, 뉴트램, 버스를 이용 구간에 관계없이 자유롭게 이용할 수 있다. 지하철, 뉴트램과 버스의 연결 할인도 적용되기 때문에 더욱 유용한 카드다. 잔액은 환불되지 않으니 3,000엔 이하를 사용한다면 구입하지 않는 것이 좋다.

잔액이 부족한 경우, 지하철은 정산기를 이용해 정산하고 버스에서는 부족분에 대해 현금으로 정산해야 한다.

04 간사이국제공항에서 오사카 시내로 이동하는 방법

간사이국제공항에서 오사카 기타(우메다)로 갈지, 미나미(난바)로 갈지에 따라 방법과 요금 및 소요시간이 달라진다.

기타로 가기

방법	출발지	도착지	소요시간	가격
JR간쿠 쾌속	1터미널 간사이공항역	JR오사카역	약 70분	1,210엔
JR간쿠특급 하루카			약 55분	2,410엔 (지정석 가격)
리무진 버스	1, 2터미널 리무진버스 승하차장		약 70분	1,600엔

미나미로 가기

방법	출발지	도착지	소요시간	가격
JR간쿠 쾌속	1터미널 간사이공항역	JR난바역	약 60분	1,080엔
JR간쿠특급 하루카			약 50분	2,270엔 (지정석 가격)
난카이 라피트 특급		난카이난바역	약 40분	1,450엔 (전석 지정석)
난카이 스카이 익스프레스 (난카이 급행)			약 50분	930엔
리무진 버스	1, 2터미널 리무진버스 승하차장	난바(OCAT)	약 60분	1,300엔

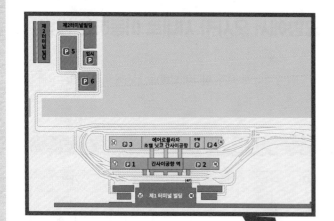

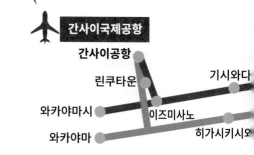

신칸센 신고베

JR산노미야

한큐산노미야

한신산노미야

[주의] 간사이국제공항은 제1터미널과 제2터미널로 구분되어 있다. 두 곳은 약 4km 떨어져 있다. 따라서 비행기가 어느 터미널에 도착/출발하는지 정확히 파악해야 한다. 터미널 사이를 이동할 때는 에어로플라자와 제2터미널 사이에 셔틀버스(무료)가 운행되고 있으며 소요 시간은 7~9분 정도다.

✈ 간사이국제공항

간사이공항

린쿠타운

기시와다

와카야마시

이즈미사노

와카야마

히가시키시오

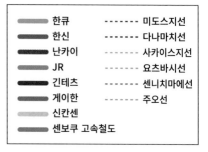

▬▬▬ 한큐	┄┄┄ 미도스지선
▬▬▬ 한신	┄┄┄ 다나마치선
▬▬▬ 난카이	┄┄┄ 사카이스지선
▬▬▬ JR	┄┄┄ 요츠바시선
▬▬▬ 긴테츠	┄┄┄ 센니치마에선
▬▬▬ 게이한	┄┄┄ 주오선
▬▬▬ 신칸센	
▬▬▬ 센보쿠 고속철도	

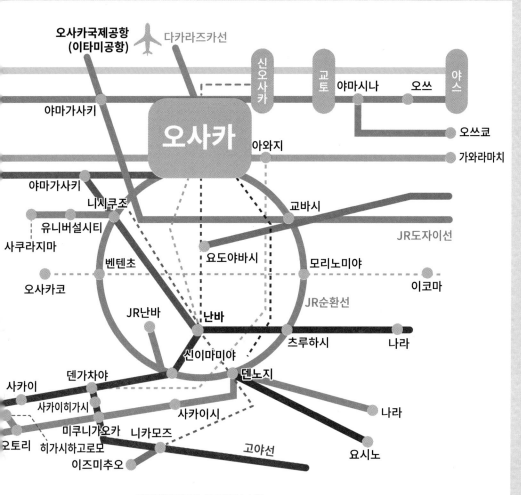

오사카국제공항
(이타미공항)

다카라즈카선

신오사카

교토

야마시나

오쓰

야스

야마가사키

오사카

아와지

오쓰쿄

가와라마치

야마가사키

니시쿠조

교바시

유니버설시티

JR도자이선

사쿠라지마

벤텐초

요도야바시

모리노미야

오사카코

이코마

JR난바

난바

JR순환선

신이마미야

츠루하시

나라

덴가차야

사카이

덴노지

나라

사카이히가시

사카이시

미쿠니가오카

니카모즈

고야선

요시노

오토리

히가시하고로모

이즈미추오

간사이국제공항과 시내 연결 노선도

여행과 관련하여 궁금한 사항(관광 명소의 위치나 합리적인 가격으로 관광할 수 있는 티켓 등)이나 어려움이 있다면 오사카 콜센터로 문의하면 된다. 한국어 서비스도 실시하고 있으니 편리하게 이용할 수 있다.

전화번호: 81)06-6131-4550   영업시간: 07:00~23:00(연중무휴)

오사카 한눈에 보기

유니버설 스튜디오

카이유칸

베이 에어리어
(277p)

기타 北区

오사카역, 우메다

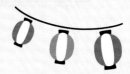

　오사카에서 가장 큰 번화가로는 두 곳을 꼽는다. 하나는 신사이바시, 도톤보리, 난바 지역의 미나미 지역이며, 하나는 오사카역, 우메다역을 중심으로 한 기타(우메다) 지역이다.

　그중 기타 지역은 일본 기업의 본사와 외국계 기업의 지사 등이 들어선 초고층 오피스 건물과 명품을 취급하는 쇼핑센터, 백화점이 밀집된 지역이다. 이 지역의 백화점 면적은 도쿄 신주쿠에 이어 일본에서 두 번째로 넓다. 대표적으로 다이마루, 한큐, 한신, 이세탄백화점 외에 루쿠아오사카, HEP FIVE, 그랑후론토, 요도바시카메라, 돈키호테 등이 들어서 있다. 도호시네마, 라이브하우스, 게임센터, 파친코, 바와 클럽 등 오락 및 유흥시설도 많이 들어서 있다.

　번화가인 만큼 사람들의 왕래가 많아 인터콘티넨탈, 리츠칼튼, 웨스틴오사카 호텔 등 여러 숙박 업체들이 밀집해 있고 오사카역과 우메다역을 중심으로 JR니시니혼, 오사카메트로, 한신, 한큐 등의 전철과 버스터미널이 있어 오사카 교통의 중심지이기도 하다. 이곳의 모든 시설과 쇼핑을 즐기려고 하면 하루도 부족할 정도다. 따라서 어느 정도 머물 것인지 시간을 결정한 후 타깃을 정해 돌아다녀야 한다.

　많은 상업시설과 교통시설이 지상~지하에 걸쳐 입체적으로 얽혀 있어 처음 가는 사람에게는 미로가 따로 없다. 심지어 지하로 내려가면 주변 통신량도 많고 GPS도 잘 연결되지 않아 구글 지도도 소용없다. 오로지 표지판에만 의지해 다녀야 한다. 우메다 중심가에 있으려면 지역을 두 개의 큰 덩어리로 쪼개 봐야 한다. 먼저 자신이 찾아가고 싶은 곳이 JR오사카역 주변인지, 앞에 '한큐'가 붙는 노선이 있는 오사카우메다역인지 확인하고 움직이는 것이 좋다.

오사카역, 우메다

오요도나카 공원
웨스턴 오사카

🌲 우메다 스카이빌딩 2

11 한큐 3, 17, 32번가

Eggs 'n Things
우메다차야마치점 9

Hankyu

14 마사키야

오사카우메다역
大阪梅田駅

짱구 스

11 오이시이모노
요코초

15 인디안카레
산반가이점

요도바시카메라
LINKS UMEDA 7

3
햅

베이글&베이글
루쿠아 오사카 2

5 신우메다 식당가

마루토메 자 주서리
오사카 3

우메다역
梅田駅

10 한큐우메다 본

JR
오사카역
大阪駅

with Green 에키마르쉐 오사카점 4

오사카 스테이션 시티 1

12 한신백화점

16 와규야키니쿠 타지마야

닌텐도 오사카

히가시우메다역
東梅田駅

9 힐튼 플라자 오사카

13 더 그랜드 카페

하비스 PLAZA 8

구글 지도

12 무레스나 티 오사카

니시우메다역
西梅田駅

JR 기타신치역
北新地駅

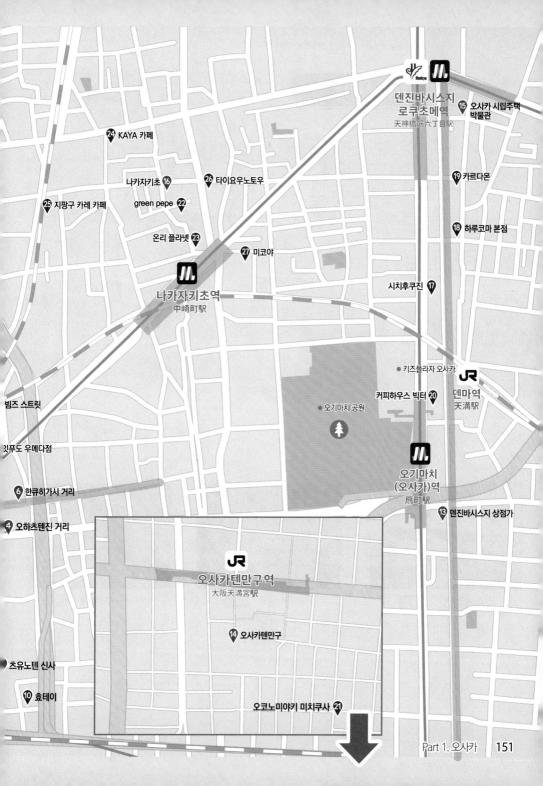

24 KAYA 카페

덴진바시스지
로쿠초메역
天神橋筋六丁目駅

15 오사카 시립주택
박물관

나카자키초 16

26 타이요우노토우

25 지팡구 카레 카페

green pepe 22

19 카르다몬

온리 플라넷 23

18 하루코마 본점

27 미코야

나카자키초역
中崎町駅

시치후쿠진 17

키즈플라자 오사카

빔즈 스트릿

커피하우스 빅터 20

덴마역
天満駅

잇푸도 우메다점

오기마치 공원

6 한큐히가시 거리

오기마치
(오사카)역
扇町駅

4 오하츠텐진 거리

13 덴진바시스지 상점가

JR

오사카텐만구역
大阪天満宮駅

14 오사카텐만구

츠유노텐 신사

10 효테이

오코노미야키 미치쿠사 21

나카노시마

오에바시역
大江橋駅
● 나카노시마 페스티벌홀

와타나베바시역
渡辺橋駅
● 스타벅스 미쓰이비루점

④ 오사카 나카노시마
미술관

② 규슈노쥰
하카타로 오사카점

③ 국립국제미술관

나카노시마역
中之島駅

② 오사카 시립과학관

히고바시역
肥後橋駅

● 리가로얄호텔 오사카

오사카 시립과학관 - 184p

국립국제미술관 - 185p

오사카 나카노시마미술관 - 186p

① 오사카시 중앙공회당
● 오사카 시립동양도자미술관

🚉 나니와바시역
なにわ橋駅

① 옵티머스 카페

⑤ 나카노시마 장미 정원 🌲

🚉 🏛 요도야바시역
淀屋橋駅

기타하마역
北浜駅 🚉 🏛

① 오사카시 중앙공회당 − 185p

⑤ 나카노시마 장미 정원 − 186p

좌측이 노스게이트, 우측이 사우스게이트 빌딩

 • SPOT •

오사카 스테이션 시티 OSAKA STATION CITY ······ ❶

오사카역을 중심으로 하는 상업 지구이다. 오사카역은 간사이의 심장이라 할 수 있는 거대한 역으로, JR서일본에서 가장 많은 이용 승객 수를 자랑한다. 오사카 최대의 번화가, 비즈니스 거리인 우메다의 중심에 위치해 있어 교통 거점 역할을 하고 있다.

오사카역은 1874년 오사카-고베 간 철도 개통과 함께 개업했다. 간사이에서는 가장 큰 역이다. 역의 남쪽에는 27층 높이의 사우스게이트 빌딩이 있어 백화점인 다이마루 우메다점(大丸梅田店)과 호텔이 자리 잡고 있다. 역 북쪽에는 노스게이트 빌딩이 있어 루쿠아백화점에 패션 쇼핑몰, 영화관 등이 입점해 있다. 지하에는 상점가 크로스토(crost)가 있는데, 역 규모에 비하면 작은 편이나 다른 지하 상점가들과 연결되어 있어 여행객 입장에서는 규모가 상당히 크게 느껴진다.

📍 大阪市北区梅田3-1-3 / 3-1-3 Umeda, Kita Ward, Osaka

닌텐도 오사카   Nintendo OSAKA ······ ①

2022년 11월에 오픈한 닌텐도 직영의 공식 스토어이다. 사우스
게이트 빌딩의 다이마루백화점 13층에 위치해 있다. 젤다의 전설,
동물의 숲, 마리오 등 닌텐도 게임에 등장하는 여러 캐릭터들로 만
든 상품을 구입할 수 있다. 매장이 매우 넓어서 상품을 구매하지 않
더라도 아이쇼핑을 즐기기에 좋다. 닌텐도 직영 스토어는 일본에도
도쿄와 오사카 딱 두 군데밖에 없으니 필요한 물품이 있다면 방문해
보길 추천한다. 다만 전체적인 상품 가격은 높은 편이다.

♥ 大阪市北区梅田3-1-1大丸梅田店 13F / 13F 3-1-1 Umeda,
  Kita Ward, Osaka
🚇 JR오사카역과 연결
🕙 10:00~21:00

베이글&베이글 루쿠아 오사카   BAGEL&BAGEL LUCUA Osaka ······ ②

일본 최대의 체인점을 갖고 있는 베이글 체인점이다. 일반적인 베
이글은 딱딱한 느낌이 있지만 이곳은 독자적인 제조 방법을 기반으
로 부드러운 식감을 가져서 어린이나 노인들도 먹기 쉽다. 베이글
샌드위치 버거도 이곳의 대표적인 음식이다. JR오사카역에 연결된
루쿠아백화점과 연결되어 있으며 지하 1층에 위치해 있다.

♥ 大阪市北区梅田3-1-3 ルク
  ア大阪B1F / B1F 3-1-3
  Umeda, Kita Ward
🚇 JR오사카역과 연결
🕙 10:00~21:00

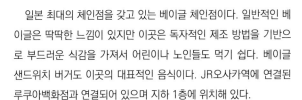

마루토메 자 주서리 오사카   Marutome the Juicery Osaka ······ ③

1912년에 창업한 청과 전문점 마루토메(丸留)가 본사다. 청과 전문점에서 취급하는 과일주스의 질은 더 말할 필요가 없지 않을까? 과일주스와 파르페, 샌드위치, 크레페 등을 취급하고 있다. 딸기나 밀감이 들어간 제품은 계절이나 생산지 상황에 따라 기간 한정으로 판매되기도 한다.

📍 大阪市北区梅田3-1-3 ルクア大阪B2F / B2F 3-1-3
    Umeda, Kita Ward
🚃 JR오사카역에서 연결
🕐 11:00~23:00

WithGreen 에키마르쉐 오사카점   WithGreen エキマルシェ大阪店 ······ ④

채소가 듬뿍 담긴 샐러드 보울 전문점이다. 채소와 함께 기본 토핑에 토마토, 콘, 고구마, 사과, 호박 중 하나를 선택한다. 스몰 사이즈도 혼자 먹을 양으로는 충분하다. 닭고기와 함께 즐길 수도 있다. 계절에 따라 생산되는 채소나 과일을 재료로 하는 시즌 메뉴도 있다. 부담스럽지 않은 조식을 찾고 있거나 다이어트를 하는 여행객에게는 이만한 식단도 없을 것이다. 특이하게도 우리말 '나물(ナムル)'이 들어간 메뉴도 있다.

📍 大阪市北区梅田3-1-1 エキマルシェ大阪 1F / 1F 3-1-1 Umeda, Kita Ward, Osaka
🚃 JR오사카역 사쿠라바시 출구와 연결
🕐 08:00~22:00

신우메다 식당가 ……⑤
新梅田食道街

JR오사카역 동쪽의 한큐백화점과 한큐오사카우메다역 사이의 다리 아래에 음식점들이 들어서 있다. 이곳에 가기 위해서는 한큐백화점 쪽 출구로 나가야 한다. 1950년에 국철 퇴직자들의 생계 유지를 위해 점포 개업이 허가될 때만 해도 18개 점포로 시작했는데 지금은 100여 점포로 대규모 식당가가 되었다.

점포가 많은 만큼 일식, 한식, 중식, 양식을 비롯해 패스트푸드, 서서 마시는 술집 등 다양한 종류의 음식을 맛볼 수 있다. 천장이 낮고 전철이 지나다닐 때마다 소리가 들린다.

📍 大阪市北区角田町9-26 / 9-26 Kakudachō, Kita Ward, Osaka
🚃 JR오사카역 미토스지 출구에서 3분, 전철 한큐오사카우메다역에서 1분, 한신오사카우메다역에서 3분, 우메다역, 히가시우메다역, 니시우메다역에서 3분
JR오사카역 미토스지 출구로 나와 왼쪽 직진 후 횡단보도 건너 고가도로 아래에 입구가 보임.
한큐오사카우메다역에서 1층으로 내려와 오른쪽, 우메다역 2번 출구로 나와 바로 앞
⊙ 상점에 따라 다름(보통 11:00~)

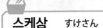

오너가 추천하는 저당질
츄하이인 '준하이'다.
소주 '준(純)'을 베이스로 만들기에
'준하이'라 부른다.

🍜 **스케상** すけさん

츄하이는 일본 소주에 얼음을 넣고 레몬과 같은 과일즙을 짜서 마시는 음료다. 츄하이를 비롯해 유명 맥주와 일본주 등 다양한 술이 준비되어 있으며 잔 술로도 판매한다. 산지에서 직송해 온 싱싱한 재료를 이용해 이탈리안 쉐프 출신의 주방장이 요리하는 먹거리 또한 일품이다. 1인당 20,000원 정도 예산이면 식사와 함께 여독을 푸는 술 한잔이 가능하다.

마루신코히　マルシンコーヒー

인테리어에서 예술적인 분위기가 풍긴다. 카운터는 약간
정돈되지 않은 듯한 그림과 술병들로 꾸며져 있다. 낮에는
커피를 팔지만 오후 6시 이후는 바로 변해 위스키 50종, 버
번 30종을 팔고 있다. 한국에서도 인기가 있는 하이볼을 즐
길 수 있으며 혼술하기에도 좋다. 흡연자라면 흡연을 즐길
수 있지만 비흡연자는 담배 연기가 거슬릴 수 있다.

타코우메　たこ梅

창업한 지 170년, 5대를 이어져 온 어묵 전문점으로 우메
다 지역 직장인들이 많이 찾는 곳이다. 이 가게의 명물은 문
어 다리를 꼬치에 꽂은 다음, 창업 때부터 전수된 비밀스러
운 육수에 삶아 낸 타코칸로니(たこ甘露煮)이다. 맛있는 음
식과 손님을 맞이하는 친절한 자세가 이 식당 최고의 장수
비결이라고 한다.

다치스시 시오야　立ち寿司 しおや

일본 요리에 빠지지 않는 스시(생선초밥). 제대로 먹으려
면 상당한 비용을 지불해야 하지만, 모든 서비스를 빼고 가볍
게 스시를 즐길 수 있는 서서 먹는 식당도 있다. 2층의 한 코
너에 위치한 서서 먹는 스시집 '다치스시 시오야'다. 먹고 싶
은 메뉴를 주문할 수 있지만 하나하나 주문하기 어려울 땐 8
개의 스시가 나오는 '니기리하치칸(握り8貫)' 세트를 주문하
면 10,000원 정도 가격에 가성비 좋은 스시를 맛볼 수 있다.

하나다코　はなだこ

한큐백화점에서 JR오사카역으로 가는 횡단보도 앞, 신우메다식당가 입구로 들어가면 바로 있는 가게다. 인기 많은 타코야키 가게라 줄이 자주 생긴다. 줄을 서 있으면 직원이 와서 메뉴판을 주며 테이크아웃인지, 먹고 갈 건지 물어본다. 테이크아웃이라고 하면 테이크아웃이라고 써 있는 종이를 준다. 테이크아웃이면 좀 더 빠르게 주문하고 받아갈 수 있다. 다른 타코야키 전문점보다 한 알당 들어있는 문어가 커서 식감이 일품이다. 전체적인 식감은 부드럽지만 문어의 씹는 식감이 쫄깃쫄깃하다.

파가 잔뜩 올라간
'네기마요'가 진짜 맛있어!

오사카 지역에서는
이쑤시개를 꽂아서 먹고,
도쿄에서는 젓가락으로 먹어요.
문어 대신 오징어를 넣으면
'이카야키'라고 해요.

전망대에서 바라본 오사카 정경

• SPOT •

우메다 스카이빌딩 梅田スカイビル …… ❷

오사카의 대표적인 마천루 중 하나인 우메다 스카이빌딩은 1993년
에 완공되었으며 독특한 외관으로 오사카의 랜드마크로 자리 잡았다.
동관과 서관 두 개의 건물이 쌍둥이처럼 솟아 있고 꼭대기 부분이 원
형으로 연결되어 있다. 건물 가운데에 구멍이 뚫려 있어 지진과 바람
에 강하다고 한다. 옥상에 설치된 전망대인 공중정원(空中庭園) 전망
대는 360도 시야로 오사카 시내를 관망할 수 있다는 점이 특징으로,
많은 관광객의 발길을 이끌고 있다. 웨스팅호텔을 비롯해 대기업 본사
와 외국계 기업의 사무실이 입주해 있으며 멕시코와 독일 총영사관도
입주해 있다. 영화관과 전시 공간도 들어서 있다.

📍 大阪市北区大淀中1-1-88 / 1-1-88 Ōyodonaka, Kita Ward, Osaka
🚇 JR오사카역 중앙 북쪽 출구 7분,
　　전철 한큐오사카우메다역 차야마치 출구 9분, 오사카역 5번 출구 9분
🕐 전망대 09:30~22:30
🌐 https://www.skybldg.co.jp/ko

 햅 HEP ⋯⋯

HEP은 Hankyu Entertainment Park의 약자로 높이 106m에 달하는 거대한 붉은 관람차가 특징인 우메다의 랜드마크다. 본래 HEP 자리에는 1971년 한큐파이브(阪急ファイブ)라는 이름의 상업시설이 있었다. 그 자리에 1998년 HEP FIVE와 NAVIO가 들어섰다. 젊은 층을 타깃으로 한 상업시설로 전 세계 최초로 상업시설과 관람차를 함께 결합했다. 관람차뿐만 아니라 여러 이벤트가 개최되는 HEP HALL 등 다양한 엔터테인먼트 시설이 들어서 있다. HEP FIVE에는 엔터테인먼트 시설, NAVIO에는 레스토랑과 남성의류를 취급하는 한큐맨즈오사카(阪急メンズ大阪), 수입 의류점 등 170여 점포가 자리 잡고 있다. 대관람차는 밤 11시까지 영업하기 때문에 밤에 탑승하면 오사카의 야경을 감상할 수 있다.

📍 大阪市北区角田町5-15 / 5-15 Kakudachō, Kita Ward, Osaka
🚇 JR오사카역 미도스지 출구 4분, 전철 한큐오사카우메다역 H28번 출구 연결, 우메다역 H28번 출구 연결
🕐 11:00~21:00(레스토랑은 22:30까지)
🌐 https://umeda-sc.jp/ko/hep-five

짱구 스토어   クレヨンしんちゃんオフィシャルショップ~アクションデパート大阪店 ······ ⑥

「짱구는 못말려」 굿즈로 가득한 가게다. HEP FIVE 4층에 있는데 쌩뚱맞게 여성복 코너에 있어 처음 가면 찾기 힘들지도 모른다. 가게 규모는 작지만 한국에서는 구할 수 없는 굿즈가 많다. 짱구 덕후라면 꼭 가봐야 할 곳이다. 참고로 일본에서는 「짱구는 못말려」를 「크레용 신쨩(クレヨンしんちゃん)」이라고 한다. 짱구의 본명은 신노스케(しんのすけ)로 제일 앞 글자만 따서 애칭인 쨩(-ちゃん)을 붙여 신쨩(しんちゃん)이라 부른다.

📍 大阪市北区角田町5-15 HEP FIVE 4F / 4F 5-15 Kakudachō, Kita Ward, Osaka
🚇 HEP Five에 위치   ⏲ 11:00~21:00

빔즈 스트릿   Beams street ······ ⑦

도쿄에서 시작된 편집숍 브랜드로 편집숍 중에서는 대형 브랜드에 속하며 주로 의류와 액세서리류를 판매한다. 깔끔한 디자인의 패션 아이템이 많아 취향이 심하게 갈리지 않는 제품이 많다. 오사카 시내에 여러 빔즈 매장이 있지만 스트릿 패션 아이템이 주류인 빔즈 스트릿은 이곳이 유일하다. HEP FIVE 1층에 위치하고 있다.

📍 大阪市北区角田町5-15 HEP FIVE 1F / 1F 5-15 Kakudachō, Kita Ward, Osaka
🚇 HEP Five에 위치   ⏲ 영업: 11:00~21:00

잇푸도 우메다점   一風堂 梅田店 …… **⑧**

1985년 후쿠오카에서 개업한 라멘 체인으로 일본뿐만 아니라 프랑스, 베트남 등 세계 곳곳에 체인점이 있다. 한때 한국에도 진출했었지만 품질관리가 안 되어 철수했다. 돈키호테 바로 건너편에 있어 눈에 띄고 접근성도 좋다. 하얀 국물의 돈코츠 라멘인 다마고시로마루(玉子白丸)가 간판 메뉴다. 국물은 한국 사람이 먹기에도 별로 느끼하지 않다. 매운 맛을 좋아한다면 키와미카라카멘(極からか麺)을 시켜보자.

📍 大阪市北区角田町6-7 /
　6-7 Kakudacho, Kita Ward, Osaka
🚃 전철 히가시우메다역 J3번 출구 도보 2분
🕐 11:00~23:00(금, 토요일에는 03:00까지)

 Eggs'n Things 우메다챠야마치점   Eggs'n Things 梅田茶屋町店 …… **⑨**

HEP FIVE의 동북쪽에 위치한 OIT 우메다타워(OIT梅田タワー) 2층에 위치하고 있다. 세련된 디자인의 외관과 내부 인테리어가 특징이다. 1974년에 하와이에서 탄생한 'All day Breakfast'를 콘셉트로 한 캐주얼 레스토랑으로 전국적으로 전개하고 있다. 아침뿐 아니라 점심, 저녁에도 볼륨감 넘치는 브렉퍼스트 메뉴를 즐길 수 있다.

📍 大阪市北区茶屋町1-1-45 OIT梅田タワー2F /
　2F 1-1-45 Chayamachi, Kita Ward, Osaka
🚃 전철 한큐오사카우메다역 H8번 출구 3분
🕐 09:00~20:00

 오하츠텐진 거리 ・SPOT・ お初天神通り ····· ④

한큐백화점과 HEP NAVIO 주변에서 히가시우메다역(東梅田駅) 방향으로 살짝 내려가면 나오는 상점가다. 츠유노텐 신사(露天神社)로 향하는 참배 길에 형성된 상점가라서 역사가 깊다. 대형 쇼핑몰과 비교되는 조그만 음식점, 카페, 술집 등 약 100여 점포가 모여 있는 거리다. 신사 참배객과 관광객, 우메다 지구의 직장인들이 식사와 술 한잔을 기울이기 위해 밤낮을 가리지 않고 찾아온다. 현대적인 우메다 지역에서 일본스러운 가게들이 모여 있는 곳이다.

📍 大阪市北区曾根崎2 / 2 Sonezaki, Kita Ward, Osaka
🚋 전철 히가시우메다역 7번 출구 3분
🕐 상점에 따라(보통 10:00, 11:00부터)
🌐 https://www.ohatendori.com

SPOT ## 츠유노텐 신사　露天神社 …… ⑤

　이름은 츠유노텐 신사이지만 보통 오하츠텐진(お初天神)이라고 불린다. 신사 경내에는 에도시대 복장을 한 남녀 커플 동상이 있는데 바로 오하츠(お初)와 도쿠베(徳兵衛)의 동상이다. 두 인물은 치카마츠 몬자에몬(近松門左衛門)이라는 유명한 각본가가 만든 '소네자키신주(曽根崎心中)'라는 인형극의 등장인물이다. 서로 사랑하는 사이였던 오하츠와 도쿠베는 도쿠베가 누명을 써 사기꾼으로 몰리자 죽음으로 결백을 증명하기 위해 함께 자결한다. 두 인물이 자결한 곳이 츠유노텐 신사 뒤에 있는 숲이었기 때문에 여자 주인공의 이름을 따서 이 일대가 오하츠텐진이라고 불리며, 츠유노텐 신사는 사랑을 맺어주는 신사로도 유명하다. 좋은 연을 만나도록 혹은 현재의 연인과 잘 되도록 기도해보자.

📍 大阪市北区曽根崎2-5-4 / 2-5-4 Sonezaki, Kita Ward, Osaka
🚃 전철 히가시우메다역 7번 출구 5분
🕑 06:00~24:00
🌐 https://www.tuyutenjin.com

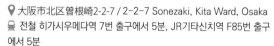

　츠유노텐 신사 뒷골목에 있으며, 줄을 서야 먹을 수 있는 메밀면(소바) 전문점이다. 간판 상품은 유기리 소바(夕霧そば, 밤안개 소바)다. 유자 껍질을 갈아서 메밀가루에 섞어 면을 만들기 때문에 면에서 유자의 독특한 향을 느낄 수 있다. 1954년 오사카부 면류조합연합가 개최한 신조리품전시회에서 처음으로 유기리 소바를 출품했을 때 여러 평론가들에게 극찬을 받았다고 한다. 소바뿐만 아니라 튀김류도 일품이다.

📍 大阪市北区曽根崎2-2-7 / 2-2-7 Sonezaki, Kita Ward, Osaka
🚃 전철 히가시우메다역 7번 출구에서 5분, JR기타신치역 F85번 출구에서 5분
🕑 11:00~23:00(토요일은 22:30까지) / 일, 공휴일 휴무

• SPOT •

한큐히가시 거리   阪急東通り …… ⑥

우메다 동쪽에 있는 거리라는 뜻의 우메다히가시 거리는 HEP
NAVIO의 동쪽 길 건너에서부터 뻗어 있는 상점가다. 한큐히가시도리
상점가(阪急東通商店街)라고 부르기도 한다. 식당과 술집을 포함해
파칭코와 성인용 유흥업소가 많이 들어서 있다. 거리를 걷다 보면 무
료안내소(無料案内所) 간판이 있는데 관광안내센터라고 착각하고 들
어가면 안 된다. 성인 위락 시설을 소개하는 곳이기 때문에 일본어가
잘 안되고 일본의 밤 문화 시스템을 모른다면 바가지를 쓸 수도 있다.

📍 大阪市北区堂山町5~10 / 5~10 Doyamacho, Kita Ward, Osaka
🚃 전철 우메다역 10번 출구 도보 5분
🕐 상점에 따라(보통 10:00, 11:00부터)
🌐 https://www.higashidori.jp

무료안내소는 관광안내소가 아니니 들어가지 말자

요도바시카메라 LINKS UMEDA

・SPOT・

ヨドバシカメラ LINKS UMEDA ⋯⋯ ❼

다양한 종류의 제품을 취급하는 대규모 종합 쇼핑몰(양판점)이다. 요도바시카메라는 일본 전국에 지점이 있는 전자기기 중심의 소매점으로 본점은 도쿄 신주쿠에 있다. 카메라, 스마트폰, 컴퓨터 등 전자기기 전문 쇼핑몰이지만 전자기기 이외에도 장난감, 프라모델, 여행용품, 자동차 관련 용품 등 다양한 취미 및 생활용품을 판매하고 있다. 요도바시카메라가 입점해 있는 LINKS는 두 개로 나누어져 있는데 남쪽 건물의 지하 2층부터 지상 5층까지가 요도바시카메라 멀티미디어 우메다(ヨドバシカメラ マルチメディア梅田) 매장이고, 요도바시카메라 매장을 제외한 남쪽 건물 6~8층과 북쪽 건물에는 의류 브랜드, 식당, 공유 오피스 등이 들어서 있다.

📍 大阪市北区大深町1-1 / 1-1 Ōfukachō, Kita Ward, Osaka
🚇 JR오사카역 미도스지 북쪽 출구 2분, 전철 한큐오사카우메다역 4번 출구 1분
🕐 09:30~22:00(레스토랑은 23:00까지)
🌐 https://links-umeda.jp

오이시이모노 요코초　オイシイもの横丁 ⋯⋯ ⓫

요도바시카메라 LINKS UMEDA 지하 1층에 위치한 맛집 거리다. 오이시이모노 요코초는 '맛있는 음식이 있는 골목'이라는 뜻이다. 점심 시간에는 식사를 하러 오는 직장인과 쇼핑객, 평일 퇴근 후나 주말에는 술 한잔하려는 사람들로 붐빈다. 퓨전 양식부터 일본식 이자카야, 라멘 가게까지 장르를 불문하고 다양한 가게들이 모여 있다. 여느 지하 식당가 느낌과는 다른 밝고 테마파크 같은 분위기의 식당가로 다양한 종류의 음식과 알코올을 즐길 수 있다.

📍 大阪市北区大深町1-1 B1F / B1F 1-1 Ōfukachō, Kita Ward, Osaka
🚇 요도바시카메라 LINKS UMEDA 내에 위치
🕐 11:00~24:00

하비스 PLAZA, 하비스 PLAZA ENT
ハービスPLAZA, ハービスPLAZA ENT ······ ⑧

하비스(HERBIS)는 오사카역 남서쪽에 위치한 상업 시설이다. 초고층 빌딩인 하비스 OSAKA 오피스 타워와 나란히 위치해 있다. 레스토랑, 카페, 패션 스토어 등이 모여 있는데 주위의 다른 쇼핑몰보다 고급 브랜드가 많다. 외국인 쇼핑객을 위해 전화 통역 및 무료 Wi-Fi 서비스가 있고, 면세 혜택을 적용할 수 있는 매장도 있다. 하비스 PLAZA ENT는 엔터테인먼트에 초점을 맞춘 시설이다. 일본 전국에서 연간 3,500회의 공연을 하는 유명한 상업 연극 극단인 극단 시키(劇団四季)의 전용 극장이 있고, 식사와 라이브 콘서트를 즐길 수 있는 무대 공간도 있다.

📍 大阪市北区梅田2-5-25 / 2-5-25 Umeda, Kita Ward, Osaka
🚃 전철 니시우메다역 4B번 출구와 연결, JR오사카역 5번 출구 2분, JR기타신치역 10번 출구 4분
🕙 11:00~20:00(레스토랑은 23:00까지)
🌐 https://umeda-sc.jp/ko/herbis

무레스나 티 오사카   MLESNA TEA 大阪 ······ ⑫

무레스나(MLESNA)는 스리랑카에서 재배된 실론 티(홍차)브랜드다. 떫은맛과 쓴맛이 적은 부드러운 풍미를 지닌 질 높은 홍차를 취급하고 있다. 본사는 효고현 니시노미야시(兵庫県西宮市)에 두고 있는데 하비스플라자에 있는 점포는 오사카점이다. 매장에 들어가면 홍차의 분위기를 느낄 수 있는 핑크색 인테리어가 눈에 들어온다. 매장에서 디저트와 함께 티를 즐길 수도 있고, 판매하는 패키지 제품을 구매할 수도 있다.

📍 大阪市北区梅田2-5-25 ハービスプラザB1F / B1F 2-5-25 Umeda, Kita Ward, Osaka
🚃 하비스 PLAZA에 위치
🕙 11:30~19:00 / 휴무: 하비스플라자의 휴무에 따름

· SPOT · # 힐튼플라자 오사카　Hilton Plaza Osaka ······ **⑨**

오사카역의 남쪽 건물인 사우스게이트 빌딩의 서남쪽에 있는 쇼핑, 숙박 시설이다. 요츠바시스지(四橋筋) 도로 양쪽으로 힐튼플라자 이스트와 힐튼플라자 웨스트가 나란히 마주보고 있다. 이스트는 힐튼 호텔과 붙어 있으며 지하 2층부터 지상 8층까지 레스토랑, 해외 명품점, 클리닉 등의 점포들이 입점해 있고 나머지는 오피스가 들어서 있다. 길 건너에 있는 웨스트에도 지하 2층부터 지상 6층까지 레스토랑과 해외 명품점 등이 입점해 있다. 7층부터 20층까지는 오피스 공간이다. 웨스트는 2004에 완공한 건물이라 1986년에 완공한 이스트보다 건물 외관이 세련된 느낌이다. 양 건물은 지하 1층에서 서로 연결되어 있으며 니시우메다역(西梅田駅)과도 연결되어 있다. 또한 바로 옆 건물인 하비스 ENT와도 연결되어 있다.

📍 大阪市北区梅田1-8-16 / 1-8-16 Umeda, Kita Ward, Osaka
🚈 JR오사카역 사쿠라바시 출구 2분, 전철 한큐오사카우메다역 중앙 개찰구 12분, 니시우메다역과 연결
🕐 11:00~20:00(레스토랑은 23:00까지)
🌐 https://osaka-info.jp/ko/spot/hilton-plaza-east-west

 ## 더 그랜드 카페　The Grand Café ······ **⑬**

힐튼 웨스트 6층에 위치한 카페. 통유리로 된 엘리베이터를 타고 올라가면 카페에 도착한다. 7.3m나 되는 높은 층고가 이 카페의 특징이다. 탁 트인 실내에서 오사카의 현관문인 오사카역 일대를 조망하며 커피를 즐길 수 있다. 23시에 영업이 끝나기 때문에 늦은 시간까지 야경도 볼 수 있다. 커피 외에 이탈리안 요리와 디저트 메뉴도 있다.

📍 大阪市北区梅田2-2-2 ヒルトンプラザウエスト 6F / Hilton Plaza Osaka West 6F, 2-2-2 Umeda, Kita Ward, Osaka
🚈 힐튼플라자 오사카에 위치
🕐 11:00~23:00(런치 11:00~14:00)

 ·SPOT· ## 한큐우메다 본점　阪急うめだ本店 …… ⑩

한큐백화점은 오사카에 본사를 둔 한큐그룹(阪急グループ)에서
운영하는 백화점 체인이다. 전국에 점포를 갖고 있는데 이곳 우메다가
본점이다. 오사카역 동쪽 바로 옆에 자리 잡고 있으며 1929년에 개업
했다. 현재 건물은 2012년에 다시 지은 것이다. 지하철역과 바로 연
결되는 백화점은 이곳이 일본 최초라고 한다. 본점이라는 타이틀에 걸
맞게 지하 2층, 지상 13층의 거대한 규모를 자랑한다. 단독 백화점 크
기는 일본에서 전국 2위 규모이고, 백화점 매출액도 전국 2위로 간사
이 최고이다. 근처에 있는 한신백화점과 경영을 통합했지만 백화점 이
름은 그대로 유지하고 있다.

📍 大阪市北区角田町8-7 / 8-7 Kakudachō, Kita Ward, Osaka
🚇 JR오사카역 미도스지 개찰구 3분, 전철 한큐오사카우메다역 2층 중앙 개찰구 및 3층 개찰구 3분,
　우메다역 중앙 개찰구 2분, 히가시우메다역 3번 출구 2분
🕐 10:00~20:00(12층, 13층 레스토랑: 11:00~22:00)
🌐 https://www.hankyu-dept.co.jp/honten

한큐 32번가

📷 한큐 3, 17, 32번가 阪急3, 17, 32番街 …… ⑪

    한큐역 내부를 거닐다보면 '한큐 00번가'라고 쓰여 있는 곳을 여러 곳 찾아볼 수 있다. 전부 한큐백화점 지상과 지하에 펼쳐져 있는 쇼핑, 식당들을 모아 놓은 것이다. 3번가는 식당가와 패션 스트리트, 17번가는 패션 스트리트, 32번가는 식당가다. 3번가의 경우 오사카우메다역에 고베선, 교토선, 다카라즈카선이 지나가 3번가라는 이름이 붙은 것이고, 17번가와 32번가는 입점해 있는 빌딩의 층수에서 딴 이름이다. 한큐 32번가 건물은 31층까지밖에 갈 수 없지만 32층에 손님들은 갈 수 없는 기계실이 있다고 한다.

한큐 17번가

    한큐 3번가에 가면 먹다가 망한다는 '쿠이타오레'라는 오사카의 명성에 걸맞은 엄청난 규모의 지하 식당가를 볼 수 있다. 남관과 북관으로 나뉘어 남관은 구르메 뮤지엄(グルメミュージアム), 북관은 UMEDA FOOD HALL이다. 각각의 관에 셀 수 없을 정도의 식당이 모여 있다.

한큐 3번가

🌐 3번가: https://www.h-sanbangai.com
   17번가: https://17bangai.hankyu.co.jp
   32번가: https://hankyu32.hankyu.co.jp

마사키야 　正起屋 ……⑭

한큐 3번가 남관 지하 2층 구르메 뮤지엄(グルメミュー
ジアム)에 위치한 야키도리, 쿠시카츠 전문점이다. 보통 야
키도리나 쿠시카츠는 술 안주나 간식거리로 인식이 되어 식
사 메뉴로는 잘 선택하지 않지만 이곳에는 '쿠시 테이쇼쿠
(串定食, 꼬치 정식)'라는 메뉴가 있다. 야키도리와 쿠시카
즈가 세 개씩 나오고 샐러드, 밥, 국이 나와 한 끼 식사로 딱
이다. 다 먹고 배가 안 찬다 싶으면 가라아게나 야키도리 등
원하는 것을 주문해 먹으면 된다.

📍 大阪市北区芝田1-1-3 阪急三番街南館B2F / B2F 1-1-3
　　Shibata, Kita Ward, Osaka
🚇 전철 한큐오사카우메다역 북쪽 출구와 연결
🕐 11:00~22:00 / 셋째 주 수요일 휴무

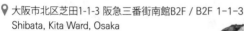

인디안카레 산반가이점 　インデアンカレー 三番街店 ……⑮

1947년 오사카에서 창업한 오래된 카레 전문점. 중독성
있고 개성 있는 매운맛으로 약 70년간 가게를 이어 오고 있
다. 일본 전국에 여러 점포가 있는데 오사카에만 7개의 점
포가 있다. 매우 세련된 인테리어로 꾸며져 있다. 주문은 선
불 방식이며, 음식이 굉장히 빨리 나온다. 한국인 입맛에도
살짝 매울 정도의 맵기다. 느끼한 음식에 질려 매운 음식이
당길 때 가기 좋은 가게다.

📍 大阪市北区芝田1-1-3 阪急三番街南館B2F / B2F 1-1-3
　　Shibata, Kita Ward, Osaka
🚇 전철 한큐오사카우메다역 북쪽 출구와 연결
🕐 11:00~22:00(주말, 공휴일 10:00~22:00)

한신백화점 阪神百貨店 …… ⑫

한큐우메다 본점 바로 건너편에 있는 대형 백화점이다. 1933년에 한신마트라는 이름으로 개업했으며 1955년에 현재의 이름인 한신백화점이 되었다. 2022년에 현재의 건물로 리뉴얼했다. 참고로 한신은 오사카와 고베를 합쳐 이르는 말이다. 한큐백화점이 고급 이미지가 강하다면 한신백화점은 서민적인 분위기가 강하다. 한신백화점은 지하 1층과 2층의 식품관이 유명한데 그중 지하 1층 식품관은 어마어마한 규모를 자랑한다. 오사카를 연고로 하는 프로야구 팀 한신 타이거즈(阪神タイガース)가 우승하면 우승 기념 세일을 하는 것이 관행이다. 8층에는 한신 타이거즈 굿즈를 판매하는 상점도 있다.

📍 大阪市北区梅田1-13-13 / 1-13-13 Umeda, Kita Ward, Osaka
🚇 JR오사카역 중앙 남쪽 개찰구 3분, 전철 한큐오사카우메다역 2번 출구 5분, 한신오사카우메다역 D-22번 출구 1분
🕐 10:00~20:00(층별로 다름)
🌐 https://www.hanshin-dept.jp/hshonten/korean

와규야키니쿠 타지마야 和牛焼肉 但馬屋 …… ⑯

한신백화점 옆 고급 쇼핑센터 이마(E-ma)에 위치한 고급 야키니쿠 전문점이다. 개별 방으로 나누어져 있어 프라이빗한 식사가 가능하다. 최고급 흑우육을 부위에 따라 드라이 에이징, 웨트 에이징, 생체 숙성 세 가지 방식으로 나눠 숙성한다. 당일 식당에 있는 좋은 부위들을 추천받아 맛볼 수 있는 오마카세 서비스도 있다. 가격은 비싸지만 그만한 서비스와 좋은 품질의 고기를 즐길 수 있다. 2명 이상이라면 웹사이트에서 예약 가능하다.

예약
웹사이트

📍 大阪市北区梅田1-12-6 E-ma 5F / 5F 1-12-6 Umeda, Kita ward, Osaka
🚇 전철 한신오사카우메다역, 히가시우메다역 8-17번 출구 연결
🕐 11:00~15:00, 17:00~23:00

 SPOT **덴진바시스지 상점가** 天神橋筋商店街 ······ ⑬

덴진바시잇초메(天神橋一丁目)부터 덴진바시로쿠초메(天神橋筋六
丁目)까지 남북 2.6km, 약 600여 점포가 들어서 있는 일본에서 가장
긴 상점가다. 오사카텐만구로 향하는 참배객을 상대로 한 상점들이 모
이면서 형성된 상점가로, 근처에 덴마청과시장(天満青物市場)도 있어
서민들이 즐겨 찾는 곳이 되었다. 1931년 시장 기능이 오사카시 중앙도
매시장으로 옮겨가고 지하철 입지도 애매해서 한때 위기를 겪었지만 상
가 번영회에서 매력 있는 상점가를 만들기 위해 부단히 노력한 결과 서
민들에게 사랑받는 상점가로 명맥을 유지하고 있다. 중간중간 횡단보도
가 나올 때마다 상점가 장식이 바뀌는데 이걸 구경하는 것도 재미있다.
또한 메인 거리에서 살짝 동쪽 골목으로 빠지면 긴 술집거리가 나온다.

📍 大阪市北区天神橋1~7 / 1~7 Tenjinbashi, Kita Ward, Osaka
🚃 전철 덴진바시지로쿠초메역 3번 출구~미나미모리마치역 6번 출구,
　 JR오사카텐만구역 1~6번 출구
🕒 상점에 따라(보통 10:00, 11:00~20:00)
🌐 https://www.tenjin123.com

 • SPOT • ## 오사카텐만구 大阪天満宮 …… ⑭

650년, 나라시대 고토쿠 일왕(孝德天皇)이 현재 오사카성 남쪽에
나니와궁을 지을 때 수도의 서북을 지키는 장군을 기리는 신사, 다이쇼
군샤(大将軍社)로서 만들어졌다. 901년, 헤이안시대에 당시 제신이자
학자이며 시인이던 스가와라노 미치자네(菅原道真)가 규슈로 떠나는
도중에 이 신사에 들러 무탈한 여행을 기원했다고 한다. 미치자네는 규
슈에서 숨을 거두었고, 약 50년 뒤 다이쇼군샤 앞에 하룻밤에 7개의 가
지가 빛나는 소나무가 자랐다는 전설이 전해진다. 이를 전해들은 무라
카미 일왕(村上天皇)은 미치자네의 명복을 빌기 위해 다이쇼군샤 자리
에 오사카텐만구를 지었다. 몇 차례 화재로 소실되었지만 재건했고, 제
2차 세계대전 오사카 대공습에서는 운이 좋게 피해를 입지 않았다. 현
재의 건물은 1843년 재건한 것이다. 스가와라노 미치자네는 학문의 신
으로 추앙받기 때문에 수험생들이 시험 전 이곳을 찾는다.

📍 大阪市北区天神橋2-1-8 / 2-1-8 Tenjinbashi, Kita Ward, Osaka
🚇 JR오사카텐만구역 7번 출구 5분, 전철 미나미모리마치역 4번 출구 5분
🕘 09:00~17:00
🌐 https://osakatemmangu.or.jp

오사카 시립주택박물관

大阪市立住まいのミュージアム「大阪くらしの今昔館」 …… ⑮

2001년에 오픈한 오사카 시민들의 옛 생활상을 다룬 박물관이다. 덴진바시스지 상점가 북쪽 입구 바로 옆에 있는 스마이죠호비루(住まい情報センタービル) 8~9층에 위치하고 있다. 9층 전시실에는 타임머신을 타고 과거로 간 듯한 느낌이 들게 하는 실제 크기의 에도시대(1603~1868년) 세트장이 있다. 세트장은 1830년대를 재현한 것이라고 한다. 건물 내부까지 고증해 재현했으며 8층 전시실에는 1868년부터 1989년까지의 일본 생활상을 전시해놓았다. 시대별로 오사카가 어떻게 발전했는지 한눈에 볼 수 있다.

〈상설전〉
성인 600엔
고등·대학생 300엔
중학생 이하 무료
〈기획전〉
500엔
〈상설전+기획전〉
성인 1,000엔
고등·대학생 700엔

📍 大阪市北区天神橋6-4-20, 8~9F / 8~9F, 6-4-20 Tenjinbashi, Kita Ward, Osaka
🚇 전철 덴진바시스지로쿠초메역 3번 출구 연결 스마이정보센터빌딩 8~9층
🕙 10:00~17:00 / 화요일, 연말연시 휴무(화요일이 공휴일이면 개관)
🌐 https://www.osaka-angenet.jp/konjyakukan

시치후쿠진   七福神 …… ⑰

쿠시카츠로 유명한 가게다. 저렴한 가격으로 여러 쿠시카츠를 맛볼 수 있다. 어묵도 팔고 있어 술 한잔하러 들르기 안성맞춤인 곳이다. 카쿠메가하이볼(角メガハイボール)이 있는데 산토리 가쿠빈(角瓶) 위스키로 만든 하이볼을 메가 사이즈로 마실 수 있다. 참고로 메가 하이볼은 컵 크기만 17cm이다. 바로 옆에 시치후쿠진이라는 이름의 가게가 또 하나 있는데 그곳은 이 식당보다 더 술집 같은 분위기다.

📍 大阪市北区天神橋5-7-29 / 5-7-29 Tenjinbashi, Kita Ward, Osaka
🚇 JR덴마역 3분, 전철 덴진바시스지로쿠초메역 12번 출구 5분
🕙 13:00~23:30(주말, 공휴일은 11:00부터) / 월요일 휴무

하루코마 본점　春駒 本店 …… ⑱

덴진바시스지 상점가에서 가장 유명한 스시집이라고 해
도 과언이 아닐 정도로 인기 많은 가게다. 현지인들 사이에
서도 많이 알려져 있어 식사 시간대에는 긴 대기 줄을 볼 수
있다. 덴진바시스지 상점가에 분점이 여러 곳 있지만 어디
를 가든 줄이 있다. 가성비가 좋고 직원들의 서비스도 좋아
사람들이 몰린다고 한다. 줄을 서면 주문용 종이를 준다. 메
뉴를 보고 원하는 스시를 미리 적은 뒤 가게에 들어가 종이
를 넘기는 방식이다. 한국어 메뉴도 있으니 걱정 말자. 참고
로 한 메뉴당 스시 두 개씩이다.

📍 大阪市北区天神橋5-5-2 / 5-5-2 Tenjinbashi, Kita Ward, Osaka
🚃 전철 덴진바시스지로쿠초메역 12번 출구 4분
🕐 11:00~21:00 / 화요일 휴무

 카르다몬　カルダモン …… ⑲

덴진바시스지 상점가에서 골목으로 살짝 빠지면 있는 카
레 전문점이다. 이 가게 때문에 식사 시간만 되면 근처 상점
가에 카레 향기가 진동한다. 이 가게만의 비법은 불필요한
기름을 제거한 베이스 육수에 채소, 네 종류의 과일, 15종
류의 양념을 섞고 3일 걸려서 카레를 만드는 것이라고 한
다. 겨울에 가면 계절 메뉴로 굴 카레도 먹어볼 수 있다.

📍 大阪市北区天神橋6-5-3 / 6-5-3 Tenjinbashi, Kita Ward,
　Osaka
🚃 전철 덴진바시스지로쿠초메역 12번 출구 2분
🕐 11:30~14:30, 17:30~20:30(주말 11:30~18:00) /
　화요일 휴무

커피하우스 빅터　　COFFEE HOUSE VICTOR(コーヒーハウス ビクター) ⋯⋯ ⑳

　　외관에서부터 쇼와시대(1926~1989년)의 향기가 진하게 느껴지는 카페다. 커피는 물론이고 프라페, 디저트, 식사류도 판매한다. 이런 카페를 킷사(喫茶)라고 한다. 커피하우스 빅터는 내부도 완전히 레트로풍이다. 다만 이곳은 전 테이블 흡연석이다. 비흡연자일 경우 들어가자마자 코로 훅 들어오는 담배 냄새에 놀라 뒷걸음질 칠지도 모른다. 비흡연자는 접근 금지. 흡연을 즐기는 여행객이라면 카페 자리에 앉아 흡연을 하는 경험을 할 수 있다.

📍 大阪市北区天神橋4-8-29 / 4-8-29 Tenjinbashi, Kita Ward, Osaka
🚇 전철 오기마치(오사카)역 1번 출구 1분
🕙 09:00~22:00

오코노미야키 미치쿠사　　お好み焼き 道草 ⋯⋯ ㉑

　　오사카텐만구 근처의 주택가에 위치한 조그만 오코노미야키 전문점. 사장 할머님 혼자서 운영하셔서 손님 대응은 느리지만 맛이 좋아 손님이 끊이질 않는다. 사장님이 오픈 키친에서 요리해 손님에게 전달하는 방식으로, 음식을 기다리며 조리하는 모습을 바라볼 수 있다. 맥주 세트(ビールセット, 비-루 세트)를 주문하면 오코노미야키&야키소바 혹은 구운 생선&오뎅 3개&병맥주를 1,100엔에 즐길 수 있다. 손님들에게 서비스로 바나나와 초콜릿을 주는데 사정에

따라 없을 수도 있다고 한다. 조용한 로컬 분위기라 관광객으로 가득 찬 도톤보리의 오코노미야키 전문점이 싫다면 이곳을 추천한다.

📍 大阪市北区天満3-7-8 昭和ビル1F / 1F 3-7-8, Tenma, Kita ward, Osaka
🚇 JR오사카텐만구역 8번 출구 5분
🕙 11:30~21:30 / 일, 공휴일 휴무

• SPOT • 나카자키초 中崎町 ······ ⓰

　　오사카역과 덴진바시스지 상점가 사이에 있는 동네다. 레트로한 분위기의 매력 있는 디저트숍, 카페, 레스토랑, 패션숍들이 모여 있다. 오래된 민가를 개조해 들어선 가게들이 많아 우메다, 난바와는 다른 분위기의 세련됨을 느낄 수 있다. 오사카 도심 중 이 지역에만 오래된 가옥들이 많은 이유는 이 지역이 제2차 세계대전 때 운 좋게 오사카 대공습의 화마를 피했기 때문이다. 또 전쟁 이전에는 하나의 지붕 아래에 여러 채의 가옥이 있어 소유자가 많아 재개발이 어려웠던 것도 있다. 얼핏 보면 민가처럼 보여서 지나치기 쉬운 가게들과 골목길 사이에 숨어 있는 작은 가게가 많다. 보물찾기 하는 것처럼 돌아다니다 보면 마음에 드는 감성 카페를 찾을 수 있을지도 모른다. 쇼와시대 특유의 레트로한 분위기를 좋아하는 사람에게 추천한다.

🚈 전철 나카자키쵸역 4번 출구 앞
🕐 상점에 따라(보통 11:00~)

green pepe ······ ㉒

나카자키초 분위기에 어울리는 레트로 잡화점이다. 쇼와시대 중
1970~1980년대 상품을 중심으로 한다. 유럽 디자인에 영향을 받
아 일본 감각으로 발전시킨 레트로한 가구, 주방용품, 헌옷, 패션 소
품 등을 전시하고 있다. 앤티크한 감성을 느낄 수 있다. 일본이 세계
경제를 주름잡던 시대의 감성이 담긴 독특한 디자인을 만날 수 있
다. 독특한 기념품이 필요하다면 방문해볼 만한 장소다.

📍 大阪市北区中崎3-1-12 / 3-1-12 Nakazaki, Kita Ward, Osaka
🚃 전철 나카자키초역 2번 출구 3분
🕐 12:00~18:00(수요일은 17:00까지, 주말은 19:00까지)
　 / 화요일 휴무

 온리 플라넷　オンリープラネット ······ ㉓

나무나 가죽 등 천연 소재를 활용하여 만든 동물 관련 잡
화점이다. 나무를 이용해 만든 강아지나 고양이 조각품, 동
물 피어싱, 반지, 목걸이 등은 순수 핸드메이드 작품이다. 해
달이나 알파카 모양의 목제 스푼이나 포크 등 재치 있는 아
이디어로 만든 귀여운 제품이 많다. 아로마 초와 향, 기타 잡
화는 동남아, 유럽 등에서 직수입한 제품이다. 아무 곳에서
나 살 수 없기 때문에 선물용으로 좋은 아이템이다.

📍 大阪市北区中崎3-1-6 / 3-1-6 Nakazaki, Kita Ward, Osaka
🚃 전철 나카자키초역 2번 출구 1분
🕐 11:00~18:00

KAYA 카페　KAYA cafe ······ ㉔

지은 지 90년 이상 된 민가를 리노베이션한 카페다. 일본과 유럽에서 모은 고가구, 잡화를 전시해둔 인테리어는 시간을 되돌린 듯한 기분이 들게 한다. 간판 메뉴는 두부 티라미수로 두부와 두유, 치즈를 사용하여 부드럽고 깔끔한 맛을 느낄 수 있다. 녹차와 흑임자 등을 사용한 건강식 음료도 이 카페의 특징을 살린 메뉴다.

📍 大阪市北区中崎西4-2-13 / 4-2-13 Nakazakinishi, Kita Ward, Osaka
🚇 전철 나카자키초역 2번 출구 5분
🕐 11:00~19:00(주말: 10:30~21:00)

지팡구 카레 카페　Zipangu Curry Cafe ······ ㉕

우리나라에서는 쉽게 맛볼 수 없는 카레 요리가 많다. 가게 이름을 건 지팡구야키치즈 카레, 소의 힘줄을 사용한 토로스지 카레, 여성들에게 인기가 있다는 베지치즈 카레 등 치즈, 차슈, 소 힘줄 등 다양한 재료를 이용하여 만든 독특한 카레가 가득하다. 외관도 그렇고, 인테리어도 아기자기하면서 시원한 해변가의 휴양지 분위기를 느끼게 하는 식당이다. 이 식당에서 직접 만드는 인도식 요구르트 라씨도 꼭 맛봐야 할 메뉴다.

📍 大阪市北区中崎西3-3-4 / 3-3-4 Nakazakinishi, Kita Ward, Osaka
🚇 전철 한큐오사카우메다역 차야초 출구 7분,
　나카자키초역 4번 출구 4분
🕐 11:00~15:30, 17:00~21:00(토 11:00~20:00) /
　화요일, 연말연시 휴무

타이요우노토우 cafe太陽ノ塔 ······ 26

나카자키초에 3개의 점포를 갖고 있을 정도로 인기 있는 카페로 가게명을 우리말로 하면 '태양의 탑'이다. 가죽 소파와 컬러풀한 벽지로 장식된 인테리어가 안락감을 선사한다. 태양의 탑이라는 로고가 새겨진 컵에 푸딩을 담고 그 위에 생크림과 체리로 장식한 '크림소다'를 비롯해 이 가게에서 만든 '옛날 푸딩(昔ながらのプリン)' 또한 인기 음료다.

📍 大阪市北区中崎町2-3-12 / 2-3-12 Nakazaki, Kita Ward, Osaka
🚃 전철 나카자키초역 2번 출구 2분
🕐 09:00~22:00 / 연말연시 휴무

미코야 蜜香屋 ······ 27

계약 농가에서 재배한 고구마를 이용한 메뉴가 특징이다. 군고구마를 둘로 갈라 사이에 아이스크림 토핑을 올린 '고구마와 아이스'는 따끈따끈한 고구마와 아이스크림의 조합이 색다르다. '나카자키 포테이토' 역시 이 가게에서 맛볼 수 있는 색다른 간식이다.

📍 大阪市北区中崎1-6-20 / 1-6-20 Nakazaki, Kita Ward, Osaka
🚃 전철 나카자키초역 1번 출구 1분
🕐 12:00~19:00 / 화요일 휴무

우메다 스카이빌딩 전망

中之島

나카노시마

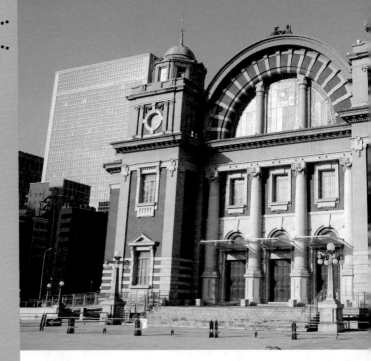

오사카 시립과학관
大阪市立科学館

    '우주와 에너지'라는 테마로 과학을 즐길 수 있는 과학 박물관이다. 여러 실험 장치와 자료를 한 번에 볼 수 있는 전시장으로 이루어져 과학에 그다지 흥미가 없는 사람도 재미있게 볼 수 있다. 옥상에 있는 천체 망원경으로 별들을 관측할 수 있는 천체 관람회 등의 다양한 과학 이벤트가 개최된다. 주말과 공휴일 17시에는 천문 담당 학예사들이 각자의 전문 분야의 식견으로 자신의 연구 분야에 관한 강연을 해준다.

📍 大阪市北区中之島4-2-1 / 4-2-1 Nakanoshima, Kita Ward, Osaka
🚃 전철 나카노시마역 6번 출구 5분
🕐 09:30~17:00 / 월요일, 연말연시 휴무
💴 성인 600엔, 고등·대학생 450엔, 3세~중학생 300엔

1 오사카시 중앙공회당
大阪市中央公会堂

나카노시마의 상징과도 같은 이 붉은 벽돌 건물은 오페라, 콘서트 홀로서 1918년 완공된 건물이다. 주식 중매인으로서 이름을 날린 이와모토 에이노스케(岩本栄之助)의 기부로 건립되었다. 그는 오사카의 발전을 위해 오사카시에 자신의 재산과 아버지의 유산 150만 엔(현재 기준 환산 시 수백억 원)을 기부할 정도로 오사카인으로서 자긍심이 대단했다. 그가 세상을 떠난 뒤, 그의 뜻을 잇기 위해 기부금으로 오사카의 예술 발전을 위해 공회당이 설립되었다. 현재는 강연회장이나 연회장으로 쓰이고 있다. 외관이 근대기의 근사한 건축양식을 그대로 보존하고 있어 강과 함께 아름다운 경치를 만들어낸다.

📍 大阪市北区中之島1-1-27 / 1-1-27, Nakanoshima, Kita Ward, Osaka
🚇 전철 나니와바시역 1번 출구 1분
🕒 09:30~21:30 / 넷째 주 화요일, 연말연시 휴무

3 국립국제미술관
国立国際美術館

오사카 시립과학관 바로 옆에 위치한 완전 지하형 미술관이다. 지상 입구가 독특하게 생겨서 안 보고 지나칠 수가 없다. 본래 오사카 박람회장 근처에 있었지만 2004년 현재의 위치로 이전했다. 아베노하루카스를 디자인한 아르헨티나 출신의 건축가 시저 펠리가 디자인했다. 현대 미술품을 주로 소장하고 있으며 피카소, 세잔 등 화가의 작품을 약 8,000점 보유하고 있다고 한다.

📍 大阪市北区中之島4-2-55 / 4-2-55 Nakanoshima, Kita Ward, Osaka
🚇 전철 나카노시마역 6번 출구 7분, 와타나베바시역 2A번 출구 5분
🕒 10:00~17:00(금, 토요일은 20:00까지) / 월요일, 연말연시 휴무
💴 콜렉션전 일반 430엔, 대학생 130엔, 고등학생 이하와 65세 이상 무료

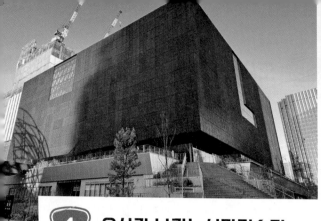

④ 오사카 나카노시마미술관
大阪中之島美術館

    2022년에 개장한 신생 미술관이다. 1990년부터 준비해서 약 30년 만에 개장했다. 19세기 후반부터 현대까지 여러 시대와 여러 분야의 예술작품을 전시하고 있다. 소장 작품 수는 약 6,000점이 넘는다. 박물관 앞에 있는 우주복을 입은 고양이는 현대 미술작가 야노베 겐지가 제작한 'SHIP'S CAT'이라는 작품으로 미술관을 지키며 에도시대 많은 선박들이 지나다니던 기억을 미래에 전한다는 의미라고 한다.

📍 大阪市北区中之島4-3-1 / 4-3-1, Nakanoshima, Kita Ward, Osaka
🚇 전철 나카노시마역 6번 출구 5분
🕐 10:00~17:00 / 월요일 휴무
Ⓨ 전시회별로 다름

⑤ 나카노시마 장미 정원
中之島バラ園

    오사카시 중앙공회당 동쪽에 펼쳐진 정원이다. 1891년에 만들어진 공원으로 여러 꽃들이 심어져 있지만 장미가 가장 많다. 장미가 피는 5월에서 6월 사이에는 여러 종류의 장미가 만개해 공회당 건물과 함께 아름다운 풍경을 만들어낸다. 같은 도심에 있지만 강으로 공간이 나뉘어져 있어 강 건너편 우메다의 오피스 지구와는 시간이 다르게 흘러가고 있는 듯한 느낌이다.

📍 大阪市北区中之島1-1 / 1-1 Nakanoshima, Kita Ward, Osaka
🚇 전철 나니와바시역 4번 출구 2분

옵티머스 카페   OPTIMUS Cafe ······ ❶

눈앞에 토사호리강과 오사카시 중앙공회당이 펼쳐지는 위치
에 자리 잡고 있다. 옵티머스는 자연주의를 추구하는 카페다.
그래서인지 가게에 들어가면 숲에 들어온 듯, 많은 화분이 손님
들을 맞이한다. 육류, 어류, 계란, 유제품과 같은 동물성 소재를
전혀 사용하지 않고 지구와 우리 몸에 친화적인 100% 식물성
식재료를 사용한 건강식을 추구하고 있다. 디저트도 글루텐 프
리를 선언했고, 요리에 사용되는 채소도 유기농 채소를 사용하
고 있다.

📍 大阪市中央区北浜2-1-14 / 2-1-14
    Kitahama, Chuo Ward, Osaka
🚃 전철 기타하마역 22번 출구 3분
🕐 08:30~17:00
    (주말, 공휴일은 18:00까지)

 ## 규슈노쥰 하카타로 오사카점   九州の旬 博多廊大阪店 ······ ❷

미쓰이가든 오사카 프리미어 호텔에 있는 식당이다. 규슈의
제철 식재료를 사용하여 볼륨 넘치는 아침과 점심, 저녁 식사를
즐길 수 있다. 호텔 내의 식당인 만큼 고급스럽지만, 비교적 저
렴한 편이다. 점심 식사는 1,000엔 정도로 가성비 측면에서 만
족도가 높다. 규슈의 하카타 요리를 중심으로 규슈 지방의 술도
맛볼 수 있다. 런치를 추천한다.

📍 大阪市北区中之島3-4-15 / 3-4-15
    Nakanoshima, Kita Ward, Osaka
🚃 전철 와타나베바시역 1번 출구 4분,
    히고바시역 4번 출구 5분,
    나카노시마역 6번 출구 5분
🕐 조식 06:30~10:00,
    중식 11:30~14:00,
    석식 17:30~23:00 / 연말 휴무

미나미 南

신사이바시, 도톤보리, 난바, 닛폰바시

오사카의 번화가를 크게 두 개로 나누면 우메다 지역의 기타(北区)와 신사이바시, 도톤보리, 난바 지역의 미나미(南)로 나눈다. 미나미의 특징을 한마디로 정리하자면 '상점가 옆에 상점가, 상점가가 끝나면 또 상점가'다. 상인의 도시인 오사카답게 엄청난 수의 상점이 미나미를 방문한 관광객들을 흡수한다. 상점의 대부분은 음식점이다. 오사카 관광의 심볼 마크인 구리코의 만세 광고판으로 유명한 지역이다. 신사이바시, 도톤보리에 더해 난바역과 닛폰바시역 주변까지가 미나미 지역에 해당된다.

신사이바시역에서 도톤보리로 가는 길 양쪽 골목은 신사이바시스지 상점가로 세계적인 유명 명품에서부터 화장품, 의류, 액세서리, 잡화 등 다양한 상품을 쇼핑할 수 있다. 다이마루백화점을 필두로 다카시마야, 파르코 등 대형 백화점과 명품 숍이 늘어서 있다.

미나미 지역에서 가장 번화하고 많이 알려진 곳은 식당이 많은 도톤보리다. 도톤보리강을 끼고 있으며 구리코의 만세 캐릭터 사인(간판)이 상징이다. 도톤보리에서 난바역으로 가는 지역 역시 관광객이 많아 붐빈다.

난바 지역은 오사카, 우메다역 다음으로 큰 터미널 역으로 상점이 늘어서 있으며 오코노미야키, 타코야키 등 오사카의 먹거리 식당이 많은 지역이다. 마루이, 다카시마야 등 대형 백화점 등도 있으나 신사이바시와는 약간 색다른 분위기를 자아낸다. 난바역에서 닛폰바시역으로 이어지는 중간에는 센니치마에 도쿠야스지 상점가도 자리 잡고 있다.

4 오사카농림회관

1 프라이탁 스토어 오사카

13 크리스타 나가호리

루 브르미에 카페

신사이바시역
心斎橋駅

나가호리바시역
長堀橋駅

3 HUMAN MADE

마루토에 자 주서리 **7**

요츠바시역
四橋駅

2 오니츠카 타이거 신사이바시

2 다이마루백화점 신사이바시점

10 메이지켄

세컨드 스트릿 아메리카무라점 **14**

13 스투시 미나미점

4 파블로 신사이바시 본점

3 아메리카무라

16 레드락 아메무라점

1 신사이바시스지 상점가

6 츠루규

15 타임리스 콤포트 미나미호리에점

11 토레본

7 에비스타워 대관람차

6 도톤보리 리버 재즈보트

9 홋쿄쿠세이 신사이바시본점

5 도톤보리

8 미카사데코&카페

자우오 난바 본점

9 가미가타 우키요에관

8 호젠지 요코초

10 에비스바시스지 상점가

오사카난바역
大阪難波駅

덴푸라 마키노 난바센니치마에점

15 센니치마에 상점가

난바역
難波駅

27 551호라이 본점

32

37 지유켄 난바 본점

자우라 **17**

닛폰바시
日本橋駅

41 야키니쿠 와카바야

31 리쿠로-오지산노 미세 난바 본점

16 우라난바

39 후쿠타로 본점

40 넥스트 시카쿠

11 구로몬 시장

센니치마에 도구야스지 상점가

14

36 사카이 이치몬지 미츠히데

난카이난바역
南海難波駅

난바파크스

12

쿠라치가 BY 포터 난바 스토어

35

덴덴타운 닛폰바시스지 상점가 **18**

어반리서치 도어스 난바파크스점 **34**

세이멘야 **43**

가라아게쿄다이 닛폰바시점

44 포미에 **42**

구글 지도

미나미

도톤보리 - 203p

마츠야마치역
松屋町駅

12 켄 쿠시

신사이바시스지 상점가

21 앗치치 혼포
도톤보리점

치보 도톤보리
빌딩점

24 토리키조쿠
도톤보리점

● 구리코 사인

19 타코하치 도톤보리
총본점

26

17 쿠쿠루
도톤보리본점

22 타코야키
쥬하치방 도톤보리점

20 킨류라멘 도톤보리점

뉴다루니

18 스시잔마이
에비스바시점

38 이치란 도톤보리점
별관

25 우오신 미나미
난바점

25   14

28 아지노야

29 오코노미야키
사카바 오우

호젠지 요코초

난바역
難波駅

10 에비스바시스지 상점가

15 센니치마에 상점가

B12

30 킨노토리가라 에비스바시점

 · SPOT ·

신사이바시스지 상점가 心斎橋筋商店街 ····· ①

신사이바시는 파르코, OPA, 다이마루와 같은 대형 쇼핑센터를 비롯해 애플스토어, 해외유명 명품 숍이 들어선 오사카의 대표적 쇼핑가 중 하나다. 도쿄의 명품 거리가 긴자라면 오사카는 신사이바시다. '동쪽은 긴자, 서쪽은 신사이바시'라는 말이 있을 정도로 고급 제품을 취급하는 상점이 많다.

더 구체적으로 들어가보면 미토스지 상점가는 명품, 신사이바시스지 상점가는 ZARA, H&M, 폴로, 유니클로 등 대중적인 상품이 많다. 아메리카무라는 간사이 지역 젊은이들의 패션 성지로도 알려져 있다. 인파가 몰리는 저녁 시간에는 거리가 꽉 차 사람에 밀려갈 정도로 많은 쇼핑객, 관광객이 몰리는 지역이다. 메인 상점가에서 벗어나 살짝 동쪽으로 이동하면 술집 거리가 나타난다.

📍 大阪市中央区心斎橋筋 / Shinsaibashisuji, Chuo Ward, Osaka
🚇 전철 신시바이시역 1~8번 출구 1분
🕙 보통 10:00~

 · SPOT ·

다이마루백화점 신사이바시점

大丸心斎橋店 ······ **2**

다이마루백화점은 일본 전국에 점포를 갖고 있는데 신사이바시점이 본점이다. 1726년 마츠야(松屋)라는 이름으로 개점해서 1920년 주식회사 다이마루 포목점(株式会社大丸呉服店)이 되었다. 하지만 그해 화재로 인해 건물이 전소되어 1922년 건물을 다시 세웠다. 2009년에 인접했던 백화점이 영업 부진으로 폐점하자 그 공간을 매입해 현재와 같은 규모가 되었다. 2020년에 본관을 리뉴얼하여 파르코(PARCO)를 오픈했다. 현재는 본관, 남관, 북관 총 세 개의 건물로 이루어진 거대한 규모다. 오사카 패션의 거리 신사이바시에 걸맞게 의류에 강한 백화점이다.

인포메이션 데스크
- 위치: 본관 1층
- 5% 쇼핑 스페셜 쿠폰 제공(여권 필수)

텍스 리펀
- 위치: 본관 9층
- 당일 5,000엔 이상 500,000엔 이하 구입 시 가능
- 여권, 영수증, 이용한 카드 지참 필수

♀ 大阪市中央区心斎橋筋1-7-1 / 1-7-1 Shinsaibashisuji, Chuo Ward, Osaka

🚋 전철 신사이바시역 6번 출구 바로 앞

⊘ 10:00~20:00(층별로 다름)

🌐 https://www.daimaru.co.jp/shinsaibashi-store/k

프라이탁 스토어 오사카　　FREITAG Store Osaka ⋯⋯ ❶

　재활용한 현수막, 자동차 안전벨트 등으로 만든 패션 아이템을 파는 유명한 가방 제조 회사다. 제품 하나하나를 재활용한 천을 이용해 수작업으로 만들기 때문에 가격은 비싸지만 전 세계 어디에도 없는 자신만의 무늬를 가진 가방이나 지갑을 가질 수 있어서 인기가 많다. 하지만 재활용한 천을 그대로 사용하는 만큼 재질이나 냄새가 안 좋을 수도 있으니 구매 전 확인을 잘 하고 사야 한다. 한국에서는 구할 수 없는 무늬를 얻을 수도 있으니 들어가서 찾아보자.

📍 大阪市中央区南船場4-6-10 / 4-6-10 Minamisenba, Chuo Ward Osaka
🚇 전철 신사이바시역 북11번 출구 3분, 요츠바시역 1-A번 출구 4분
🕐 11:00~19:00 (금, 토요일은 20:00까지)

오니츠카 타이거 신사이바시　　オニツカタイガー 心斎橋 ⋯⋯ ❷

　아식스의 하위 브랜드인 오니츠카 타이거의 공식 스토어. 아식스의 원래 이름은 오니츠카 주식회사(鬼塚株式会社)로, 아식스로 사명을 바꾼 뒤 2002년 레트로 스타일의 스니커즈를 런칭하며 다시 예전 이름을 브랜드명으로 내세웠다. 1950~60년대 스타일의 스니커즈가 주력 상품이다. 본산지가 일본인 만큼 한국에는 없는 제품도 볼 수 있다.

📍 大阪市中央区心斎橋筋1-4-22 / 1-4-22 Shinsaibashisuji, Chuo Ward, Osaka
🚇 전철 신사이바시역 6번 출구 1분
🕐 11:00~20:00

HUMAN MADE 신사이바시PARCO　　HUMAN MADE 心斎橋PARCO ⋯⋯ ❸

　위장 무늬를 트렌디하게 디자인한 의류 브랜드 베이프(A BATHING APE)의 설립자인 나가오 토모아키(NIGO)와 그래픽 디자이너 sk8thing이 2010년 도쿄에서 만든 브랜드. 일본 스트리트 패션의 군더더기 없는 깔끔함을 대표하는 브랜드다. 빈티지와 스트리트 패션을 결합해 당장이라도 입고 나가고 싶은 옷들이 가득하다. 일본 전체에 매장이 6개 있으며 오사카에는 이 매장이 유일하다. 매장에서 상품을 구매하면 매장별로 다른 동물 그래픽 사진을 주는데 오사카는 호랑이다. PARCO 백화점 1층에 매장이 있다.

📍 大阪市中央区心斎橋1-8-3 心斎橋PARCO 1F/ 1F 1-8-3 Shinsaibashisuji, Chuo Ward, Osaka
🚇 전철 신사이바시역 4-A번 출구와 연결
🕐 10:00~20:00

파블로 신사이바시본점   PABLO心斎橋本店 ······ 4

'스테이크를 먹을 때, 손님의 취향에 맞춰 익히는 정도를 고르 듯 치즈케이크도 손님의 취향에 맞출 수 없을까?'라는 고민으로 시작하여 온도와 만드는 방법 등 수많은 시행착오를 거쳐 만들었 다는 치즈 타르트. 독자적인 개성과 노력으로 예술 세계의 혁 명을 일으킨 파블로 피카소와 같이 치즈 케이크 분야에서 혁명을 일으키고자 하는 의도로 가게 이름을 '파블로(PABLO)'로 지었 다고 한다. 중국, 동남아, 캐나다 등 세계 각국에 점포를 두고 있 다. 세련된 외관과 인테리어도 분위기를 돋운다. 치즈 타르트와 파블로 커피로 한 템포 쉬었다 가도 좋을 듯하다.

📍 大阪市中央区心斎橋筋2-8-1 / 2-8-1 Shinsaibashisuji, Chuo
     Ward, Osaka
🚃 전철 신사이바시역 6번 출구 5분
🕐 10:30~21:00(주말, 공휴일은 10:00부터)

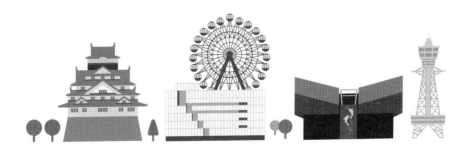

Part 1. 오사카   **195**

루 뿌르미에 카페 신사이바시본점 Le Premier Café 心斎橋本店 ...... ⑤

많은 사람들로 붐비는 신사이바시 거리에 숨겨놓은 듯한 조용한 휴식의 공간이 있다. 내부 인테리어는 레트로한 클래식 분위기에 은은한 조명을 사용해 차분한 느낌을 연출했다. 안락한 분위기와 엄선한 최상급 커피콩으로 빚어낸 커피는 여행의 피로를 풀기에 충분하다. 토스트, 샌드위치, 핫도그 등의 메뉴로 간단히 요기도 할 수 있다. 커피는 780엔부터 1,200엔 대로 가격대가 약간 비싼 편이다.

📍 大阪市中央区心斎橋筋1-3-28 3F / 3F 1-3-28 Shinsaibashisuji, Chuo Ward, Osaka
🚇 전철 신사이바시역 남10번 출구 3분
🕙 11:30~23:30(금 11:30~24:00, 토 10:00~24:00, 일 10:00~23:30)

 츠루규 つる牛 ...... ⑥

와규(和牛)는 일본에서 개량한 소를 말한다. 부드럽고 맛있는 소고기로 세계적으로도 명성이 자자하다. 오사카에서 와규를 맛보고 싶다면 이곳을 추천한다. 단품도 있고 무제한 코스 요리도 있다. 가장 인기가 있는 메뉴는 돼지, 닭, 해산물 등을 무제한으로 먹고 음료도 무제한으로 마실 수 있는 코스인데, 4,480엔으로로 가성비가 상당히 좋다. 단, 시간 제한이 2시간이다. 가장 경제적인 코스 메뉴는 3,500엔에 12종류를 즐길 수 있다. 단품을 주문하고 1,500엔에 음료 무제한을 선택해도 된다.

📍 大阪市中央区 東心斎橋2-1-5 / 2-1-5 Higashishinsaibashi, Chuo Ward, Osaka
🚇 전철 신사이바시역 5, 6번 출구 8분, 나가호리바시역 7번 출구 3분
🕙 11:30~24:00

마루토메 자 주서리   MARUTOME THE JUICERY PARCO …… ❼

1912년에 창업한 청과 전문점 마루토메(丸留)가 본사로, 루쿠아점에 이어 신사이바시점을 소개한 이유는 한국 관광객이 많이 찾는 지역이며 실제 한국인들이 많이 방문하는 가게이기 때문이다. 신선한 과일로 만든 주스, 파르페, 크레페 등 여행의 피로를 풀어주는 간식으로는 달달하고 신선한 과일 만한 것이 없다. 크레페나 파르페는 한끼 요기를 하기에도 충분하다. 신사이바시 PARCO 지하 1층에 있다.

📍 大阪市中央区心斎橋筋1-8-3心斎橋パルコB1F / B1F 1-8-3 Shinsaibashisuji, Chuo Ward, Osaka
🚃 전철 신사이바시역 4-A번 출구 3분
🕐 10:00~22:00

미카사데코&카페   Micasadeco&Cafe …… ❽

실내는 지중해 어느 해변이 연상되는 분위기이고, 경쾌한 리듬의 음악이 흘러 안락감을 주는 카페다. 팬케이크를 비롯해 이탈리안 파스타, 샐러드, 카레를 즐길 수 있다. 주말에 한해 브런치 메뉴도 준비되어 있다. 고기는 배제한 유기농 채소 중심의 자연 친화적인 식재료로 몸과 마음이 쉬어갈 수 있는 카페다.

📍 大阪市浪速区幸町1-2-8 / 1-2-8 Saiwaicho, Naniwa Ward, Osaka
🚃 전철 난바역, 오사카난바역 26-B번 출구 3분
🕐 09:00~17:00(주말은 18:00까지) / 연말연시 휴무

홋쿄쿠세이 신사이바시본점 　北極星心斎橋本店 ⑨

1922년에 '빵집 식당(パンヤの食堂)'이란 이름으로 창업해 현재까지 영업 중인 100년이 넘은 오므라이스 전문점이다. 현재의 가게명 '홋쿄쿠세이'는 북극성이라는 뜻이다. 오므라이스라는 요리의 발상지가 이곳이며 대를 이어 영업을 하고 있다. 오므라이스라는 요리의 시작지인 만큼 창업자의 유지를 받들기 위해서라도 최고의 재료를 사용해 정성을 기울여 음식을 내놓고 있다고 한다. 2022년에는 오사카 시장이 수여하는 '아키나이 그랑프리'를 수상하기도 했다. 발상지에서 오리지널 오므라이스를 맛보는 즐거움을 느끼는 것도 색다른 경험이지 않을까?

오므라이스의 탄생

오므라이스는 일본의 대표적인 양식의 하나로 프랑스식 오믈렛(omelet)과 라이스(rice)의 합성이다. 위가 좋지 않은 단골 손님이 있었는데 항상 오믈렛과 쌀밥을 주문하는 것을 보고 아이디어를 얻었다고 한다. 당시 창업자인 기타하시 시게오(北橋茂男) 씨가 쌀밥을 얇게 부친 계란으로 감싸서 그 위에 케첩을 뿌려 내놓자 손님이 대단히 기뻐했다고 한다. 이렇게 해서 탄생한 메뉴가 '오므라이스'다.

📍 大阪市中央区西心斎橋2-7-27 /
　2-7-27 Nishishinsaibashi, Chuo Ward, Osaka
🚇 전철 난바역 25번 출구 5분, 신사이바시역 8번 출구 9분
🕐 11:30~21:30 / 연말연시 휴무

메이지켄 　明治軒 ⑩

3대째 운영 중인 역사가 있는 오므라이스 전문점이다. 외관이나 가게 내부 인테리어에서 20세기의 향기가 물씬 풍긴다. 1층에는 카운터석이 있어 연륜 있는 요리사들이 조리하는 모습을 직접 보며 식사할 수 있다. 2층과 3층은 테이블석이다. 혼자 가지 않는 한 카운터석에는 앉기 힘들다. 오므라이스와 쿠시카츠 3개를 함께 판매하는 세트가 있어 오므라이스와 쿠시카츠를 동시에 즐길 수 있다. 오므라이스 밥이 다른 가게들보다 진 편이다. 가게 분위기도 좋고 직원들도 친절하다.

📍 大阪市中央区心斎橋筋1-5-32 /
　1-5-32 Shinsaibashisuji, Chuo Ward, Osaka
🚇 전철 신사이바시역 6번 출구 3분
🕐 11:00~15:00, 17:00~20:30 /
　수요일 휴무

토레본   トレボン ······ ⑪

아메리카무라에 위치한 조그만 오코노미야키 전문점이다. 전부 카운터석에 좌석은 10좌석 정도로 협소한 가게다. 영어 메뉴가 있고 사장님과 직원이 친절해서 주문이 크게 어렵진 않다. 주문하면 눈앞에서 능숙한 손놀림으로 철판 요리를 하는 모습을 지켜볼 수 있다. 오코노미야키는 밀가루 맛이 많이 나지 않고 겉이 바삭바삭하게 구워져 맛있다. 야키소바도 별미이니 추천한다. 무조건 1인 1주문에 현금으로만 결제 가능하다.

📍 大阪市中央区西心斎橋2-9-5 / 2-9-5 Nishishinsaibashi, Chuo Ward, Osaka

🚇 JR난바역 26D번 출구 9분, 전철 난바역 25번 출구 6분

🕐 17:00~22:00(주말은 12:00부터)

켄 쿠시   健串 ······ ⑫

고급 쿠시카츠 전문점이다. 서민 음식인 쿠시카츠가 고급스러운 분위기와 식재료를 만나면 어떻게 되는지 체감할 수 있다. 채소, 고기, 해산물 등 다양한 쿠시카츠를 코스로 제공한다. 한 꼬치에 100엔으로, 직원들이 갓 구운 튀김을 하나씩 계속 제공한다. 1층은 흡연석, 2층은 비흡연석이다. 음식도, 분위기도, 서비스도 좋아 가족끼리 가기에도 좋다. 한국어로 된 가게 설명문을 줘서 주문하기도 쉽다.

📍 大阪市中央区島之内 1 -12-17 / 1-12-17 Shimanouchi, Chuo Ward, Osaka

🚇 전철 신사이바시역, 나가호리바시역 7번 출구 6분

🕐 17:00~24:00

 • SPOT • **아메리카무라** アメリカ村 …… ③

　　오사카 청년층의 문화를 주도하는 길거리다. 미국에서 들어온
세련된 패션, 문화가 모여드는 곳으로 많은 젊은이들이 찾는 거
리다. 에도시대에는 동(銅)을 다루는 금속업자들이 모여 있다가
20세기에 들어서는 요정과 목재가공업소들이 자리했었다. 그러
다 1969년경부터 세련된 카페가 들어왔고, 서퍼들이 창고를 개
조해 서핑 보드 수리 창고로 쓰게 되면서 젊은이들이 모이기 시
작하자 미국 스타일의 캐주얼 의류 판매점들도 입점했다. 이렇게
1980년대가 되자 잡화, LP판, 구제 의류점이 모여들어 당시 오
사카 최신 트렌드를 주도하는 거리가 되었다. 도톤보리 남쪽에
청년층을 타깃으로 한 새로운 오락시설이 생기고, 낙서나 강매
등의 문제가 발생해 아메리카무라의 위상은 1980~1990년대 전
성기만큼은 못하지만 여전히 젊음의 거리로 많은 사람들이 찾고
있다. 스트릿 패션 아이템을 취급하는 가게들이 많아 일본 스트
릿 패션이나 빈티지를 좋아하는 사람에게 천국이다.

📍 大阪市中央区西心斎橋1~2 /
　1~2 Chome Nishishinsaibashi,
　Chuo Ward, Osaka
🌐 https://americamura.jp

스투시 미나미점
Stüssy Osaka Chapter ······ ⑬

한국에서도 굉장히 지명도 높은 브랜드인 스투시의 공식 매장이다. 1980년대 미국 캘리포니아에서 시작하여 특유의 트랜디함으로 인기를 얻어 성공한 브랜드다. 스투시 매장은 오사카 시내에 세 군데 있는데 이 아메리카무라에 있는 매장이 가장 크다. 규모가 큰 만큼 다양한 종류의 제품을 판매하고 있다.

📍 大阪市中央区西心斎橋1-7-9 / 1-7-9
　Nishishinsaibashi, Chuo Ward, Osaka
🚇 전철 요츠바시역 5번 출구 3분, 신사이바시역
　8번 출구 4분
🕐 11:00~19:00

세컨드 스트릿 아메리카무라점
2nd street アメリカ村店 ······ ⑭

여러 가지 상품을 중고 거래할 수 있는 중고 전문 매장으로, 일본 전국에 800점포 이상을 보유하고 있다. 의류, 전자기기, 가구, 생활잡화 등 질 좋은 여러 가지 중고 상품을 구매할 수 있다. 아메리카무라에 있는 만큼 다른 잡화보다는 패션 아이템이 주류다. Supreme, 베이프(A BATHING APE) 등 여러 스트릿 브랜드들의 의류와 신발을 구매할 수 있다. 잘하면 한국에서 구하기 힘든 아이템을 구매할 수 있을지도 모른다.

📍 大阪市中央区西心斎橋2-18-5 / 2-18-5
　Nishishinsaibashi, Chuo Ward, Osaka
🚇 전철 요츠바시역 5번 출구 2분
🕐 11:00~20:00

타임리스 콤포트 미나미호리에점　　TIMELESS COMFORT 南堀江店 ······ ⑮

아메리카무라에서 살짝 서쪽으로 떨어진 곳에 위치한 세련된 외관의 TIMELESS COMFORT. 시대에 따라 사람들의 라이프스타일이 바뀌어도 시대를 넘어 편안함을 선사한다는 의미의 TIMELESS COMFORT는 생활의 편리함을 위한 가구, 주방용품, 인테리어 소품, 아웃도어용품을 취급하고 있다. 일본만의 아기자기함, 독특한 디자인과 아이디어를 엿볼 수 있다. 1층에는 카페가 있다. 굳이 물건을 구입하지 않더라도 인테리어나 디자인에 관심 있는 여행자에게 추천한다.

📍 大阪市西区南堀江1-19-26 / 1-19-26 Minamihorie, Nishi
　Ward, Osaka
🚇 전철 요츠바시역 6번 출구 3분
🕐 11:00~19:00

레드락 아메무라점　レッドロックアメ村店 …… ⑯

두툼하게 쌓은 스테이크 덮밥으로 유명한 레드락의 아메
리카무라 지점. 고기를 푸짐하게 먹고 싶은 여행객에게 안
성맞춤인 곳이다. 로스트비프 덮밥(ローストビーフ丼)이
간판 메뉴다. 먹다가 느끼할 수 있으니 주문할 때 와사비까
지 같이 주문하는 것을 추천한다. 가게 밖 자판기에서 메뉴
를 고르고 식권을 구매한 뒤 식권을 직원에게 주는 방식으
로 주문한다.

📍 大阪市中央区西心斎橋2-10-21 /
　 2-10-21 Nishishinsaibashi, Chuo Ward, Osaka
🚇 전철 요츠바시역 5번 출구 5분, 신사이바시역 7번 출구 6분
🕐 11:30~15:00, 17:00~21:30(주말 11:30~21:30)

오사카농림회관　大阪農林会館 …… ④
• SPOT •

신사이바시스지 상점가 북서쪽에 위치한 철근콘크리트 구조
의 지하 1층, 지상 5층 건물로 1930년 미츠비시상사 오사카 지
점으로 지어진 건물이다. 제2차 세계대전의 화마를 피하고
1949년 농림성 재료조정사무소, 식량사무소, 식료품배급공사,
간사이 설탕 담당부 건물 등으로 사용되었다. 1972년부터는 임
대 빌딩으로 운영하고 있으며 2000년대부터는 의류 업체들이
입점해 있다. 역사를 인정받아 유형문화재로 등록되어 있다. 정
문을 들어서면 마치 20세기 중반의 영화에 들어간 것 같은 느낌
이 난다. 건물 자체를 구경하는 것만으로도 재미있지만 여러 의
류 업체들이 들어와 있어 쇼핑도 즐길 수 있다.

📍 大阪市中央区南船場3-2-6 / 3-2-6 Minamisenba, Chuo
　 Ward, Osaka
🚇 전철 신사이바시역 1번 출구 5분
🕐 월~토 07:00~21:00, 일 08:00~20:00(상점별로 상이)

입체 간판이 늘어선 도톤보리 상점가

· SPOT · **도톤보리** 道頓堀 ······ **⑤**

오사카의 상징과 같은 구리코의 만세 사인이 있는 곳이다. 낮에도 사람이 많지만 밤이 되면 상점의 불빛과 화려한 간판으로 주변이 불야성을 이룬다. 도톤보리의 역사는 에도시대 초기, 야스이 도톤(安井道頓)이라는 인물이 강을 운하로 사용하도록 정비하면서 시작되었다. 에도시대 초기에 막부의 도시계획에 의해 도톤보리 남측에 소극장들이 많이 생겼고, 이 소극장에 찾아온 관객들이 많아지며 자연스럽게 식당도 많아졌다. 1700년대 초 가부키가 본격적으로 유행할 시기에는 여러 가부키 극장이 들어서 아직까지 쇼치쿠자(松竹座, 1-9-19 Dotonbori, Chuo Ward, Osaka) 등에서 가부키 공연을 하고 있다. 20세기 초에는 상하이에서 들어온 재즈가 오사카에서 유행해 댄스홀과 재즈바 등이 많았다. 현재도 도톤보리는 수많은 상점과 음식점으로 관광객들의 발길을 사로잡고 있다. 에비스바시를 중심으로 도톤보리강 양쪽에 걸쳐 상점가가 있다. 북쪽이 사에몬초요코초(左衛門横丁), 남쪽이 도톤보리 상점가다.

🚇 전철 난바역, 오사카난바역 14번 출구 5분
🌐 https://www.dotonbori. or.jp/ko

그중 에비스바시는 도톤보리강을 끼고 있어 크루즈선이 오가는 곳이다. 오사카를 연고지로 하는 한신타이거스가 프로 야구에서 우승하면 이곳에 뛰어드는 사람들이 있어 화제가 되기도 했다. 크루즈선을 타고 강변에서 감상하는 도톤보리의 풍경도 색다른 맛을 느끼게 한다.

도톤보리 번화가의 간판을 보면 입체 간판이 많다. 간판만으로도 하나의 볼거리가 된다. 만두 요리 집인 오사카오쇼(大阪王将), 게 요리 가게인 카니도라쿠(かに道楽), 라멘집인 킨류라멘(金龍ラーメン) 등 화려하면서 입체적인 간판이 눈에 들어와 이 거리의 명물로 자리잡고 있다.

오사카 쿠이다오레 문화

오사카에는 예로부터 '쿠이다오레(食い倒れ)'라는 문화가 있다. 일본 사전에서는 '마시고 먹는 것에 사치를 지나치게 부려 거지가 되는 것'이라고 소개하고 있다. 음식에 진심인 오사카 사람들의 열정을 나타낸 말이다. 오사카는 근해에서 나오는 풍부한 어류, 오사카 평야에서 자라는 풍부한 채소와 곡물로 식문화가 발달하기 좋은 위치에 자리잡고 있다. 또 교통의 요충지로 물류가 발달하여 식재료가 풍부하여 식문화가 발달했다. 식문화에 있어서는 우리나라 전라도와 비슷한 위치인 셈이다.

도톤보리 리버재즈보트 道頓堀 River JAZZ Boat······ ⑥
• SPOT •

돈키호테 도톤보리점 바로 앞 강변에 위치한 리버재즈보트다. 배가 출발하는 선착장 이름은 미나토마치 선착장(湊町船着場)이고, 배가 운행을 시작하면 프로 재즈밴드가 라이브로 재즈를 연주해준다. 재즈를 들으며 도톤보리의 네온사인 가득한 거리를 운치있게 구경할 수 있다. 동서로 뻗어 있는 도톤보리강을 약 40분간한 바퀴 돈다. 우천시나 수위에 문제가 있을 시에는 운행하지 않는다. 또한 겨울철에는 운영하지 않을 수 있으니 공식 홈페이지에서 사전에 확인이 필요하다.

📍 大阪市中央区西心斎橋 2-15 / 2-15 Nishishinsaibashi,Chuo Ward, Osaka
🚃 전철 오사카난바역, JR난바역 26-C번 출구 3분
🕐 주말과 공휴일 위주로 운행, 평일도 종종 운행, 통상 14:30, 15:30, 17:30, 18:30, 19:30, 20:30 출발
💰 성인 2,000엔, 중학생~대학생 1,000엔, 초등학생 이하 무료
🌐 https://www.ipponmatsu.co.jp/cruise/tombori-jazz.html

에비스타워 대관람차 道頓堀大観覧車 えびすタワー ······ ⑦
• SPOT •

돈키호테 건물에 대형 철제 구조물이 보이는데 돈키호테에서 운영하는 에비스타워 대관람차다. 세계 최장 타원형 대관람차로 도톤보리 주변을 하늘에서 내려다볼 수 있는 시설이다. 오사카의 대표 번화가 도톤보리를 한눈에 볼 수 있는 좋은 기회다. 소요시간은 15분 정도이며 임산부, 고혈압 및 심장 질환이 있는 자, 척추 질환자, 만 3세 미만, 음주자 등은 탑승할 수 없다.

📍 大阪市中央区宗右衛門町7-13 / 7-13 Souemonchō, Chuo Ward, Osaka
🚃 전철 긴테츠닛폰바시역 미나미OS플라자 출구 3분, 난바역 B18번 출구 4분, 오사카난바역 15-A출구 5분
🕐 14:00~19:30(상황에 따라 바뀜) / 화요일, 우천시 휴무
🌐 https://www.donki.com/kanransha

쿠쿠루 도톤보리본점   くくる道頓堀本店 ⋯⋯ ⑰

행운의 새 비둘기의 울음 소리를 일본어로 '쿠쿠루(クックル)'라 발음한다. 쿠쿠루는 비둘기 울음소리에서 따온 상호로, 비둘기 울음소리가 상인들의 도시인 오사카에 활기와 행운을 가져오길 바라는 의미라고 한다. 1973년에 아카시야키(계란 구이), 타코야키를 주 메뉴로 개업하여 1985년에 메뉴 20종 류를 개발해 도톤보리에서 오픈했다. 도톤보리가 타코야키의 성지가 되는 데 한몫을 담당한 가게다. 내부에 들어가 천장을 보면 거대한 네부타(축제 마츠리에 쓰이는 조형) 간판이 있는 데 일본에서 유명한 여성 네부타 작가가 그린 것이라고 한다.

📍 大阪市中央区道頓堀1-10-5 / 1-10-5 Dōtonbori, Chuo Ward, Osaka
🚃 전철 난바역, 오사카난바역 14번 출구 3분
🕐 월~금 11:00~21:00(토, 일, 공휴일은 10:00부터)

스시잔마이 에비스바시점   すしざんまい 戎橋店 ⋯⋯ ⑱

2001년 도쿄의 수산시장인 츠키지 시장에 1호점을 개업하여, 현재 전국적으로 52개 점포를 운영 중인 스시 체인점이다. 이곳이 유명한 이유 중 하나는 사장인 기무라 기요시(木村清)가 2012년부터 새해 첫 경매를 낙찰받는다는 것이다. 2019년에는 역대 최고가(3억 3,360만엔)에 첫 경매를 낙찰받으며 화제를 모았다. 질 좋은 참치를 새해 첫 경매에서 낙찰받는 장면이 연례행사가 되면서 유명세를 탔다. 2012년부터 간사이 지역에 진출하여 교토와 고베에도 진출해 있다. '항상 신선하고 맛있는 스시를 제공한다'를 모토로 친절한 서비스를 제공한다고 한다.

📍 大阪市中央区道頓堀1-8-16 1F / 1F 1-8-16 Dōtonbori, Chuo Ward, Osaka
🚃 전철 난바역, 오사카난바역 14번 출구 5분
🕐 24시간 영업

타코하치 도톤보리 총본점 たこ八 道頓堀総本店 ...... ⑲

오사카 명물 중 빠지지 않는 것이 타코야키다. 1979년에
창업하여 전국적으로 체인점이 있는 타코야키 브랜드의 본점
이다. 타코야키, 오코노미야키, 이카(오징어)야키, 야키소바,
뎃판야키 등의 메뉴로 항상 문전성시를 이룬다. 엄선된 신선
한 재료와 간장을 이용해 동판에 구워내는 요리가 이 가게의
특징이다.

📍 大阪市中央区道頓堀1-5-10 / 1-5-10 Dotonbori, Chuo
　Ward, Osaka
🚇 전철 난바역 14번 출구 5분, 긴테츠닛폰바시역 2번 출구 5분
🕐 10:00~21:00

킨류라멘 도톤보리점 金龍ラーメン 道頓堀店 ...... ⑳

안 보고 지나치려야 지나칠 수 없는 외관을 자랑하는 라멘
가게다. 도톤보리 주변에만 이곳을 포함해 5개의 매장이 있는
데, 규모가 큰 매장은 거대한 용으로 장식되어 있다. 가게 앞
다다미 좌석에 신발을 벗고 올라가 먹는다. 돈코츠 라멘이 주
력 상품이다. 돈코츠만 먹으면 살짝 느끼할 수 있지만 부추김
치와 김치, 마늘을 원하는 만큼 무료로 넣을 수 있어서 한국인
들에게 매우 매력적인 가게다.

📍 大阪市中央区道頓堀1-7-26 / 1-7-26 Dotonbori, Chuo
　Ward, Osaka
🚇 전철 긴테츠닛폰바시역 B22번 출구 2분
🕐 24시간 영업

앗치치 혼포 도톤보리점　あっちち本舗 道頓堀店 …… ㉑

다자에몬바시 바로 옆에 있는 인기 타코야키 매장. 언제 가나 계단을 따라서 길게 줄지어 있는 손님들을 볼 수 있다. 그래도 회전율이 빨라 줄이 빠르게 줄어들기 때문에 기다릴 만하다. 기다리고 있으면 중독성 있는 정겨운 노래가 흘러나온다. 반죽에 생강을 많이 넣는 타코야키 가게들이 간혹 있는데 이곳은 생강향이 나지 않아 거부감 없이 즐길 수 있다. 이곳의 타코야키는 물렁거리는 식감이 특징이다. 가게 내외부에 테이블도 있다.

📍 大阪市中央区宗右衛門町7-19 / 7-19 Souemoncho, Chuo Ward, Osaka
🚉 전철 난바역 B22번 출구 3분
🕙 10:00~02:00(금 09:00~02:00, 토 09:00~03:00)

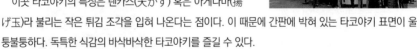

타코야키 쥬하치방 도톤보리점　たこ焼き 十八番 道頓堀店 …… ㉒

간판에 거대한 타코야키가 박혀 있는 타코야키 전문점이다. 1990년 나카노시마 근처에서 창업해 도톤보리와 도쿄 등지에 진출한 가게다. 가게 앞에는 거의 항상 긴 줄이 있다. 줄에 서서 기다리고 있으면 중간에 자판기가 있어 결제한 뒤 식권을 직원에게 넘기면 된다.

이곳 타코야키의 특징은 텐카스(天かす) 혹은 아게다마(揚げ玉)라 불리는 작은 튀김 조각을 입혀 나온다는 점이다. 이 때문에 간판에 박혀 있는 타코야키 표면이 울퉁불퉁하다. 독특한 식감의 바삭바삭한 타코야키를 즐길 수 있다.

📍 大阪市中央区道頓堀1-7-21 / 1-7-21 Dotonbori, Chuo Ward, Osaka
🚉 전철 난바역, 오사카난바역 14번 출구 3분
🕙 11:00~22:00

자우오 난바 본점　ざうお難波本店 ⋯⋯ 23

낚시를 해서 낚은 물고기를 요리해주는 식당이다. 먼저 먹이
(미끼)를 구입(100엔 내외)한 후 물고기를 낚는다. 잘 낚이지 않
을 땐 스태프에게 비법을 알려 달라고 요청하면 친절하게 가르
쳐준다. 물고기를 낚으면 스태프에게 물고기를 건네면서 요리
방법을 선택한다. 생선회, 생선 구이, 튀김, 스시 중 선택하는데
스시는 가공료를 받는다. 낚시의 손맛과 함께 먹는 즐거움을 느
낄 수 있는 식당이다. 가족 여행 중 방문한다면 남녀노소 즐길
수 있는 곳이다. 낚시를 하지 않고 생선회, 구이 등 요리를 단품
으로 즐길 수도 있다. 스시 만들기 체험도 할 수 있다.

📍 大阪市中央区日本橋1-1-13 B1F / B1F 1-1-13
　 Nipponbashi, Chuo Ward, Osaka
🚇 전철 닛폰바시역 1번 출구 2분
🕐 17:00~23:00(토, 일, 공휴일 11:30~15:00, 16:00~23:00)

토리키조쿠 도톤보리점　鳥貴族 道頓堀店 ⋯⋯ 24

가볍게 들를 수 있는 닭꼬치 전문점으로, 2024년 한국에도 지점이
생겼다. 태블릿으로 주문하는 방식이나 한국어는 지원하지 않는다.
그래도 사진을 보고 주문할 수 있어 주문 문턱이 낮은 가게다. 꼬치
메뉴 하나당 두 꼬치씩 제공된다. 가격도 저렴하고 캐주얼한 분위기
라 대학생 등 젊은 사람들이 많이 찾으며 피크 시간대에는 줄이 생긴
다. 하이볼이나 생맥주와 야키토리 하나면 여행의 피로가 풀린다. 도
톤보리에 두 개의 지점이 있다. 새벽 5시까지 영업하니 밤 새서 술 마
시고 싶은 사람에게 제격이다.

📍 大阪市中央区道頓堀1-6-15 コムラード・ドウトンビル 3 F / 3F
　 1-6-15 Dotonbori, Chuo Ward, Osaka
🚇 전철 난바역, 오사카난바역 14번 출구 3분
🕐 17:00~05:00

우오신 미나미 난바점　　魚心南 難波店 ······ ㉕

　여러 가지 종류의 두툼한 스시를 즐길 수 있는 스시 전문점. 스시 전문점답게 질 좋은 스시를 두툼하게 만들어준다. 재료를 아끼지 않아 한입 가득 행복을 느낄 수 있는 식당이다. 크기가 큰 만큼 가격도 비싼 편이다. 직원들이 친절하고, 한국어 메뉴판도 있어 주문도 편리하다. 인기 많은 맛집이라 예약 없이 간다면 대기를 감수해야 한다.

📍 大阪市中央区千日前1-7-9 / 1-7-9 Sennichimae, Chuo Ward, Osaka
🚇 전철 난바역, 긴테츠닛폰바시역 B24번 출구 4분
🕐 11:30~23:30

 치보 도톤보리빌딩점　　千房 道頓堀ビル店 ······ ㉖

　식당 간 경쟁이 치열한 도톤보리에서 1967년에 개업해 무려 50년을 버틴 식당이다. 식당은 6층 규모로, 한 건물 전체가 식당이다. 인기 많은 점포라 식사 시간대가 아니더라도 손님들이 줄 서 있는 것을 볼 수 있다. 좌석마다 철판이 있어 식사가 끝날 때까지 따뜻한 음식을 먹을 수 있으며 직원들이 매우 친절하다. QR코드를 통해 한국어로 메뉴를 확인한 후 주문할 수 있어 편리하다. 다만 환기가 잘 안 돼서 냄새가 옷에 배는 것은 감안하고 가야 한다.

📍 大阪市中央区道頓堀1-5-5 / 1-5-5 Dotonbori, Chuo Ward, Osaka
🚇 전철 난바역, 오사카난바역 15-B번 출구 6분
🕐 11:00~23:00

📷 호젠지 요코초 法善寺横丁 …… ⑧
• SPOT •

    에비스바시스지 상점가와 센니치마에(千日前) 상점가 사이에 동서로 뻗어 있는 작은 식당 골목길로, 두 골목이 나란히 들어서 있다. 호젠지 경내에 있던 노점들이 모여 에도시대부터 번영했다고 한다. 현재 노포, 주점, 식당 등 약 60점포가 모여 있다. 1960년대 즈음엔 노래와 소설에 호젠지 요코초가 등장하며 더욱 인기를 얻었다고 한다. 2002년과 2003년 두 번의 화재를 겪었고 이를 다시 부흥하기 위해 현재 거리 양쪽에 걸려 있는 현판이 제작되었다. 호젠지에서는 이끼에 덮인 불상을 볼 수 있으며, 북쪽 골목에서는 도톤보리로 향하는 매우 좁은 길에 위치한 일본에서 가장 작은 신사, '잇슨보시 다이묘진(一寸法師大明神)'도 볼 수 있다. 복잡한 도톤보리에서 아기자기한 멋을 느낄 수 있는 곳이다.

📍 大阪市中央区難波 1 / 1 Namba, Chuo Ward, Osaka
🚋 전철 난바역, 오사카난바역 B18번 출구 2분

잇슨보시 다이묘진 一寸法師大明神

호젠지 요코쵸와 도톤보리를 남북으로 잇는 통로에 있는 신사다. 엄지손가락만 한 신인 잇슨보시(일촌법사)를 모시는 신사답게 신사도 작으며, 일본에서 가장 작은 신사라고 한다. 반대편에서 사람이 오면 통행하기 힘들 정도로 좁은 골목길에 신사가 위치해 있다. 벽에는 도톤보리의 역사를 담은 사진, 그림들이 장식되어 있다. 시끄러운 도톤보리에서 지쳤다면 이 신사를 지나 상대적으로 조용한 호젠지 요코쵸로 들어오는 것도 괜찮다. 신사를 지나는 잠깐 동안 모험을 하는 느낌이다.

📍 大阪市中央区道頓堀1- 7 -23 / 1-7-23 Dotonbori, Chuo Ward, Osaka
🚇 전철 난바역 B18번 출구 3분

가미가타 우키요에관 上方浮世絵館 ⋯⋯ ❾
• SPOT •

가미가타 우키요에관은 전 세계에서 유일하게 우키요에를 상설 전시하는 사설 미술관이다. 호젠지 요코초의 서쪽 바로 옆에 있으며, 2001년 오픈했다. 이름에 있는 '가미가타(上方)'는 에도시대의 간사이를 일컫는 말이다. 우키요에(浮世絵)란 에도시대 중후기에 유행했던 판화를 말한다. 우리에게는 우키요에 중 인물이나 자연 풍경을 담은 그림이 많이 알려져 있지만 에도시대에는 성적인 장면을 소재로 한 풍속화인 춘화가 가장 많이 팔렸다고 한다.

거친 파도를 나타낸 '가나가와 해변의 높은 파도 아래(神奈川沖浪裏)'라는 작품은 일본문화에 관심 없는 사람이라도 어디선가 한 번은 보았을 정도로 일본 전통문화의 상징으로 자리 잡고 있다. 우키요에는 현재의 도쿄인 에도에서만 활발히 만들어진 것으로 생각하기 쉽지만 간사이에서도 활발히 제작되었다고 한다. 간사이에서 만들어진 우키요에를 가미가타에(上方絵)라고 하는데 가미가타에 또한 해외에서 좋은 평판을 가지고 있다. 빈센트 반 고흐도 몇 점 소유하고 있었다고 하며, 대영박물관 등 해외 박물관에서도 다수 소장하고 있다. 에도시대의 대중이 즐기던 우키요에를 감상해 보자.

📍 大阪市中央区難波 1-6-4 / 1-6-4 Namba, Chuo Ward, Osaka
🚇 전철 오사카난바역 B16번 출구 2분
🕐 11:00~18:00 / 월요일 휴무
(월요일이 공휴일이면 다음 날 휴무)
💴 일반 700엔, 초등·중학생 300엔, 미취학 아동 무료

· SPOT ·

에비스바시스지 상점가　　戎橋筋商店街 …… ⑩

　구리코 전광판 인증샷을 찍는 장소로 유명한 에비스바시(戎
橋)의 남쪽에서 시작해 난바에키마에 광장(難波駅前広場)까지
남북으로 뻗어 있는 상점가다. 17세기 도톤보리에서 이마미야에
비스 신사(今宮戎神社)로 향하는 참배 길로 번성했지만 현재는
참배길 중간에 백화점과 난바파크스가 들어서며 참배 길로서의
역할은 사라졌다. 난바역과 도톤보리를 잇는 거리이기에 엄청난
인파가 몰린다. 특히나 연휴에는 발 디딜 틈도 없다. 의류, 음식,
드럭 스토어 등 여러 상점이 모여 있어 지나가는 동안 볼거리와
쇼핑 거리가 많다.

📍 大阪市中央区難波1 / 1 Namba, Chuo Ward, Osaka
🚇 전철 난바역, 오사카난바역 14~16번 출구 5분
🌐 https://www.ebisubashi.or.jp

551호라이 본점　　551蓬莱 本店 …… ㉗

　1945년 중국인이 난바에서 개업한 80년 가까운 역사가 있
는 오사카의 명물 만두집이다. 난바에서 시작해서 그런지 도톤
보리 주변에 매장이 5개나 있다. 본점의 간판 상품은 돼지고기
를 넣은 고기 만두인데, 특이한 하트 모양으로도 인기를 끌고 있
다. 백화점과 대형 쇼핑몰에 입점해 있을 정도로 맛과 품질이 보
장된 만두 전문점이다.

📍 大阪市中央区難波3-6-3 / 3-6-3 Namba, Chuo Ward,
　Osaka
🚇 전철 난바역 11번 출구 1분, 오사카난바역 18번 출구 1분,
　긴테츠닛폰바시역 B21번 출구 2분
🕙 10:00~21:30(도시락 11:00~21:30) /
　첫째와 셋째 주 화요일, 공휴일, 행사일 휴무
　(화요일 휴무는 불규칙적)

아지노야　　味乃家 ······ 28

　　1965년 창업하여 난바 음식점들의 엄청난 경쟁 속에서 약 60년을 견뎌 온 난바의 대표 오코노미야키 맛집이다. 몇 년간 미슐랭에 올라 가게 문에 미슐랭 스티커가 잔뜩 붙어 있다. 오코노미야키는 다른 곳보다 밀가루를 적게 쓰고 양배추를 많이 사용하는 것이 특징이다. 테이블석에 앉으면 지원이 와서 구워순나. 간판 메뉴는 아지노야 믹스야키(味乃家ミックス焼き). 한 개의 오코노미야키에 오징어, 새우, 문어, 돼지고기, 달걀 2개가 다 들어간다. 식사 시간이 아니더라도 웨이팅이 있을 정도로 유명하다. 1시간 웨이팅도 각오해야 한다.

📍 大阪市中央区難波1-7-16 / 1-7-16 Namba, Chuo Ward, Osaka
🚇 전철 난바역, 오사카난바역 14번 출구 3분
🕐 11:00~22:00 / 월요일 휴무

오코노미야키 사카바 오우　　お好み焼き酒場 O ······ 29

　　2018년에 오픈한 지하에 있는 철판요리 전문점이다. 테이블석은 하나 있고 나머지는 전부 카운터석인 매우 좁은 가게다. 하지만 인테리어가 깔끔하고 음식도 정말 맛있다. 주문을 하고 나면 눈앞 오픈 키친에서 요리하는 모습을 볼 수 있다. 한국인이 많이 찾아 한국어와 영어 메뉴판도 구비되어 있다. 특이하게 사이드 메뉴에 츠루하시 코리아타운에서 사 온 생오징어 김치(鶴橋生イカキムチ)가 있다. 한 사람당 음식 하나에 음료 하나를 주문해야 한다. 가게가 좁은데 회전율이 좋지 않아 식사시간에 가면 웨이팅 20분 이상은 각오해야 한다.

📍 大阪市中央区難波1-7-15 / 1-7-15 Namba, Chuo Ward, Osaka
🚇 전철 난바역, 오사카난바역 14번 출구 2분
🕐 17:00~23:30 / 일요일 휴무

우리나라 못지 않게 일본도 치킨을 즐겨 먹는 나라다. 도시락 메뉴에 치킨 가라아게는 빠지지 않는 메뉴다. 도톤보리 뒷골목을 걷다 보면 노란색 바탕에 요란한 글씨가 쓰인 간판을 볼 수 있다. 도톤보리 거리를 구경하면서 간식거리로 즐길 수 있도록 먹기 편한 봉지에 넣어준다. 닛폰바시 근처에도 점포가 있다.

📍 大阪市中央区難波1-5-12 / 1-5-12 Namba, Chuo Ward, Osaka
🚃 전철 난바역, 오사카난바역 B14번 출구 2분
🕐 12:00~22:00(주말, 공휴일은 11:00부터)

리쿠로-오지산노미세 난바본점   りくろーおじさんの店 なんば本店 …… ③

'리쿠로 아저씨의 가게'라는 뜻의 치즈케이크 전문점이다. 즉
석에서 만든 치즈케이크를 파는 가게로 유명하다. 식감이 매우
부드러운 치즈케이크가 가게의 간판 메뉴이다. 갓 구운 치즈케
이크를 기다리는 줄과 당일 만들었지만 만든 지 조금 시간이 지
난 치즈케이크를 구매하는 줄이 따로 있다. 갓 나온 케이크가 아
니어도 상관없다면 파란색 화살표를 따라가면 된다. 2층과 3층
에서는 테이블석에 앉아 여유롭게 디저트를 즐길 수 있다. 계란
을 많이 쓰는 가게라 조류 인플루엔자가 유행할 경우 상품이 조
기 매진될 수도 있다.

📍 大阪市中央区難波3-2-28 / 3-2-28 Namba, Chuo Ward, Osaka
🚇 전철 난바역, 오사카난바역 11번 출구 2분
🕐 1층 09:00~20:00, 2·3층 11:30~17:30

덴푸라 마키노 난바센니치마에점   天ぷら定食まきの 難波千日前店 …… ③

세련된 인테리어의 튀김 전문점이다. 주문하면 그때부터 신
선한 재료를 눈앞에서 튀겨준다. 정식과 세트 메뉴도 많지만 원
하는 부위별로 따로 주문할 수 있어 여러 가지 튀김을 맛볼 수 있
다. 날계란 튀김처럼 한국에서 쉽게 보기 힘든 튀김도 있으니 경
험해보자. 특정 계절에만 먹을 수 있는 계절 메뉴도 있다. 가성
비도 좋은 편이다.

📍 大阪市中央区難波3-3-4 /
   3-3-4 Namba, Chuo Ward,
   Osaka
🚇 전철 난바역, 오사카난바역 B17번
   출구 3분
🕐 11:00~21:30

구로몬 시장 · SPOT ·

黒門市場······ ⑪

전국에서 엄선된 식재료가 모여 '오사카의 부엌'이라 불리는 시장이다. '쿠이타오레'의 거리로 유명하며 오사카를 대표하는 신선한 식재료들이 이곳으로 모인다. 시장의 길이는 약 580m로 150개 정도의 점포가 모여 있다. 재래시장이라 간식거리를 파는 가게와 식당도 많아 관광객들도 많이 찾는다. 대형 슈퍼에서는 구하기 힘든 독특한 식품도 찾아볼 수 있다.

에도시대인 1810~1830년대에는 이곳에 엔묘지(圓明寺)라는 절의 대문 중 구로몬(黒門)이라는 문이 있었다고 한다. 구로몬 앞에 해산물 상인이 모여 작은 시장이 생겼는데 당시에는 엔묘지 시장(圓明寺市場)이라고 불렸다. 1912년, 미나미노다이카(南の大火)라는 난바지구 대화재가 발생하며 엔묘지가 완전 소실되었고, 절은 이전되었지만 시장은 그대로 남아 지금의 이름인 구로몬 시장이 되었다.

📍 大阪市中央区日本橋2 / 2 Chome Nipponbashi, Chuo Ward, Osaka
🚇 전철 긴테츠닛폰바시역 10번 출구 2분
🕐 점포별로 상이, 보통 09:00~17:00

뉴다루니

ニューダルニー ······ ㉝

일본 카레 맛을 아는 사람들은 인도나 우리나라 카레와는 미묘하게 다른 일본 카레의 독특한 맛을 느낄 수 있을 것이다. 뉴다루니는 1947년에 개업해 현재 2대째인 사장 부부가 운영하고 있는 카레 전문점이다. 아베노 지역에서 구로몬 시장으로 옮겨와 창업이래 소박한 전통의 맛을 이어오고 있다. 선대 창업자로부터 이어온 비프 카레는 대중적인 정통 카레이며, 카츠 카레는 토핑으로 돈카츠를 얹은 것이다. 비프 카레와 돈카츠의 맛을 함께 즐길 수 있으며, 가격도 1,000엔 미만이다. 테이크아웃 제품도 판매하고 있으므로 카레를 좋아한다면 선물로도 좋을 것이다.

📍 大阪市中央区日本橋2-12-16 / 2-12-16 Nipponbashi, Chuo Ward, Osaka
🚇 전철 닛폰바시역 8번 출구 5분
🕐 09:00~17:00 / 일, 공휴일 휴무

📷 난바파크스
• SPOT •
なんばパークス ······ ⑫

난바역 남쪽에 위치한 특이한 생김새의 쇼핑몰이다. 원래 난바파크스 자리에는 프로야구 팀인 난카이 호크스(현재의 후쿠오카소프트뱅크 호크스)의 홈 구장인 오사카 스타디움이 있었다. 난카이 호크스가 후쿠오카에 연고지를 둔 다이에(ダイエー)에 매각되며 도심지 재개발의 일환으로 2003년 난바파크스가 탄생했다. 난바파크스 2층에는 오사카 스타디움의 홈 플레이트가 있던 자리에 모뉴먼트가 박혀 있다.

건물의 디자인은 도쿄의 랜드마크인 롯폰기힐즈를 디자인한 존 저드(John Jerde)가 맡았다. 곡선으로 이루어진 외벽에 골짜기 같은 통로가 있는 특이한 디자인이 인상적이다. 건물 테라스와 옥상에 녹지가 있어 걷기도 좋다. 붙어 있는 두 개의 고층 건물, 더 난바타워, 파크스타워까지 모두 난바파크스에 속하며 수많은 레스토랑과 쇼핑시설, 카페가 있다. 쇼핑몰 안에 수많은 브랜드들이 입점해 있고 면세도 되기 때문에 쇼핑하기에 좋다.

📍 大阪市浪速区難波中2-10-70 /
2-10-70 Nambanaka, Naniwa
Ward, Osaka
🚃 전철 난카이난바역과 연결
🕐 상점 11:00~21:00,
식당 11:00~23:00(일부 식당 제외)

어반리서치 도어스 난바파크스점
URBAN RESEARCH DOORS なんばパークス店 ······ ㉞

다양한 종류의 브랜드를 취급하는 셀렉트숍이다. 패션 유행의 흐름에 맞는 브랜드들을 모아 놓아 일본의 패션브랜드를 좋아한다면 추천한다. 일본 안에서만 판매되는 상품을 구매할 수 있다. 의류뿐만 아니라 생활 잡화나 가구도 취급하고 있어 구경하는 재미가 있다. 난바파크스 2층에 위치하고 있다.

📍 난바파크스에 위치
🕐 11:00~21:00

쿠라치가 BY 포터 난바 스토어
NAMBA STORE ······ ㉟

한국에도 매장을 보유한 요시다 포터의 매장. 가방 전문 브랜드로, 특유의 장인 정신에 우수한 소재가 더해져 튼튼하고 마감 좋은 가방을 만들기로 유명하다. 원산지인 일본에 위치한 매장인만큼 한국에서보다 더 저렴한 가격으로 구매 가능하다. 난바파크스 4층에 있다.

📍 난바파크스에 위치
🚇 🕐 11:00~21:00

크리스타 나가호리 クリスタ長堀 …… ⑬

사카이스지(堺筋)에서 요츠바시스지(四ツ橋筋) 사이에 있는 총 길이 730m의 지하 상가로, 단일 지하상가 중 일본 최고 면적을 자랑한다. 여러 지하철역과 직결되어 있어 접근성이 좋고, 1/3에 해당하는 구간은 천장이 뚫려 있어 지하상가 특유의 답답함도 없다. 웨스트 타운, 패션 타운, 바리에 타운, 구루메 타운으로 총 4개 구역이 나뉘어 있으며, 여성 패션을 중심으로 남성 패션과 잡화, 식당 등 100여 점포가 자리 잡고 있다. 중간에 폭포 광장이 있는데 이곳에서 이벤트를 진행하기도 한다.

📍 大阪市中央区南船場4丁目長堀地下街8号 / 4 Minamisenba, Chuo Ward, Osaka
🚇 전철 신사이바시역, 요츠바시역, 나가호리바시역, 신사이바시역, 나가호리바시역에서 연결
🕐 상점 11:00~21:00(일요일은 20:30까지), 식당 11:00~22:00(일부 점포는 다름)

 사카이 이치몬지 미츠히데 堺一文字光秀 …… ㊱

창업한 지 약 70년 된 식칼 전문점이다. 내부에는 일본 내 최대급인 2,000종류 이상의 식칼이 전시되어 있다. 식칼 전문가가 상주하고 있어 상담이나 조언도 가능하고, 관심 있는 칼을 테스트로 써볼 수도 있다. 칼 가는 법을 알려주기도 한다. 회칼인 사시미보쵸(刺身包丁)와 같은 일본 식칼, 서양 식칼, 가정용 식칼, 소고기용 식칼 등 여러 종류의 칼을 취급하고 있다. 가위와 손톱깎이도 판매한다. 구매한 식칼에 장인이 10분 안에 무료로 각인해주는 서비스도 제공하고 있다.

📍 大阪市中央区難波千日前14-8 / 14-8 Nambasennichimae, Chuo Ward, Osaka
🚇 전철 난바역, 오사카난바역 E9번 출구 2분
🕐 09:30~18:30(주말, 공휴일 10:30~18:30)

📷 센니치마에 도구야스지 상점가

• SPOT •

千日前道具屋筋商店街 ······ ⑭

요리 도구, 주방 기구 전문점이 늘어서 있는 길이 약 150m의
상점가다. 식문화의 고장인 오사카답게 주방용 도구 상점가 역시
유명하다. 1880년대 근처에 있는 여러 절과 신사로 향하는 참배
길에 도구상들이 모여 형성되었다. 1970년에 거리가 정비되고
지붕이 생겨 현재의 모습이 되었다. 일본 음식점의 상징인 빨간
'쵸칭(提灯)'과 식당 입구에 거는 천막인 '노렌(暖簾)', 조리용
품, 식칼 등을 파는 가게들이 모여 있다. '도구의 날'인 10월 9일
에는 '도구야스지 축제'가 개최되어 할인 판매를 한다.

📍 大阪市中央区難波千日前14-5 / 14-5 Nambasennichimae,
　Chuo Ward, Osaka
🚇 전철 난바역, 오사카난바역 E9번 출구 3분,
　난카이난바역 남쪽 출구 3분
🕐 점포별로 상이, 대체로 10:00~18:00

 센니치마에 상점가   千日前商店街 ······ ⑮
• SPOT •

도톤보리 킨류라멘의 거대한 용 형상물로부터 난바파크스 방
향으로 뻗어 있는 상점가다. 오사카전투로 도요토미 가문이 멸망
하고 오사카성 대리로 부임한 마츠다이라 다다아키라(松平忠
明)가 시가지를 재건하면서 이곳의 역사가 시작된다. 도톤보리
운하가 만들어질 무렵, 센니치마에 일대는 전부 묘지와 화장장이
었다고 한다. 묘지와 도톤보리 사이에 호젠지 등의 절이 생겼고,
절에서 죽은 이들의 명복을 빌 때 읊는 염불 이름인 센니치에코
(千日回向)에서 따와 절 앞 거리 이름을 센니치마에라 불렀다고
한다. 메이지유신 이후 시가지를 확장하기 위해 묘지를 옮겼고,
그 자리에 음식점과 가게들이 들어서며 현재와 같은 상점가가 되
었다. 센니치마에 상점가는 여러 다른 상점가들과 연결되어 있어
이곳에 가면 다른 상점가로 이동하기 쉽다.

📍 大阪市中央区千日前 / Sennichimae, Chuo Ward, Osaka
🚇 전철 난바역, 오사카난바역 B21번 출구 1분

지유켄 난바본점　　自由軒 難波本店 ······ ₃₇

1910년 창업한 양식, 카레 전문점으로 오랫동안 난바의 터줏대감처럼 자리를 지킨 가게다. 1910년대 일본에 자유민권운동이 한창이던 때, 당시에는 새롭던 '자유'라는 단어를 써서 가게 이름을 만들었다고 한다. 보온 밥솥이 없던 시기, 손님들에게 따뜻한 밥을 제공하고 싶다는 마음에 카레와 밥을 함께 볶은 상태로 따뜻하게 내어 놓았는데 손님들이 너무 좋아했다고 한다. 이 메뉴가 인기를 얻자 메이부츠 카레(名物カレー)라는 메뉴로 이름이 굳어졌다고 한다. 전쟁으로 본점이 소실되었지만 같은 자리에 다시 가게를 열어 현재까지 이어져 오고 있다. 20세기 느낌이 물씬 나는 가게에서 카레를 즐길 수 있다.

📍 大阪市中央区難波3-1-34 / 3-1-34 Namba, Chuo Ward, Osaka
🚇 전철 난바역, 오사카난바역 20번 출구 4분　⏰ 11:00~20:00 / 월요일 휴무

이치란 도톤보리점 별관　　一蘭 道頓堀店別館 ······ ₃₈

후쿠오카에서 시작해 일본 전국에 지점을 가지고 있는 라멘 체인계의 대기업이다. 일본에서 보기 힘든 24시간 영업을 하고 있다. 주문은 먼저 식권을 뽑은 다음 옵션을 종이에 써서 점원에게 넘기는 방식이다. 한국어가 지원되어 주문하기 간편하다. 독특한 독서실형 테이블로 옆 테이블을 신경 쓰지 않고 오로지 라멘에만 집중할 수 있는 구조다. 라멘은 돈코츠 라멘인데, 돈코츠 특유의 비릿함과 느끼함이 적은데다 옵션에 마늘이나 파도 더 넣을 수 있어 진입장벽이 낮은 돈코츠를 찾는다면 안성맞춤이다. 보통의 라멘 가게들보다 가격이 비싸 일본 현지인보다는 외국인 관광객이 주된 손님이다. 늦은 밤 시간에 야식이 당기거나, 진입장벽이 낮은 돈코츠 라멘을 찾을 때 추천한다.

📍 大阪市中央区道頓堀1-4-16 / 1-4-16 Dotonbori, Chuo Ward, Osaka
🚇 전철 난바역, 오사카난바역 B20번 출구 2분　⏰ 1인 카운터석 24시간, 테이블석 18:00~22:00

우라난바 ウラなんば‥‥‥ ⑯

난바의 뒤쪽(裏)이라는 뜻이다. 실제로 '우라난바'라는 지명은 존재하지 않아 정확히 어디라고 특정할 수는 없지만 동서로는 난바역과 구로몬 시장 사이, 남북으로는 센니치마에 거리(千日前通り)부터 난산 거리(なんさん通り) 일대의 골목길을 일컫는다. 2001년 즈음만 하더라도 이 일대는 주변 상점의 창고와 카바레 클럽밖에 없었다고 한다. 2010년에 한 가게의 사장이 이곳을 음식점의 거리로 만들어보자고 근처의 오너 11명을 모아 우라난바 맵을 만들어 배포했고, 사람들에게 알려져 손님들이 찾아오기 시작하자 작은 음식점과 술집이 하나둘씩 늘어났다고 한다.

고급 식당보다는 중저가형의 서민적인 식당이 주를 이룬다. 밤에 가면 난바 오피스 지역에서 퇴근한 회사원들이 술 한잔하며 스트레스를 푸는 모습을 쉽게 볼 수 있다. 대부분 이자카야라 낮에 가면 오픈한 가게가 별로 없다.

📍 大阪市中央区難波千日前 3 -11 일대 / 3-11 Nambasennichimae, Chuo Ward, Osaka

🚇 전철 난바역, 오사카난바역 B25번 출구 바로

🌐 https://uranmb.com

후쿠타로 본점　福太郎 ······ ㊴

줄을 서서 먹어야 하는 가게다. 오사카 명물인 네기야키(파
구이)와 오코노미야키가 간판 메뉴다. 흑우 와규와 최고급 돼지
고기, 싱싱한 문어와 가리비 등 식자재를 경매장에서 직접 구입
하고 직접 만든 간장소스를 이용해 조리하기 때문에 재료의 풍
미를 그대로 느낄 수 있다. 본점 외에 우메다점과 다카시마야 오
사카점에도 점포를 두고 있다. 본점도 별관과 신관이 있다.

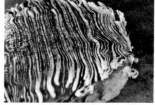

📍 大阪市中央区千日前2-3-17 / 2-3-17 Sennichimae,
Chuo Ward, Osaka
🚇 전철 난바역 B25번 출구 5분, 닛폰바시역 5번 출구 5분
🕙 17:00~24:00(주말, 공휴일은 12:00부터)

넥스트 시카쿠　next shikaku ······ ㊵

내부가 매우 특이한 라멘 전문점이다. 안에 벽면 한쪽을 덮
은 거대한 스크린이 있어 비디오 아트 작품을 보며 라멘을 먹
을 수 있다. 라멘 자체도 특이하다. 보통의 라멘 가게는 미소
나 쇼유, 돈코츠 라멘이 대부분인데 이곳은 굴로 베이스를 잡
은 흰색 국물의 라멘인 '카키 파이탄(牡蠣白湯)'이 간판 메뉴
다. 굴을 좋아한다면 강력 추천한다. 캐시리스 가게라 현금은
사용할 수 없다.

📍 大阪市中央区難波千日前9-12 / 9-12 Nambasennichimae,
Chuo Ward, Osaka
🚇 전철 난바역 E9번 출구 2분
🕙 11:00~21:00

 자우라　　座ウラ…… ⑰
• SPOT •

　난바역 근처에 있던 가부키 공연 시설 신가부키'자'(新歌舞伎座)
의 뒷골목(裏, 우라)이라 해서 '자우라'라는 이름이 되었다. 난바라쿠
자(なんば楽座) 혹은 난바신치(難波新地)라 부르기도 한다. 동서로
는 요츠바시스지 거리(四橋筋通り)부터 미도스지 도로(御堂筋)까지,
남북으로는 센니치마에 거리(千日前通り)부터 대략 다카시마야백화
점 언저리까지. 우라난바와 살짝 겹치는 부분이 있긴 하지만 여기
서는 편의상 미도스지 도로를 경계로 두 구역을 나누어두었다.

　자우라는 작은 이자카야, 식당, 펍 등이 모여 있는 거리로 서민적인
분위기다. 전체적인 분위기는 우라난바와 비슷하지만 자우라의 역사
가 더 길다. 예전에는 어디에나 있는 평범한 술집 거리였지만 근처에
난바역을 중심으로 백화점, 은행, 가전 양판점, 호텔들이 들어서며 젊
은이부터 회사원, 고령자 등 남녀노소를 가리지 않고 다양한 손님이
찾아오는 거리가 되었다. 거기에 한국인과 중국인 관광객들이 찾아오
며 활기를 더했다. 오후 다섯 시가 넘어야 영업을 시작하는 가게가 대
부분이다. 정말 일본스러운 술집 거리를 찾는다면 이곳을 추천한다.

📍 大阪市中央区難波4 일대 /
　 4 Namba, Chuo Ward,
　 Osaka
🚉 전철 오사카난바역 B5번 출구 2분,
　 난바역 7번 출구 바로 앞

야키니쿠 와카바야   若葉屋 ······ 41

자우라에 위치한 야키니쿠 맛집이다. 자리에 앉으면 테이블
당 석쇠를 주고, 직접 고기를 올려 구워 먹는 방식이다. 보통은
야키니쿠 특성상 소나 돼지의 여러 부위가 메뉴판에 빼곡하게
쓰여 있어 처음 가거나 일본어가 안 되면 주문하기 힘들지만 이
곳은 한국어 메뉴판이 구비되어 있어 쉽게 주문할 수 있다. 우리
나라 사람들에게 인기 있는 가게라 웨이팅이 자주 생긴다.

📍 大阪市中央区難波4-6-6 / 4-6-6 Namba, Chuo Ward, Osaka
🚃 전철 오사카난바역 B7번 출구 3분, 난바역 13번 출구 2분
🕐 17:00~23:00(토 12:00~23:00, 일 12:00~22:00)

#PLUS

입체 간판

도톤보리를 즐기는 방법으로 거리를 거닐며 길거리
의 사람들과 입체 간판을 구경하는 것을 추천한다. 쇼핑
을 하고 맛집에 들어가 맛있는 음식을 먹는 것도 중요하
지만 거리 그 자체를 즐기는 것 또한 여행의 즐거움이
다. 특히 도톤보리 주변 거리에는 입체 간판이 많아 여
기저기 걸린 쵸칭(등롱)을 비롯해 커다란 게와 문어, 금
세 튀어나올 것 같은 용, 쿠이다오레 인형, 대형 스시,
만두, 쿠시카츠 등 다양한 입체 간판을 볼 수 있다. 움직
이는 간판도 많다. 입체 간판은 불이 들어오는 야간에
봐야 좋다. 도톤보리 거리의 명물인 입체 간판을 구경하
면서 밤 풍경을 즐겨 보자.

덴덴타운 닛폰바시스지 상점가 でんでんタウン 日本橋筋商店街 …… ⑱

전자제품, 캐릭터 상품, 각종 오타쿠 굿즈 등을 파는 상점들이 모여 있는 곳이다. 도쿄의 유명한 오타쿠 거리 아키하바라(秋葉原)와 비슷한 곳이다. 1800년대 후반, 현재의 신세카이 지역에서 내국권업박람회(内国勧業博覧会)가 개최되며 새로운 전철 노선이 닛폰바시 지역을 지나게 되었고 현재는 사라진 높이 31m의 전망대 덴보카쿠(眺望閣)가 세워지며 닛폰바시 일대가 번성했다. 이후 태평양 전쟁 전부터 라디오 가게들이 들어섰고 고도성장기에 전자제품을 취급하는 가게들이 늘어났다. 1978년 일본어로 전기의 '전(電)'자의 훈음인 '덴(でん)'에서 착안해 덴덴타운이라는 이름이 붙었다. 90년대부터는 동인지, 게임, 애니메이션, 영화 등 콘텐츠 관련 굿즈를 파는 상점들이 늘어나며 현재와 같은 분위기를 갖추었다.

📍 大阪市浪速区日本橋3~5 / 3~5 Nipponbashi, Naniwa Ward, Osaka
🚈 전철 에비스초역 1-A번 출구 바로 앞

가라아게쿄다이 닛폰바시점 唐揚兄弟 日本橋本店 …… ㊷

'가라아게'라는 단어는 튀김옷을 입히지 않거나 아주 얇게 입혀 기름에 튀긴 요리를 말한다. 가라아게 정식, 치킨난방 정식, 돈카츠 정식 등 정식 메뉴와 카레라이스 덮밥 메뉴도 있다. 단품으로도 제공되기 때문에 술안주로도 무난하다. 개인적으로는 식사보다는 맥주 안주감으로 추천한다.

📍 大阪市浪速区日本橋5-2-18 日東住宅3号館102号 /
　 5-2-18 Nipponbashi, Naniwa Ward, Osaka
🚈 전철 에비스초역 1A번 출구 2분
🕐 12:00~15:00, 17:30~23:00 / 일요일 휴무

세이멘야 　清麵屋 ····· ❹

우리나라 사람들도 일본 라면인 '라멘'을 좋아하는 사람이 많다. 라멘은 먹다 망한다는 먹거리의 도시 오사카에서도 빠지지 않는 음식이다. 인스턴트 라면을 끓여주는 것이 아니라 가게에서 우려낸 육수와 특색이 있는 면을 사용해, 같은 종류의 라멘이라도 식당마다 맛이 다르다. 이 식당은 일본 간장(쇼유) 수프가 특징이다. 일반 라멘과 함께 양념을 찍어 먹는 츠케멘도 취급하고 있다.

📍 大阪市浪速区日本橋西1-4-8 / 1-4-8 Nipponbashinishi, Naniwa Ward, Osaka
🚇 전철 난바역 남쪽관 E8번 출구 7분, 닛폰바시역 5번 출구 9분, 에비스초역 1B번 출구 5분
🕐 11:00~15:00, 18:00~20:00(화요일 18:00~20:00 / 주말 11:00~20:00)

포미에 　ポミエ ····· ❹

일본 요리 중에 빠지지 않는 요리가 덮밥 요리다. 쌀밥 위에 어떤 토핑을 얹느냐에 따라 메뉴가 정해지며 '~동(丼)'의 이름이 붙는다. 돈카츠를 얹은 것은 가츠동, 닭과 계란이 들어간 것은 오야코동, 새우가 들어간 것은 에비동이라고 한다. 이곳에서는 다양한 덮밥 요리를 제공하고 있다. 카레와 돈카츠 정식, 햄버거 정식 등 양식 메뉴도 있다. 보라색 차양막으로 거리의 분위기와는 색다른 세련된 느낌을 주고, 내부도 화려하지는 않지만 깔끔한 인테리어 덕분에 편안한 느낌이다. 양이 많기로 유명한 식당인데다 한 사람당 하나는 주문해야 하니 소식하는 사람은 남기기 쉽다. 양이 큰 사람은 곱빼기에 해당하는 '오오모리(大盛り)'를 주문하면 양껏 먹을 수 있다.

가라아게동에 계란을 추가한 메뉴!

📍 大阪市浪速区日本橋5-17-20 / 5-17-20 Nipponbashi, Naniwa Ward, Osaka
🚇 전철 에비스초역 1-B번 출구 6분
🕐 11:00~17:00 / 목요일 휴무

오사카성 大阪城

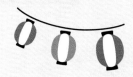

　오사카성은 전국시대를 통일시키고 임진왜란과 정유재란을 일으킨 도요토미 히데요시(豊臣秀吉)가 세운 성이다. 성 축조에는 하루 약 5, 6만 명이 동원되었다고 하며 15년에 걸쳐 완성되었다. 현재의 오사카성은 히데요시의 전성기 시절보다 규모가 많이 축소되었지만 아직도 넓은 면적을 차지하고 있다. 본래 오사카성 부지에는 이시야마 혼간지(石山本願寺)라는 절이 있었는데 이곳은 오다 노부나가(織田信長)에 대항하는 불교 무장 항쟁단체의 본거지였다.

　성의 가장 중심이 되는 건물인 천수각은 도톤보리의 구리코 사인 간판, 츠텐카쿠와 함께 오사카의 상징이다. 오사카 관광에서 오사카성은 빠지지 않는 명소다. 오사카성을 중심으로 정원, 역사박물관과 크루즈 선착장 등이 있다. 오사카성 주변은 다른 지역에 비해 관광 시설은 많지 많으나 오사카 관광의 상징적인 곳이니 꼭 한 번은 들러야 한다.

도요토미 히데요시(豊臣秀吉) 1536～1598년

　도요토미 히데요시는 농민 출신으로, 현재 나고야의 북쪽 기후(岐阜) 지방을 장악한 주력 다이묘인 오다 노부나가(織田信長)의 밑으로 들어가 일했다. 도요토미 히데요시는 신발, 변소를 담당하다가 실력주의자인 오다 노부나가의 눈에 띄면서 출세가도를 달려, 오다의 가신(家臣, 다이묘의 신하)이 된다.

　히데요시는 오다 밑에서 수많은 전투에 참가하며 실력을 키웠다. 그러다 오다 노부나가가 가신의 모반(혼노지의 변)으로 사망한 틈을 타 권력을 잡고 여러 다이묘들을 결속시켜 약 100년간 이어지던 전국시대의 막을 내렸다. 히데요시는 일본 통일에서 멈추지 않고 명나라를 치겠다는 말도 안 되는 욕망에 사로잡혀 조선을 침략했는데, 이것이 바로 임진왜란(1592년)과 정유재란(1597년)이다.

　조선을 침략하고 조선인을 학살한 히데요시는 우리나라 사람들에게 천하의 악인이다. 현지 사극에서도 종종 임진왜란과 정유재란을 다루면서 히데요시의 말년에 대해 비판적인 자세를 취하는 모습을 보이긴 하지만, 도요토미 히데요시는 농민 출신에서 일본을 통일한 무장이 된 입지전적인 출세담으로 많은 일본인들에게 사랑받고 있다. 특히 오사카를 번영시킨 인물이라 오사카에서는 오사카부의 상징 문양을 히데요시의 상징인 호리병을 모티브로 만드는 등 엄청난 애정을 보인다.

나니와바시역
なにわ橋駅

오사카성 주변

기타하마역
北浜駅

덴마바시역
天満橋駅

오사카부청 ●

🌲 나카오에 공원

⑭ 오사카 기업가 뮤지엄

혼마치 거리

⑤ 뉴 베이브
타니마치본점

⑦ 라멘 쓰지

⑥ 카루보나도

⑧ 슈하리 다니마치
욘초메점

사카이스지혼마치역
堺筋本町駅

다니마치욘초메역
谷町四丁目駅

🌲

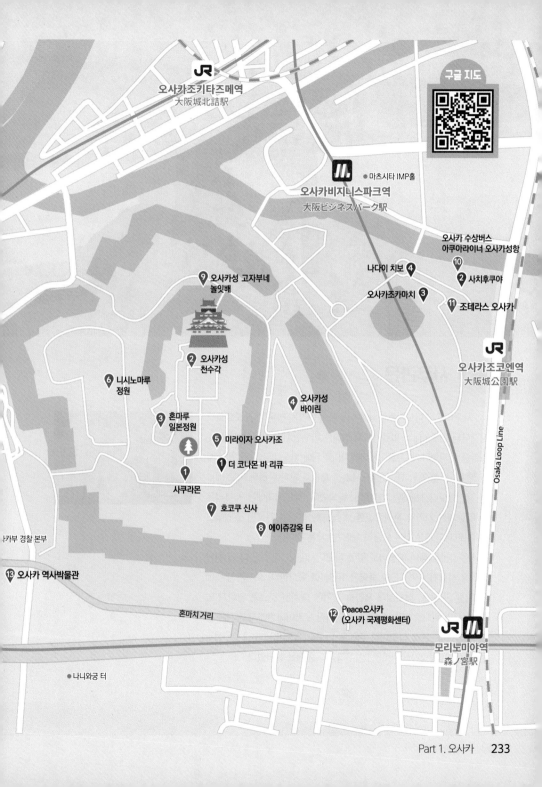

JR
오사카조키타즈메역
大阪城北詰駅

구글 지도

마츠시타 IMP홀
오사카비지니스파크역
大阪ビジネスパーク駅

오사카 수상버스
아쿠아라이너 오사카성항

⑩

나다이 치보 ④   ② 사치후쿠야

오사카조카마치 ③   ⑪ 조테라스 오사카

⑨ 오사카성 고자부네
   놀잇배

JR
오사카조코엔역
大阪城公園駅

② 오사카성
   천수각

⑥ 니시노마루
   정원

④ 오사카성
   바이린

③ 혼마루
   일본정원

⑤ 미라이자 오사카조

① 더 코나몬 바 리큐

① 사쿠라몬

⑦ 호코쿠 신사

⑧ 에이쥬감옥 터

부 경찰 본부

⑬ 오사카 역사박물관

Osaka Loop Line

⑫ Peace오사카
   (오사카 국제평화센터)

JR Ⓜ
모리노미야역
森ノ宮駅

혼마치 거리

나니와궁 터

📷 사쿠라몬 桜門······ ❶
• SPOT •

　사쿠라몬은 니노마루에서 혼마루로 들어가는 정문이다. 도요토미
시대부터 에도시대에 이르기까지 형태는 바뀌었지만 사쿠라몬이라는
이름을 유지했다. 도요토미시대에 이 문 뒤에 벚꽃나무 길이 있어 사
쿠라몬이라 불렸다. 1626년 오사카성 재건축 공사를 하며 에도 막부
가 재건했으나 1868년 화재로 소실되었다. 에도시대에는 사쿠라몬
뒤에 현재는 사라진 혼마루고텐(本丸御殿)이라는 건물이 있었다고
한다. 현재의 문은 일본 육군이 1887년 세운 것이다.

다고이시

　사쿠라몬을 들어가면 바로 앞에 다고이시(蛸石)가 보인다. 엄청난
크기를 자랑하는 거석으로 중량은 108톤에 육박한다. 오사카성 내에
서 가장 큰 돌로, 에도시대 재건축 시기에 배치된 것으로 알려져 있
다. 현재의 위치로부터 약 150km 떨어진 오카야마현에서 가져온 돌
로 추정된다. 본래 다고이시 위에도 야구라(多聞櫓)라고 하는 성곽
감시시설이 있었지만 1868년 사쿠라몬과 함께 소실되었다.

천수각 天守閣 …… ❷

천수각(天守閣)은 성의 가장 높은 누각을 말하며 일본의 모든 성에는 천수각이 있다. 전쟁 시에 사방을 관찰하기 쉬운 망루이기 때문에 전망이 좋다. 도요토미 히데요시가 축성한 오사카성은 이후 여러 번 소실과 재건을 반복하였으며, 1868년에 내전으로 인해 다시 한번 많은 건물이 소실되었다. 1931년에는 오사카 시민들의 기부로 천수각이 재건되었지만 제2차 세계대전 당시 근처에 일본 육군 시설이 많아 미군의 폭격 목표가 되어 크게 파괴되었다. 현재의 천수각은 1983년 콘크리트로 만들어진 현대 건축물이다.

⊙ 09:00~17:00(입장은 16:30까지)
❤ 일반 600엔, 중학생 이하 무료

Part 1. 오사카

천수각 天守閣 …… ❷

천수각(天守閣)은 성의 가장 높은 누각을 말하며 일본의 모든 성에는 천수각이 있다. 전쟁 시에 사방을 관찰하기 쉬운 망루이기 때문에 전망이 좋다. 도요토미 히데요시가 축성한 오사카성은 이후 여러 번 소실과 재건을 반복하였으며, 1868년에 내전으로 인해 다시 한번 많은 건물이 소실되었다. 1931년에는 오사카 시민들의 기부로 천수각이 재건되었지만 제2차 세계대전 당시 근처에 일본 육군 시설이 많아 미군의 폭격 목표가 되어 크게 파괴되었다. 현재의 천수각은 1983년 콘크리트로 만들어진 현대 건축물이다.

⊙ 09:00~17:00(입장은 16:30까지)
❤ 일반 600엔, 중학생 이하 무료

　현재 천수각은 내부에 엘리베이터도 완비한 박물관의 기능을 하고 있다. 히데요시의 일대기부터 오사카성전투 등 전국시대와 관련된 역사 자료를 전시하고 있다. 내부에 오사카전투를 설명하는 시설이 있는데 한국어 서비스도 제공하고 있으니 일본 역사에 관심 있다면 둘러보기를 추천한다. 꼭대기 층인 8층은 전망대로, 오사카 시내를 50m 상공에서 전망할 수 있다.

　성의 외벽을 보면 6층부의 외벽만 색상이 다른 것을 알 수 있는데, 그 부분만 도요토미 히데요시 시절의 오사카성을 재현한 것이다. 히데요시는 화려한 색, 그중에서도 특히 황금색을 좋아해 건물 디자인에도 자신의 취향을 반영했다. 현재의 오사카성은 외관만 전국시대의 성이지 현대 건축물이나 다름없는데다 역사 고증에도 오류가 있기 때문에 문화유산적 가치는 크지 않다고 한다.

　여담으로 천수각 입구 오른쪽에는 대포 하나가 놓여 있는데 이는 1800년대에 오사카성 근처에 육군 시설이 있던 시절 사용되었던, 정오를 알리는 대포라고 한다.

혼마루 일본정원　本丸日本庭園······ ③
• SPOT •

　천수각 사진을 찍으려면 이곳을 추천한다. 천수각 남서쪽에 자리 잡은 작은 일본식 정원이다. 정원은 연못과 수목이 어우러진 정원인 지천회유식(池泉回遊式)으로 조성되어 있다. 일본정원 바로 옆에 정사를 주도했던 궁전인 키슈고덴 터(紀州御殿跡)가 있는데, 혼마루 일본정원은 1600년대 천수각 복원 시 이 키슈고덴의 정원으로 만들어진 것이다. 사람들로 붐비는 천수각 앞보다도 한적한 일본정원에서 바라보는 천수각이 더 아름답다. 경치가 아름다워 종종 신혼부부들이 결혼 사진을 촬영하러 오기도 한다.

📷 오사카성 바이린

•SPOT• 大阪城梅林 ······ ④

한국식으로 읽으면 매화 숲인 '매림'이다. 천수각 동쪽에 있
으며 내해자와 외해자 사이에 위치한 삼각형 모양의 땅에
1,000여 그루의 매화나무가 심어져 있다. 매화가 본격적으로
개화하는 시기인 2월에서 3월초 하얀색, 붉은색, 연분홍색의
꽃들이 절경을 만들어낸다. 매화가 만개할 때 가면 향긋한 꽃
향기를 맡을 수 있다. 겨울방학 시즌에 간다면 들러보기를 추천
한다.

📷 미라이자 오사카조

•SPOT• MIRAIZA OSAKA-JO ······ ⑤

본래 이 건물은 1931년 오사카성 천수각 재건과 오사카성
공원 신설에 맞춰 들어선 일본 육군 제4사단사령부 건물이었
다. 외관은 중세 유럽의 성을 모티브로 지었으며 당시 일본 관
공서 건물의 전형적인 구조를 가지고 있다. 전후에는 오사카시
경찰청 청사로 쓰였다가 현재는 각종 상업 시설과 전시관이 들
어선 건물로 변모했다. 천수각 바로 앞에 있어 접근성이 좋으
며, 내부에는 식당뿐 아니라 전국시대 테마의 기념품 가게 등도
있어 잠시 들르기 좋다.

🕘 09:00~18:00 🌐 https://miraiza.jp

📷 니시노마루 정원

•SPOT• 西の丸庭園 ······ ⑥

니시노마루 정원은 천수각 서쪽에 위치한 정원이다. 약
65,000m² 로 거대한 규모를 자랑하며, 잔디밭과 수목이 어울
려 아름다운 경치를 연출한다. 사람들이 니시노마루 정원을 가
장 많이 찾는 시기는 봄이다. 정원에 약 300그루의 벚꽃나무가
있어 봄에는 벚꽃구경을 하러 온 사람들로 인산인해를 이룬다.
벚꽃 외에도 매화, 철쭉, 단풍, 설경 등 계절별로 꽃과 자연이
어우러져 멋진 풍경을 구경할 수 있다.

🕘 24시간 Ⓨ 일반 200엔, 중학생 이하 무료

📷 호코쿠 신사 豊国神社⋯⋯ ❼

도요토미 히데요시의 위패가 놓여 있는 신사다. 본래 나카노시마(中之島)에 있었지만 오사카 성내로 옮기자는 여론으로 1961년 현재 위치로 옮겨졌다. 신사의 입구인 도리이(鳥居) 앞에는 2007년에 세운 히데요시의 동상이 있는데 남겨져 있는 히데요시의 초상화를 바탕으로 고증을 거쳐 만든 동상이라고 한다. 실제로 히데요시는 동상처럼 정말 왜소하고 못생겼었다고 한다. 히데요시는 입지전적인 출세담으로 유명하기 때문에 호코쿠 신사는 출세를 기원하는 신사로 유명하다. 본전 옆에는 슈세키테이(秀石庭)라는 작은 정원이 있다. 히데요시(秀吉)와 오사카성 부근의 옛 지명인 이시야마(石山)에서 한 글자씩 따온 것이라 한다. 오사카 발전의 원동력이 된 바다와 옛 지명인 이시야마를 형상화하여 표현한 정원을 감상할 수 있다.

호코쿠 신사와 도요토미상

📍 大阪市中央区大阪城2-1 / 2-1 Osakajo, Chuo Ward, Osaka
🚇 전철 다니마치욘초메역 1-B번 출구 13분, 덴마바시역 3번 출구 15분
🌐 https://www.osaka-hokokujinja.org

📷 에이쥬감옥 터
衛戍監獄跡⋯⋯ ❽

📍 大阪市中央区大阪城2-3 / 2-3 Osakajo, Chuo Ward, Osaka
🚇 전철 다니마치욘초메역 1-B번 출구 15분, 덴마바시역 3번 출구 17분

호코쿠 신사 뒷문으로 나와 성벽 방향으로 비포장도로를 걷다 보면 인적이 드문 곳에 시비와 관광 안내판이 있는 것을 볼 수 있다. 이곳은 예전 오사카 위수감옥이 있던 곳으로, 훙커우 공원에서 폭탄을 날려 일제 고위인사들을 처단한 윤봉길 의사가 갇혀 있던 곳이다. 윤봉길 의사는 상해에서 1932년 11월 이곳으로 이감되었다가 다음달 가나자와로 이송되어 총살형을 당했다. 오사카성에 들렀다면 꼭 방문하기를 권한다. 시비에 적힌 시는 젊은 나이에 병으로 요절한 일본의 반전 시인, 츠루아키라(鶴彬)가 쓴 시다. 정부를 비판하는 반전 시를 쓰다가 치안유지법에 의해 체포됐을 때 이곳에 수감되었다고 한다.

오사카성 고자부네 놀잇배 大阪城御座船······ 9

천수각 북쪽 해자에서 시작해 오사카성의 해자 중 물이 채워져 있는 부분을 한 바퀴 도는 놀잇배다. 오사카성전투 400년을 기념해 운행을 시작했다고 한다. 약 20분 코스로 땅에서는 잘 보이지 않는 해자 안쪽도 볼 수 있다. 배를 타고 성벽을 올려다보면 웅장함에 압도된다. 이 고자부네는 오사카성 기록화에 나타난 히데요시의 배인 호오마루(鳳凰丸)를 참고해 재현한 것이다. 황금을 좋아했던 히데요시의 취향이 잘 나타난 배다.

고자부네 선착장

- 📍 大阪市中央区大阪城 2 / 2 Osakajo, Chuo Ward, Osaka
- 🚇 전철 덴마바시역 3번 출구 15분, 오사카비즈니스파크역 1번 출구 10분
- 🕙 10:00~16:30
- 💴 성인 1,500엔, 65세 이상 1,000엔, 초등·중학생 750엔, 미취학 아동 무료
- 🌐 https://www.banpr.co.jp

 ## 오사카 수상버스 아쿠아라이너 오사카성항

大阪水上バス アクアライナー 大阪城港······ 10

아쿠아라이너에서 본 오사카공회당

다이니네야(第二寝屋川)강에 위치한 오사카성항에서 오오카와(大川)강 가운데 있는 나카노시마까지 왕복하는 크루즈선이다. 낮은 교각 밑을 지나가기 위해 선체가 매우 낮으나 여객실 천장까지 유리로 되어 있어 개방감이 좋다. 수위가 높을 때는 천장을 아래로 내리도록 가동식으로 만들어져 있다. 강과 운하가 많아 물의 도시라고도 불리는 오사카의 경치를 40분 동안 배를 타고 즐길 수 있다. 오사카성 천수각의 높은 곳에서 바라보는 경치와 강을 따라 낮은 곳에서 바라보는 경치는 색다른 느낌이다. 기상 상황이나 선박 수리 등의 이유로 운항을 하지 않는 경우도 있다.

오사카성항

- 📍 大阪市中央区城見1-3-2 / 1-3-2 Shiromi, Chuo Ward, Osaka
- 🚇 전철 오사카조코엔역 2번 출구 2분
- 🕙 10:00~16:00(주말에는 17:00까지 운행하는 경우도 있음)
- 💴 성인 2,000엔, 초등학생 1,000엔,
  무릎 위에 앉을 정도의 유아는 성인 1인당 1명 무료
- 🌐 https://suijo-bus.osaka/intro/aqualiner

· SPOT · **조테라스 오사카**   JO-TERRACE OSAKA······ ⑪

'걷다가 차 한잔할 수 있는 녹음 우거진 성 아래 마을'이라는 테마
로 2017년에 오사카성 공원 안에 조성된 현대식 공간이다. 오사카성
북동부, 아쿠아라이너 오사카성항 바로 앞에 위치하고 있다. A 테라
스부터 G 테라스까지 있으며 카페, 레스토랑, 기념품 가게 등이 입점
해 있다. 오사카성 공원을 산책하다가 휴식하기에 좋은 곳이다. 오사
카성이 보이는 창가에서 커피 한잔의 여유를 가져보자.

조테라스

기념품 가게

📍 大阪市中央区大阪城3-1 / 3-1 Osakajo, Chuo Ward, Osaka
🚉 JR오사카조코엔역 2번 출구 1분
🕐 10:00~22:00(점포에 따라 상이)
🌐 https://jo-terrace.jp

· SPOT · **Peace오사카(오사카 국제평화센터)**
ピースおおさか(大阪国際平和センター)······ ⑫

전쟁의 비참함과 평화의 소중함을 전하는 시설이다. 오사카성 공원 남쪽에 위치하고
있으며 제2차 세계대전 당시인 1945년 오사카공습을 중심으로 전시가 기획되어 있다.
중정에는 오사카공습으로 인한 희생자들의 목록이 적힌 '시간의 정원'이 있다. 당시 오
사카에는 한반도에서 건너간 사람들도 많아 중간중간 한국인의 이름도 보인다.

전쟁으로 인해 끔찍한 피해를 입은 민간인들의 참상을 잘 기록하고 있기는 하지만 이
곳에서는 자신들이 왜 전쟁을 일으켰으며 그 과정에서 어떤 잘못을 저질렀는지에 대한
설명은 빠져 있고, 오사카 공습으로 인해 오사카가 피해를 입은 내용과 전후 복구에 관
한 단편적인 이야기밖에 없다. 즉, 전쟁으로 인해 피해를 입은 민간인들의 생활을 기록
한 수준의 전시관이다. 전쟁에 대한 다각화되고 심도 있는 전달이 없어 박물관의 평화
에 대한 철학은 관람객에게 피상적으로만 다가올 뿐이다. 일본의 전쟁 피해자 코스프레
가 어떤 식으로 진행되고 있는지 알 수 있다. 일본의 역사관과 일본의 역사 교육 현실을
엿볼 수 있는 공간으로, 학기 중 평일에는 많은 일본 학생들이 견학차 방문한다.

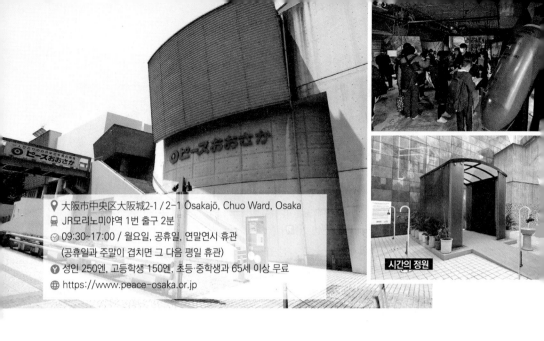

📍 大阪市中央区大阪城2-1 / 2-1 Osakajō, Chuo Ward, Osaka
🚇 JR모리노미야역 1번 출구 2분
🕐 09:30~17:00 / 월요일, 공휴일, 연말연시 휴관
   (공휴일과 주말이 겹치면 그 다음 평일 휴관)
💴 성인 250엔, 고등학생 150엔, 초등·중학생과 65세 이상 무료
🌐 https://www.peace-osaka.or.jp

시간의 정원

 ## 오사카 역사박물관
• SPOT •

大阪歷史博物館······ ⑬

오사카 역사박물관은 오사카성 남서쪽 NHK 오사카 방송회관과 연결된 베이지색 건물에 있다. '역사와 대화하고 현재와 미래를 생각한다'라는 모토로 만들어졌다. 7층부터 10층까지가 상설 전시관이고, 10층부터 아래로 내려올수록 점점 현대에 가까워지는 순서다. 10층에는 현재 터만 남아 있는 오사카성 남쪽의 나니와궁(難波宮) 대극전을 재현한 공간이 있는데 기둥 굵기가 어마어마하다. 9층에는 전국시대의 오사카 발전상을 그리고 있다. 8층은 문화재 발굴과정을 다루고 7층은 근대부터 현대까지의 역사를 다루고 있다. 6층에서는 특별 전시회를 하고 있다. 1층부터 4층까지는 안내데스크, 강당, 연구실로 사용되고 있다. 한국어를 지원하는 오디오 가이드를 200엔으로 대여할 수 있으며, 층마다 간이 전망대가 있어 오사카 시내를 전망할 수 있다.

📍 大阪市中央区大手前4-1-32 / 4-1-32 Otemae, Chuo Ward, Osaka
🚇 전철 다니마치욘초메역 9번 출구 2분
🕐 09:30~17:00 / 화요일, 연말연시 휴무
💴 성인 600엔, 고등~대학생 400엔, 중학생 이하 무료, 상설전시+오사카성 천수각 세트권 성인 1,000엔
🌐 https://www.osakamushis.jp

오사카 기업가 뮤지엄

大阪企業家ミュージアム······ ⑭

오사카 기업가 뮤지엄은 오사카 상공합의소 창립 120주년 기념사업으로 2001년 개설되었다. 초등학생부터 노년층에 이르는 다양한 연령층의 국내외 관람객이 연간 2만 명 정도 박물관에 방문하고 있다. 한국어, 일본어, 영어, 중국어 음성 가이드를 무료로 지원한다. 박물관은 일본의 개항기부터 현대까지의 오사카 산업 발전에 공헌한 기업가들의 꿈, 고난, 성공의 기쁨을 생생하게 전달해서 후세에게 전달하는 것을 목적으로 하고 있다. 섬유, 철도, 전력, 항공, 우주 산업 등 여러 분야에 발을 담았던 기업가와 관련된 자료들을 전시하고 있다. 아사히 맥주와 미즈노 등 한국에도 잘 알려진 일본 기업들의 역사를 볼 수 있어 흥미로운 전시물이 많다. 내부는 촬영금지다.

⊘ 10:00~17:00
/ 월, 일, 공휴일 휴무
🅈 성인 300엔
⊕ https://www.kigyoka.jp

📍 大阪市中央区本町1-4-5 大阪産業創造館B1F / B1F 1-4-5 Honmachi, Chuo Ward, Osaka
🚇 전철 사카이스지혼마치역 2번 출구 4분

 ## 더 코나몬 바 리큐　The Konamon Bar Rikyu······ ❶

오사카성 천수각 바로 앞에 있는 상업시설 MIRAIZA OSAKA-JO에 있는 가게다. 오사카의 로컬 푸드를 세계인들에게 알리고자 하는 콘셉트로 운영하고 있다. 타코야키, 가라아게(닭튀김), 감자 튀김 등 비교적 가벼운 간식과 맥주와 음료를 판매한다. 천수각 관광객들의 피로를 풀어주는 휴게소다. 참고로 이름의 '리큐'는 히데요시 시절 일본의 차도(茶道)를 정립한 유명한 스님의 이름인 '센노 리큐(千利休)'에서 따온 것이다.

📍 大阪市中央区大阪城1-1 MIRAIZA OSAKA-JO 1F / 1F 1-1 Ōsakajō, Chuo Ward, Osaka
🚇 JR오사카코엔역 2번 출구 7분
⊘ 09:00~18:00

사치후쿠야 JO-TERRACE OSAKA점　さち福や JO-TERRACE OSAKA店 …… ②

JO-TERRACE OSAKA에 있는 식당으로 일본 전국에 체인을 가진 일본식 전문 식당이다. 식당 이름(さち福や) 아래에 '마이도오오키니 쇼쿠도(まいどおおきに食堂)'라는 글이 쓰여 있다. 항상 대단히 고맙다는 간사이식 표현이다. 입구 쇼케이스에는 수십 종류의 음식 견본이 전시되어 있어 밖에서 미리 메뉴를 정하고 들어가는 것이 편하다. 매장에 들어가면 어느 양식집 부럽지 않은 세련된 인테리어가 한눈에 들어온다. 아궁이에서 지은 밥맛과 밸런스를 갖춘 반찬으로 '제2의 식탁'이라는 콘셉트의 정식 요리집이다.

📍 大阪市中央区大阪城3-1-101 C TERRACE 1F / 1F C TERRACE 3-1-101 Ōsakajō, Chuo Ward, Osaka
🚇 JR오사카조코엔역 2번 출구 3분, 전철 오사카비즈니스파크역 1번 출구 4분
🕐 11:00~20:00(이벤트가 있으면 22:00까지) / 휴무: JO-TERRACE OSAKA시설에 따름

오사카조카마치　大阪城下町 …… ③

일본에서 조카마치(城下町)는 성 아래에 있는 서민들이 사는 마을을 말한다. 사람들이 많이 살며 교류가 활발하다 보니 음식 문화도 발달한 지역이다. JO-TERRACE OSAKA에 있는 오사카 조카마치는 7개의 라멘 전문점이 들어서 오사카를 비롯해 도쿄, 오카야마 라멘을 골라 먹을 수 있다. 오사카에 왔으니 닭과 돼지 뼈로 우려낸 육수를 베이스로 하는 오사카 대표 라멘 '멘도 지콘(麺道 而今)'을 먹어볼 것을 추천한다.

📍 大阪市中央区大阪城3-1 E TERRACE 2F / 2F E TERRACE 3-1 Ōsakajō, Chuo Ward, Osaka
🚇 JR오사카조코엔역 2번 출구 3분, JR모리노미야역 3-A번 출구 10분,
　 전철 오사카비즈니스파크역 1번 출구 4분,
🕐 11:00~21:00

나다이 치보 JO-TERRACE OSAKA점　名代 千房 JO-TERRACE OSAKA店 …… ④

　JO-TERRACE OSAKA에 있는 식당으로 오사카 명물 오코노미야키 전문점이다. 이 밖에도 고기, 어패류의 철판구이 등 다양한 메뉴를 갖추고 있다. 그중에서 일본산 등심 스테이크는 나다이치보의 간판 메뉴다. 카운터 석에 앉아 눈앞에서 요리하는 모습을 보면서 눈으로도 즐길 수 있는 맛이다. 레어로 구운 고기를 와사비 간장이나 오로시본즈(무를 갈아 과즙이나 간장을 더한 양념)에 찍어 먹으면 최상의 맛을 즐길 수 있다.

📍 大阪市中央区大阪城3-1 E TERRACE 1F / 1F E TERRACE 3-1 Ōsakajō, Chuo Ward, Osaka
🚇 JR오사카조코엔역 3분, JR모리노미야역 3-A번 출구 10분, 전철 오사카비즈니스파크역 1번 출구 4분
🕐 11:00~18:00(주말, 공휴일은 20:00까지) / 월요일 휴무

뉴 베이브 타니마치본점　ニューベイブ谷町本店 …… ⑤

　치바산 하야시SPF포크를 사용한 돈카츠 전문점이다. 항생물질을 최대한 억제한 곡물 중심의 사료를 사용해 육질이 부드럽고, 향이 좋으며 지방이 적은 돼지고기를 사용한다. 이 식당의 특징은 음식이 담긴 그릇이 독특하다는 것이다. 메인 메뉴인 고기가 가운데 있고 고기를 중심으로 여러 종류의 소스가 배치되어 있는데 그 모습이 미술 팔레트를 연상시킨다. 영귤과즙, 생후추, 유자후추, 미소, 올리브 오일, 간장, 소금, 무화과소스 등 다양한 양념의 소스를 제공해 하나의 고기로 다양한 맛을 느끼게 한다. 한국어 메뉴판을 제공하며, 가게는 건물의 1층에 있는 반대쪽 도로와 연결되는 통로에 위치해 있다. 가게가 좁은데 인기가 많아서 20분 정도는 기본으로 줄 설 각오를 하고 가야 한다.

📍 大阪市中央区内本町2-3-8 / 2-3-8 Uchihonmachi, Chuo Ward, Osaka
🚇 전철 다니마치욘초메역 3번 출구 5분, 사카이스지혼마치역 2번 출구 5분
🕐 11:00~15:00, 17:00~20:00

카루보나도 かるぼなぁど ······ 6

허름해 보이는 입구다. 노렌(식당 입구의 가림막 천) 뒤로 보이는 사람들의 손때가 가득한 목재 출입문과 세로 방향으로 쓰인 간판이 인상적이다. 오사카성을 관광한 후 점심 식사를 하기에 적당한 가성비 좋은 식당이다. 간판 요리는 숯불에 구운 닭고기, 미소 된장국과 찰기 넘치는 쌀밥이 조화를 이루는 스미야키도리테쇼쿠(炭焼き鶏定食)다.

📍 大阪市中央区谷町3-4-9 OHM ビル 1F / 1F 3-4-9 Tanimachi, Chuo Ward, Osaka,
🚇 전철 다니마치욘초메역 6번 출구 1분, 전철 다니마치로쿠초메역 5번 출구 8분
🕐 공식 영업시간 정보 없음

라멘 쓰지 Ramen 辻 ······ 7

현지인이 많이 찾는 라멘 전문점이다. 라멘 쓰지는 오픈 전부터 문앞에 서 있는 행렬을 볼 수 있다. 내부는 따뜻하면서도 모던한 느낌이 들고, 카운터석엔 칸막이가 있어 편안한 식사를 할 수 있다. 라멘은 닭육수를 베이스로 거품이 많고 부드러운 국물이 특징이며 간장(쇼유) 라멘과 소금(시오) 라멘 중 하나를 고를 수 있다.

📍 大阪市中央区鎗屋町1-1-10 / 1-1-10 Yariyamachi, Chuo Ward, Osaka
🚇 전철 다니마치욘초메역 6번 출구 2분
🕐 11:30~14:30, 17:30~21:15(주말, 공휴일 11:30~21:15)

슈하리 다니마치욘초메점 守破離 谷町四丁目店 ······ 8

슈하리는 메밀 열매를 갈아서 직접 제분해 면을 만드는 소바(메밀면) 전문점이다. 기본면은 메밀 80% 함량이고, 170엔을 추가하면 메밀 100% 함량(十割, 쥬와리)의 소바를 즐길 수 있다. 소바 면의 향이 정말 좋다. 생와사비도 매장에서 직접 갈아 만든다. 이 일대의 소바집 중에 가장 인기가 많다. 줄을 서 있으면 먼저 메뉴를 보고 주문하고 들어가는 시스템이다.

📍 大阪府大阪市中央区常盤町1-3-20 / 1-3-20, Tokiwamachi, Chuo Ward, Osaka
🚇 전철 다니마치욘초메역 6번 출구 3분
🕐 11:30~14:30, 17:30~21:00

신세카이, 시텐노지, 츠루하시
新世界, 四天王寺, 鶴橋

기타, 난바 지역이 현대적인 오사카를 보여준다면 신세카이, 시텐노지, 츠루하시 지역은 오사카의 역사와 문화를 체험할 수 있는 곳이다. 신세카이는 20세기의 모습을 간직하고 있고, 시텐노지는 1,400년 전 오사카의 모습을 간직하고 있으며, 츠루하시는 20세기 초중반 일본으로 넘어가 터를 잡은 재일동포들이 일본 사회에 섞여 한일의 문화가 융합된 독특한 분위기를 느낄 수 있다. 오사카의 과거, 현재, 미래를 느껴보자.

이 세 지역은 오사카 미식의 중심기도 하다. 신세카이에서는 쿠시카츠(꼬치튀김), 츠루하시에서는 야키니쿠(불고기)가 현지인과 관광객들에게 사랑받고 있다. 일본의 부엌이라는 오사카의 타이틀에 걸맞게 각양각색의 맛을 제공하는 중심지들이다.

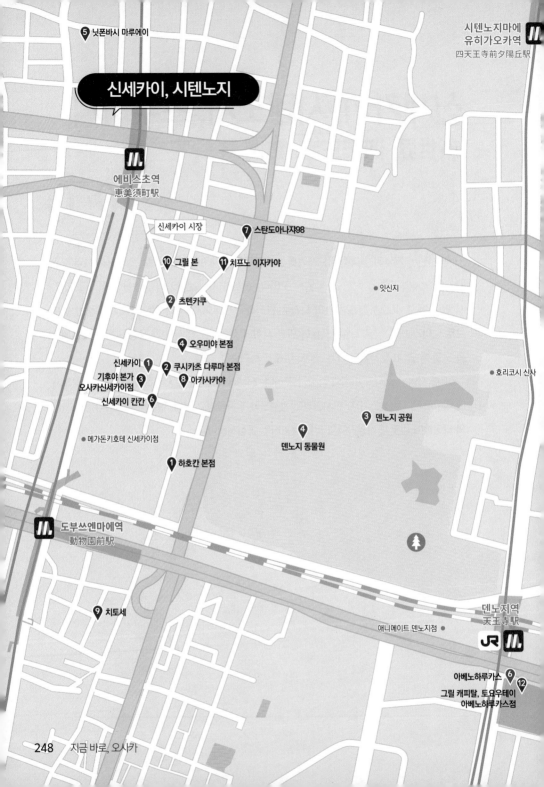

신세카이, 시텐노지

⑤ 닛폰바시 마루에이

시텐노지마에
유히가오카역
四天王寺前夕陽丘駅

에비스초역
恵美須町駅

신세카이 시장

⑦ 스탄도아나쟈98

⑩ 그릴 본   ⑪ 치프노 이자카야

● 잇신지

⑫ 츠텐카쿠

④ 오우미야 본점

신세카이 ①
기후야 본가 ③
오사카신세카이점
신세카이 칸칸 ⑥

② 쿠시카츠 다루마 본점
⑧ 아카사카야

● 호리코시 신사

③ 덴노지 공원

● 메가돈키호테 신세카이점

④ 덴노지 동물원

① 하호칸 본점

도부쓰엔마에역
動物園前駅

덴노지역
天王寺駅

⑨ 치토세

애니메이트 덴노지점

JR

아베노하루카스 ⑥
그릴 캐피탈, 토요우테이
아베노하루카스점   ⑫

⑤ 시텐노지

츠텐카쿠 – 254p

구글 지도

JR
나가이역
長居駅

Ⅲ 나가이역
長居駅

⑦ 나가이 식물원

스지 도로

⑥ 오사카아베노바시역
大阪阿部野橋駅

츠루하시

19 우오하치쇼텐
츠루하시점

츠루하시 시장

14 코히칸 로쿠바

소라 츠루하시본점 17   18 츠루하시 후게츠
본점

츠루하시역 Ⅲ JR ◎
鶴橋駅

● 오사카 적십자병원

다마츠쿠리스지 도로

기타츠루 후레아이 공원

Osaka Loop Line

● 호텔 트라드

모모다니 야구장

13 츠루하시 마구로 쇼쿠도

8 츠루하시 시장

9

KOREA TOWN

오사카 이쿠노 코리아타운 - 271p

16 오코노미야키
오모니

15 나가레루 센넨

미유키 상점가

야에 신사

● 미유키모리 신사

9 오사카 이쿠노
코리아타운

 신세카이 新世界······ **①**
 • SPOT •

한자를 그대로 읽으면 신세계라는 뜻이다. '신세계'라는 이름과는 달리 신세카이는 오사카 남부의 대표적인 서민 거리이다. 이러한 레트로한 분위기가 이 거리의 상품이 되었다. 대표적인 먹거리인 쿠시카츠 식당과 허름해 보이는 술집이 많이 자리 잡고 있다. 신세카이의 역사는 1903년 이 지역에서 개최된 박람회(第5回内国勧業博覧会)가 끝나고 부지의 동쪽 절반에 덴노지 공원이 들어서고, 서쪽 중앙에 츠텐카쿠를 중심으로 번화가인 신세카이가 조성되면서 시작되었다. 신세카이 조성 당시의 콘셉트는 '서양을 대표하는 파리와 뉴욕을 모방하면서 새로운 문화와 풍속을 수입, 융합한다'로 말 그대로 신세계를 만드는 것이었다.

제2차 세계대전 후 츠텐카쿠를 재건축하며 잔잔요코초(ジャンジャン

명칭은 신세계인데 풍경은 구세계의 느낌

橫丁) 골목을 활성화시키고자 했지만 1958년 매춘방지법이 실시되면서 다른 풍속거리와 함께 쇠퇴하기 시작했고 1961년에 일용직 노동자들이 일으킨 니시나리 폭동(西成暴動)이 발생하여 인접한 신세카이도 이미지가 나빠져 위기를 맞는다. 하지만 1990년대부터 쇼와시대(1926~1989년)의 여운을 그리는 사람들이 찾아오며 입소문이 나기 시작하고, 레트로 감성을 느끼고 싶어하는 사람들이 방문하면서 현재와 같이 활기찬 거리가 되었다. 2010년대부터 외국인 관광객도 찾기 시작한 곳이다. 결과적으로 70~90년대의 불황이 현재의 신세카이 특유의 분위기를 만들어내며 인기를 얻고 있다.

신세카이를 지켜주는 신, 빌리켄(ビリケン)

신세카이를 돌아다니다 보면 똑같이 생긴 황금색 조형물을 볼 수 있다. 츠텐카쿠 전망대에 들어가면 가장 먼저 보이는 것도 빌리켄상이다. 빌리켄은 행운의 신으로 1908년 미국의 예술가 플로렌스 플리츠가 제작해 1909년 일본에 들어왔다. 가내 화목, 상업 번영의 신으로 일본의 번화가를 중심으로 유행했다고 한다. 신세카이가 조성되면서 빌리켄은 오사카로 들어와 현재 신세카이의 상징으로 자리잡았다. 빌리켄이 앉아있는 발바닥을 만지면 복이 온다고 알려져 빌리켄상은 전부 발바닥이 맨들맨들하다. 츠텐카쿠에 있는 빌리켄상은 사람들이 몇 십 년간 너무 많이 만져서 발바닥이 쓸려 신세카이 100주년 기념으로 새로 만들었을 정도다.

츠텐카쿠 전망

📷 **츠텐카쿠**

•SPOT• 通天閣 ⋯⋯ ②

츠텐카쿠는 신세카이 지역이 조성될 때 건립되었다. 1912년 지어져 1943년까지 있던 첫 번째 츠텐카쿠는 현재의 츠텐카쿠와는 다른 모습이었다. 기둥 부분은 파리의 개선문, 탑 부분은 에펠탑의 꼭대기를 모방한 형태였다. 높이는 75m로 당시 일본에서 가장 높은 건축물이었다고 한다. 1대 츠텐카쿠는 인접한 영화관에서 발생한 화재로 인해 많은 손상을 입어 해체되었다. 현재의 2대 츠텐카쿠는 1956년에 만들어진 것이다. 전쟁 후 신세카이 부흥을 위해 근처 주민들과 상인들의 모금으로 지어졌다고 한다. 나이토 타츄(内藤多仲)라는 건축가가 츠텐카쿠의 설계를 맡았고, 그 이후에 도쿄 타워의 설계도 맡는다. 어딘가 서로 닮아 있는 것은 이 때문이 아닐까? 현재의 츠텐카쿠는 높이 108m로 전망대에 올라가면 오사카 시내가 한눈에 내려다 보인다. 내부에는 전방 엘리베이터가 2대 있는데 엘리베이터의 천장에 각각 금, 은을 테마로 장식이 되어있다.

📍 大阪市浪速区恵美須東1-18-6 / 1-18-6 Ebisuhigashi, Naniwa Ward, Osaka

🚃 전철 에비스초역 3번 출구 3분

🕐 전망대 10:00~20:00, 와쿠와쿠란도 10:00~19:30

💴 15세 이상 1,000엔, 5~14세 500엔

🌐 https://www.tsutenkaku.co.jp

🛒 히호칸 본점   秘宝館本店 …… ❶

츠텐카쿠 주변을 거닐다 보면 마치 80~90년대, 그 이전의 분위기도 엿볼 수 있다. 오락실 히호칸 본점은 이 지역의 대표적인 가게다. 입장을 하면 호빵맨, 가면 라이더, 도라에몽 등의 캐릭터 게임기들이 있으며, 경품 과자를 넘어뜨리는 사격장도 있다. 사격장의 길이는 10m가 넘는데 일본 최대 길이라고 한다. 이 밖에도 밧줄 던지기 게임 등 일본의 전통 게임을 즐길 수 있는 공간이 있다. 게임 센터에는 우리나라에서도 인기가 있었던 게임기부터 일본스러운 레트로 게임기들이 많이 있다. 츠텐카쿠 주변에서는 히호칸뿐 아니라 곳곳의 다양한 레트로 게임장을 볼 수 있다.

📍 大阪市浪速区恵美須東2-4-10 / 2-4-10 Ebisuhigashi, Naniwa Ward, Osaka
🚇 전철 도부쓰엔마에역 5번 출구 4분, 에비스초역 3번 출구 5분

쿠시카츠 다루마 본점   新世界元祖串かつだるま本店 …… ❷

신세카이에서 쿠시카츠는 빠질 수 없는 메뉴. 쿠시카츠 다루마는 1929년에 창업하여 오사카에만 14개 점포를 가진 쿠시카츠 전문점으로, 이곳이 본점이다. 쿠시카츠뿐 아니라 소스 두 번 찍어 먹는 것 금지, 양배추 무제한 제공 등 쿠시카츠 문화까지 만든 원조 가게다. 4대째 이어 오는 노포이지만 새로운 시도를 두려워하지 않고, 다양한 이벤트를 기획한다. 특제 소스, 튀김 옷, 기름 등 세 가지의 절묘한 밸런스가 특징이다. 이것저것 고르기 망설여진다면 세트 메뉴를 주문해서 다양한 종류를 맛보고, 마음에 드는 메뉴는 단품으로 추가해서 먹는 것을 추천한다.

📍 大阪市浪速区恵美須東2-3-9 / 2-3-9 Ebisuhigashi, Naniwa Ward, Osaka
🚇 전철 도부쓰엔마에역 1번 출구 4분, 에비스초역 3번 출구 4분
🕐 11:00~22:30

쿠시카츠 가게에 들어가면 테이블에 붙어 있는 문구 중 '二度づけお断り'를 발견할 수 있다. 일반적으로 쿠시카츠 식당 테이블에는 스테인리스 통에 담긴 소스가 놓여 있다. 쿠시카츠를 이 소스에 찍어 먹는데 쿠시카츠 하나당 소스 통에 한 번만 담그라는 의미다. 한 번 먹고 나면 침이 묻는데 다시 소스를 찍으면 위생상 좋지 않기 때문이다. 쿠시카츠 먹는 에티켓이니 꼭 지키도록 한다.

기후야 본가 오사카신세카이점   ぎふや本家 大阪新世界店 ······ ③

100년 이상의 역사를 가진 식당으로 일본의 대표 음식인 쿠시카츠와 스키야키, 샤부샤부 등을 즐길 수 있다. 일본산 흑와규를 사용한 샤부샤부와 스키야키 코스 요리는 점장이 권하는 추천 메뉴. 단품 쿠시카츠도 있지만 여러 종류의 쿠시카츠를 맛볼 수 있는 세트 요리도 있어 다양하게 즐길 수 있다. 90분 안에 음료를 무제한 마실 수 있는 음료 세트 '노미호다이(飮み放題)'도 준비되어 있다.

📍 大阪市浪速区恵美須東2-5-9 / 2-5-9 Ebisuhigashi, Naniwa Ward, Osaka
🚃 전철 도부쓰엔마에역 5번 출구 3분, JR신이마미야역 동쪽 출구 3분
🕐 11:00~22:00

오우미야 본점　近江屋本店 …… ④

오우미야 본점은 츠텐카쿠로부터 5분 거리에 있으며 간판에 세로 글씨로 '串かつ'라고 크게 쓰여 있다. 이곳 쿠시카츠는 매끄럽지 않고 약간 울퉁불퉁하면서 두툼한 모양이다. 일반적으로 쿠시카츠의 튀김 옷은 빵가루인데 이곳은 참마(山いも)를 사용해서 모양이 일정하지 않다고 한다. 맛과 모양이 독특한 쿠시카츠를 맛보려면 오우미야 본점에 방문해보는 것을 추천한다. 참고로 일본인들 사이에서 쿠시카츠와 궁합이 잘 맞는 음료가 맥주라 하니 맥주 한 잔과 함께 색다른 맛의 쿠시카츠를 즐겨보는 것도 좋을 것이다.

📍 大阪市浪速区恵美須東2-3-18 / 2-3-18 Ebisuhigashi, Naniwa Ward, Osaka
🚇 전철 에비스초역 3번 출구 4분, 도부쓰엔마에역 5번 출구 6분, JR신이마미야역 동쪽 출구 7분
🕐 12:00~14:00, 16:00~19:30(주말 12:00~15:00, 16:00~19:30) / 목요일 휴무

닛폰바시 마루에이　日本橋 まる栄 …… ⑤

닛폰바시에서 장어덮밥, 우나기동을 원한다면 추천할 수 있는 식당이다. 간판 메뉴는 우나기동과 돈카츠를 두 개 얹은 가츠동이다. 우나기동은 장어 한 마리와 두 마리 중 하나를 선택할 수 있다. 성인 남자 기준 한 마리만 먹어도 배부르게 먹을 수 있다. 우나기동이나 가츠동은 먹다 보면 느끼할 수 있으니 콜라나 맥주와 같이 먹는 것을 추천한다. 일본식 계란말이도 간이 잘 맞아 맛있다. 줄을 서서 기다리고 있으면 직원이 메뉴판을 가져다주고, 줄 선 상태에서 주문한다. 한국어 메뉴판도 있어서 주문하기 쉽다.

📍 大阪市浪速区日本橋5-20-3-103 / 5 -20-3-103 Nipponbashi, Naniwa Ward, Osaka
🚇 전철 에비스초역 1-B번 출구 2분
🕐 11:00~15:00, 17:00~20:00(일 11:00~15:00, 17:00~19:00) / 수요일, 세 번째 주 목요일 휴무

신세카이 칸칸　新世界 かんかん ······ ⑥

쿠시카츠 일색인 거리에서 타코야키를 판매하는 가게다. 일본 매스컴에서도 자주 소개되었던 가게로 가게 내부에는 유명 연예인 사진들이 걸려있다. 이곳의 메뉴는 타코야키 하나뿐이다. 먹기 전에 타코야키를 찔러보면 타코야키 생지 특유의 탄력과 부드러움을 느낄 수 있다. 맛을 보면 입속에 퍼지는 마요네즈와 소스의 절묘한 조화가 본고장의 맛을 느끼게 한다.

📍 大阪市浪速区恵美須東3-5-16 / 3-5-16 Ebisuhigashi, Naniwa Ward, Osaka
🚇 JR신이마미야역 동쪽 출구 5분, 전철 도부쓰엔마에역 1번 출구 6분, 에비스초역 3번 출구 5분
🕐 09:30~18:00 / 월, 화요일 휴무

스탄도아나쟈98　スタンド アナザー98 ······ ⑦

한국식 발음으로 바꾸면 스탠드어나더98이다. 서서 마시는 스탠드 바다. 츠텐카쿠 뒷골목에는 서서 마시는 술집이 많다. 안주로 생선회, 오뎅, 튀김류, 샐러드 등 웬만한 식당에서 먹을 수 있는 요리가 준비되어 있다. 맥주, 소주, 위스키, 일본주, 츄하이, 사와 등 알코올에서부터 음료까지 다양하게 갖춰져 있다. 저녁 시간대에 지나간다면 잠깐 들러서 한잔하며 일본의 술집 분위기에 젖어보는 것도 나쁘지 않다. 서서 마시는 불편함은 저렴한 가격으로 보상받을 수 있다.

📍 大阪市浪速区恵美須東1-1-14 / 1-1-14 Ebisuhigashi, Naniwa Ward, Osaka
🚇 전철 에비스초역 3번 출구 5분, 도부쓰엔마에역 5번 출구 5분
🕐 18:00~24:00(주말, 공휴일 13:00~23:00)

아카사카야　赤坂屋 ······ 8

　　빛 바랜 천으로 된 허름한 간판과 비닐 가림막, 야외 테이블이 눈에 띄는 가게다. 허름하기 그지없지만 손님은 붐빈다. 서민 음식인 쿠시카츠는 역시 서민풍의 식당에서 먹는 것이 제맛이지 않을까? 이곳에서는 많은 사람이 대낮부터 맥주를 마시며 쿠시카츠를 먹는 모습을 볼 수 있다. 쿠시카츠에 맥주 한잔은 갈증과 허기를 동시에 해결하는 좋은 방법이 아닐까.

📍 大阪市浪速区恵美須東2-3-5 / 2-3-5 Ebisuhigashi, Naniwa Ward, Osaka
🚃 전철 도부쓰엔마에역 5번 출구 5분, 에비스초역 3번 출구 5분
🕑 17:00~23:00(주말은 11:00부터)

 ## 치토세　ちとせ ······ 9

　　1959년에 창업한 역사를 가진 오코노미야키 식당이다. 역사를 지닌 가게인 만큼 외관도 오래된 느낌이 묻어나고, 내부에는 세월의 때가 묻은 벽지에 손으로 쓴 메뉴가 예스러운 분위기를 더한다. 카운터 자리와 테이블 2개가 전부인 작은 식당이다. 1,000엔 안팎의 저렴한 가격에 다양한 오코노미야키를 즐길 수 있으며 야키소바, 네기야키(파 구이)도 주문할 수 있다. 토핑으로 김치도 넣을 수 있어 느끼한 맛을 달랠 수 있다.

새우와 오징어를 얹고 그 위에 파를 가득 넣은 네기야키

📍 大阪市西成区太子 1-11-10 / 1-11-10 Taishi, Nishinari Ward, Osaka
🚃 전철 도부쓰엔마에역 2번 출구 3분, JR신이마미야역 동쪽 출구 5분
🕑 월·토 11:30~14:15, 16:30~19:15, 목·금 11:30~14:15, 일 16:30~19:15 / 화, 수요일 휴무

그릴 본 グリル梵 ...... ⑩

허름한 외관에 세련된 노렌이 걸린 양식집이다. 외관에서
알 수 있듯이 60년(1961년 창업)이 넘은 노포 양식집이다.
비프카츠 샌드위치로 유명한 식당으로, 여러 지점을 운영하
고 있으며 이곳이 본점이다. 대표적인 메뉴로 히레스테이크,
히레데리야키, 햄버그스테이크, 히레비프카츠 등이 있다. 히
레비프가츠를 주문하면 수프와 함께 두꺼운 고기에 그린 샐
러드와 감자가 나온다. 미소 된장 맛이 약간 느껴지는 소스가
색다르며, 테이블에 후쿠진즈케(일본 김치의 일종으로 무, 가
지 등을 잘게 썰어 절인 식품)가 놓여 있어 입맛에 따라 먹을
수 있다.

📍 大阪市浪速区恵美須東1-17-17 / 1-17-17 Ebisuhigashi, Naniwa Ward, Osaka
🚆 전철 에비스초역 3번 출구 2분, 전철 도부쓰엔마에역 5번 출구 7분
🕐 12:00~14:00, 17:00~19:30(재료에 따라 유동적) / 매월 6, 16, 26일(부정기적) 휴무

치프노 이자카야 チーフの居酒屋 ...... ⑪

신세카이 안에 위치한 작은 술집. 흰 간판에 작은 글
씨로 가게명이 쓰여 있다. 카운터석 8석밖에 없는 작은
술집으로, 현지 손님들이 주로 애용하는 곳이다. 사장님
의 추천 메뉴는 작은 모둠회. 치즈두부도 정말 맛있
다. 숙소가 신세카이 근처라면 잠시 들러 진짜 일본 이
자카야 감성을 느끼기 좋다.

📍 大阪市浪速区恵美須東1-5-20 / 1-5-20 Ebisuhigashi, Naniwa
  Ward, Osaka
🚆 전철 에비스초역 3번 출구 4분
🕐 19:00~03:00(일요일 18:00~24:00) / 월요일 휴무

덴노지 공원
· SPOT ·   天王寺公園······ ③

1903년에 박람회(第5回内国勧業博覧会)가 끝난 뒤 그 부지에 1909년 조성된 공원이다. 공원 안에는 오사카 시립미술관, 덴노지 동물원, 호수가 있으며 꽃과 나무가 많다. 넓은 부지에 미술관, 동물원 등의 시설과 녹지가 있어 오사카 시민들의 힐링 장소로 애용되고 있다. 최근 공원 남쪽에 덴시바(てんしば)라는 잔디밭을 중심으로 식당, 카페, 동물원 기념품 가게가 들어섰다.

📍 大阪市天王寺区茶臼山町5-55 /
　5-55 Chausuyamacho, Tennoji Ward,
　Osaka
🚇 전철 도부쓰엔마에역 1번 출구 7분,
　JR덴노지역 3번 출구 8분
🌐 https://www.tennoji-park.jp

오사카 시립미술관과 케이타쿠엔(慶沢園)

텐시바

📷 덴노지 동물원
• SPOT • 　天王寺動物園······ ❹

1915년에 개관해 100년이 넘은, 일본에서 세 번째로 오래 된 동물원이다. 1930년대 근처에 있는 다른 동물원들과 차별화를 위해 침팬지에게 묘기를 부리게 하고, 태평양 전쟁 시기에는 침팬지에게 군복을 입히고 방독면을 씌우는 등 국가정책 홍보의 장으로 쓰였다. 미군이 일본 본토에 공습을 개시하던 시기에는 맹수들이 오사카 시내를 돌아다니는 것을 막기 위해 동물들을 살처분하기도 했다. 이러한 슬픈 역사로 인해 전쟁 후에는 동물을 이용한 묘기 등은 전혀 하지 않고 있으며, 현재는 희귀 동물 번식에 힘을 기울이는 등 동물 보호에 노력을 기울이고 있다. 남원과 북원으로 나누어져 있으며 180종 1,000여 마리의 동물들을 사육하고 있다.

📍 大阪市天王寺区茶臼山町1-108 / 1-108 Chausuyamacho, Tennoji Ward, Osaka

🕒 09:30~17:00(5, 9월 주말과 공휴일은 18:00까지) / 연말연시 휴관

💴 일반 500엔, 초등·중학생 200엔, 미취학 아동 무료

🌐 https://www.tennojizoo.jp

오층탑

![SPOT] **시텐노지** 四天王寺······ ⑤

　시텐노지는 593년에 건립된, 1,400년이 넘은 유서 깊은 절이다. 고구려와 백제 출신의 승려에게 불교를 배우고 불교 보급에 힘쓴 쇼토쿠 태자(聖徳太子)가 불교 반대 세력과의 싸움인 정미의 난(丁未の乱)에서 승리한 것을 기념하며 세운 절이다. 이름에서 알 수 있듯 사천왕을 모시는 절이다. 백제에서 쇼토쿠 태자의 부름을 받고 온 3명의 기술자가 시텐노지 공사를 맡았다. 이 덕분에 시텐노지는 현재 한반도에서는 볼 수 없는 독특한 백제의 건축 양식을 엿볼 수 있다. 1,400년의 세월을 거치며 건축물이 조금씩 바뀌었고 1934년에는 태풍, 1945년에는 미군의 폭격으로 사찰이 큰 피해를 입었다. 현재의 시텐노지는 1979년 복원 공사를 끝낸 모습이다. 시텐노지 내부에는 쇼토쿠 태자를 기리기 위한 성령원(聖靈院), 창건 당시의 보물 약 500점을 소장하고 있는 보물관이 있다. 에도시대 초기에 조성된 아름다운 정원, 고쿠라쿠죠도노니와(極楽浄土の庭, 극락정토의 정원)도 있어 도시 한복판에서 조용한 일본식 정원을 감상할 수 있다. 고쿠라쿠죠도노니와는 시기에 따라 개방하지 않는 경우도 있다.

중문 혹은 인왕문

금당(金堂)

대흑당(大黑堂)

📍 大阪市天王寺区四天王寺1-11-18 / 1-11-18 Shitennoji, Tennoji Ward, Osaka
🚇 전철 시텐노지마에유히가오카역 4번 출구 5분
🕐 08:30~16:30(시기에 따라 입장시간 다름), 중심가람 이외는 24시간 개방
💰 성인 300엔, 고등·대학생 200엔, 중학생 이하 무료

백제에 뿌리를 둔 1,400년 된 전 세계 최장수 기업, 곤고구미(金剛組)

쇼토쿠 태자가 백제에서 부른 건축 기술자 3명 중 한 명이 일본에 남아 자신의 이름을 딴 곤고구미(金剛組)라는 목조 건축물 관리, 건설 조직을 만들었다. 1955년 주식회사로 전환 후 버블시기까지 많이 성장했다고 한다. 하지만 버블 경제 붕괴로 무너져 2006년부터는 다카마츠 건설에 인수되어 운영권이 넘어갔고, 현재는 브랜드만 남아있다. 현재는 다카마츠 건설의 자회사로서 신사와 사찰 수리, 건축을 전문으로 하는 기업이다.

📷 아베노하루카스 あべのハルカス …… ⑥
• SPOT •

'긴테츠'라 불리는 긴키니혼철도(近畿日本鉄道) 소유로 2014년에 완공한 높이 300m의 초고층 빌딩이다. 이름의 '아베'는 아베 신조 전 총리를 상상할 수 있는데 전혀 관련이 없는 곳이다. 이곳 행정구역이 아베노구(阿倍野区)이므로 '아베노'다. '하루카스'는 '맑게 하다'라는 뜻의 고어인 '하루카스(晴るかす)'에서 따왔다. 간사이 지역에서 가장 높은 빌딩이다. 아베노하루카스에서 가장 유명한 것은 58~60층에 위치한 전망대 '하루카스 300'이다. 약 300m 상공에서 오사카 시내를 한눈에 볼 수 있다. 기상조건이 좋으면 교토, 간사이 국제공항까지 보인다. 주변에 고층 건물이 없어 탁 트인 시야로 오사카 시내 전망대 중 가장 절경을 자랑하며, 특히 야경이 아름답기로 유명하다. 하루카스 300 이외에 긴테츠백화점, 미술관, 호텔, 오피스 등이 입점해 있다.

전망대에서 바라 본 덴노지 공원

노을이 지는 전망대 풍경

아베노하루카스에서 바라 본 오사카 시내

아베노하루카스 전망대

📍 大阪市阿倍野区阿倍野筋1-1-43 / 1-1-43 Abenosuji, Abeno Ward, Osaka
🚃 전철 오사카아베노바시역 서쪽 출구 바로 앞, JR덴노지역 서쪽 출구 3분
🕐 전망대 09:00~22:00, 기념품 가게, 카페 09:30~21:30
💴 일반 2,000엔, 중학생 1,200엔, 초등학생 700엔, 유아 500엔, 4세 미만 무료
🌐 https://abenoharukas.d-kintetsu.co.jp

 그릴 캐피탈, 토요우테이 아베노하루카스점 グリルキャピタル東洋亭あべのハルカス店 ⑫

아베노하루카스 13층에 위치한 양식 레스토랑이다. 교토에 위치한 본점은 1897년 창업한 긴 역사를 자랑한다. 간판메뉴는 일본 양식집답게 햄버그스테이크다. 햄버그스테이크는 알루미늄 포일에 싸여 육즙을 그대로 간직하고 있다. 마루고토 토마토 사라다(丸ごとトマトサラダ)는 토마토 하나를 통째로 사용한 샐러드라는 뜻인데 정말 토마토가 그 형태 그대로 나온다. 모양도 예쁘고 맛도 좋으니 추천한다. 경치를 보며 기분 좋게 식사를 즐길 수 있다.

📍 大阪市阿倍野区阿倍野筋1-1-43 あべのハルカス近鉄本店 タワー館 あべのハルカスダイニング 13F / 13F 1-1-43 Abenosuji, Abeno Ward, Osaka
🚃 전철 오사카아베노바시역 서쪽 출구 연결, JR덴노지역 남쪽 출구 4분　🕐 11:00~22:00

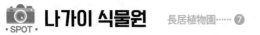

📷 나가이 식물원
• SPOT •

長居植物園······ ❼

🚩 大阪市東住吉区長居公園1-23 /
1-23 Nagaikōen, Higashisumiyoshi
Ward, Osaka

🚃 전철 나가이역 3번 출구 13분,
JR나가이역 동쪽 출구 15분

🕐 3~10월 09:30~17:00,
11~2월 09:30~16:30
/ 월요일, 연말연시 휴무

💴 일반 300엔, 고등·대학생 200엔,
중학생 이하 무료

나가이 식물원은 1974년에 개원한 식물원으로 24만㎡의 넓은 면적에 1,000여 종 6만 그루의 식물이 서식하고 있다. 장미원, 수국원, 모란원 등 특정 꽃을 테마로 한 11개의 전문 동산과 계절에 따라 다른 꽃으로 뒤덮는 약 2,000㎡의 라이프가든 등 테마별로 다양한 수목과 꽃을 즐길 수 있다. 매화와 벚꽃, 능소화, 백일홍 등 사계절 내내 꽃이 시들지 않는 공원이다.

식물원 북쪽에 녹색의 수목으로 둘러싸인 '역사의 숲'에서는 살아 있는 화석이라고 불리는 메타세쿼이아를 비롯해 6,600만 년 전부터 현대까지 생식했던 오사카의 대표적인 초목을 시대별로 재현해놓았다. 또, 원내에 있는 오사카 시립자연사박물관에서는 200만 년 전부터 반복되는 빙하기, 간빙기에 살았던 나우만코끼리, 야베오오츠노사슴 등을 실제 크기로 재현해놓아 오사카 자연의 역사를 배울 수 있다.

식물원 중앙에는 커다란 연못이 자리하고 있어 수목으로 뒤덮인 공원 속의 오아시스 역할을 하고 있다. 나가이 식물원에 있으면 싱싱한 자연 때문에 거대 도심 오사카에 있다는 것을 잊게 될 정도다.

식물원 입구

역사의 숲

라이프 가든

수국원

장미원

치무 라보 보태니컬

チームラボボタニカル

　낮에는 다양한 꽃과 수목이 도시인들의 휴식처를 제공한다면 밤에는 빛의 향연으로 쉼표를 찍게 한다. 수목원의 다양한 수목과 연못을 활용한 빛의 향연이 펼쳐진다. 팀 라보(チームラボ)는 2001년부터 활동한 그룹으로 예술, 과학, 기술, 그리고 자연으로부터 교차점을 모색하는 국제 학술적 집단이다. 예술가, 프로그래머, 엔지니어, CG 애니메이터, 수학자, 건축가 등 다양한 분야의 전문가로 구성되어 있다. 이들 작품은 LA현대미술관을 비롯해 시드니, 샌프란시스코, 뉴욕, 이스탄불, 멜버른, 헬싱키 등 세계 곳곳에 있다. 식물원 입구에 들어서면 양쪽에 늘어선 메타세콰이어 길이 사람에 반응하여 빛이 바뀌며 안내한다. 낮에 보았던 초목과는 다른 색다른 신비함을 연출한다.

안쪽으로 들어가면 동백나무 숲속에 비정형 물방울 모형
이 서 있는데 하나를 터치하거나 흔들면 주변에 있는 물방울
과 싱크를 맞춰 색을 바꿔가면서 춤을 춘다. 장난기 어린 동
심을 느끼게 하는 공간이다.

2차원 수목은 나무 사이에 걸린 장막에 구상과 추상이라
는 제목의 빛이 교차한다. 이곳을 지나면 숲속에 서예 작품
이 펼쳐진다. 숲 사이에 빛으로 쓰는 붓글씨가 연출된다. 또,
숲에 화재라도 난 것처럼 커다란 불꽃이 타오른다. 앱을 설
치하면 이 불꽃을 스마트폰에 담아 가져갈 수 있다. 커다란
연못 위에는 램프가 떠 있어 촛불의 느낌이 나기도 하고 연등을 연상하게 만든다. 연못을 지나 입
구 쪽으로 발길을 옮기면 작품의 하이라이트인 '바람 속의 흩어지는 새 조각군(風の中の散逸す
る鳥の彫刻群)'이라는 작품이 나타난다. 바람과 사람, 새들의 움직임에 따라 현란한 빛의 향연이
펼쳐진다. 이 빛은 연못의 수면에 비춰져 더욱 환상적인 분위기를 자아낸다.

이 작품은 'Digitized Nature'라는 프로젝트로 비물질적인 디지털 기술에 의해 '자연이 자연
그대로의 예술이 된다'라는 콘셉트다. 초목과 그곳에 서식하는 새들의 움직임을 이용한 작품으로
초목이나 새가 없으면 작품이 사라진다. 작품은 불어오는 바람이나 비, 근처에 있는 사람들의 움
직임에 영향을 받아 동적으로 변화한다. 주변 환경과 사람들을 작품의 일부로 만들어간다. 사람
들과 작품, 꽃과 초목, 숲과 연못, 생태계와 환경이 경계를 두지 않고 연속적으로 움직인다.
다양한 아이디어로 수목과 빛을 조작하여 환상적인 느낌을 풍기는 식물원의 색다른 변신. 낮에
는 꽃과 수목, 밤이 되면 빛의 예술 작품의 감상으로 여행의 즐거움을 배가 될 것이다.

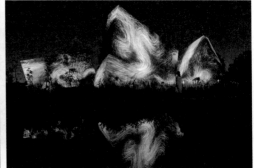

📷 츠루하시, 이쿠노 코리안타운 ⋯⋯ ⑧⑨
• SPOT

　츠루하시(鶴橋) 일대는 일본 최대급의 코리안타운으로 한복집, 한국요리점, 한국반찬 가게, 한국식 고기집 등 재일 동포나 한국인이 운영하는 여러 가게와 식당 약 800여 점포가 모여 있다. 츠루하시 시장을 걷다 보면 마치 광장 시장이나 남대문 시장에 온 것 같은 느낌이 들 정도다. 최근에는 한국 스타일의 세련된 카페, 상점들도 보인다. 1920년대 츠루하시역 동쪽에 있는 히라노강 확장 개수 공사에 한국 출신 노동자들이 많이 들어와 츠루하시 인근에 자리 잡았다고 한다. 특히 제주도 출신의 이주민이 많았다고 한다. 태평양 전쟁 종전 직후인 1945년, 교포를 중심으로 잠깐씩 열렸던 시장이 상점가의 시작이다. 츠루하시는 긴테츠(近鉄)와 JR, 두 주요 노선이 지나는 곳인데도 불구하고 운 좋게 공습을 피해갔기 때문에 가능했다고 한다. 이듬해인 1946년, 몇 개의 상가 번영회가 결성되어 점점 현재의 형태를 잡아갔다. 현재는 츠루하시 상점가(鶴橋商店街)와 이쿠노 코리안타운(生野コリアンタウン) 두 군데가 유명하다. 츠루하시 상점가는 재래시장이고, 이쿠노 코리안타운은 좀 더 젊은 분위기의 거리다.

재일동포

　일제강점기 동안 한반도에서 자의 혹은 타의로 일본에 건너간 사람들은 1945년 광복 후 다시 돌아오느냐, 일본에 남느냐 두 개의 선택지 중에 하나를 골라야만 했다. 많은 사람들이 고국인 한반도로 돌아왔지만 일제강점기나 그 이전에 일본으로 넘어간 동포들의 자손들은 한국에 연줄도 없고, 고향도 없었기 때문에 자신들의 생활 터전인 일본에 남게 된 경우가 많았다. 여기에 6.25전쟁이 발발하자 일본에 남게된 사람도 있었다. 국적이 한국, 북한, 일본이 아닌 '조선'에 적(籍)을 둔 재일동포들은 자신들을 책임져주는 제대로 된 정부도 없이 자신들만의 힘으로 일본 사회에 뿌리내려 살았다.

　일본 내에서 재일동포라는 이유로 학교에서 따돌림 받고 졸업 후에는 취직도 잘 안 돼 파칭코 사업이나 야쿠자에 가담하는 재일동포도 많았다고 한다. 하지만 차별과 핍박을 이겨내고 연예계나 경제계에 진출해 성공을 거두어 존경받는 인물도 많다. 재일동포 사이에는 '재일본대한민국민단(약칭 민단)'과 '재일본조선인총련합회(약칭 조총련)'라는 두 개의 큰 단체가 있다. 각각 남한과 북한과 관련된 단체. 당연히 냉전시대에 두 단체는 대립했다.

츠루하시 마구로 쇼쿠도　　鶴橋まぐろ食堂 ······ ⓭

　츠루하시 시장 근처에 있는 작은 마구로동(참치회 덮밥) 전문점이다. 주차장 바로 앞에 위치해있으며 가게 외관이 상당히 허름하다. 하지만 같은 자리에서 오래 영업해서 단골 손님들이 꽤나 있는 곳이다. 제일 유명한 메뉴는 여러 참치 부위의 회가 올라간 덮밥이다. 여러 부위의 참치회를 본토에서 즐기고 싶은 여행객에게 추천한다. 영업시간이 짧아 오픈런하는 손님들이 자주 있다.

📍 大阪市東成区東小橋3-20-26 / 3-20-26 Higashiobase, Higashinari Ward, Osaka
🚌 JR츠루하시역 동쪽 출구 3분, 전철 츠루하시역 동쪽 출구 3분
🕐 10:30~13:00 / 수요일 휴무

코히칸 로쿠비라 珈琲館ロックヴィラ …… ⑭

빨간 벽돌에 클래식한 진한 밤색 문으로 장식되어 입구부터 분위기가 색다른 카페다. 입구에는 '록쿠비라'라고 친절하게 한글 표지판까지 있다. 안으로 들어서면 진한 밤색 계통의 실내가 레트로한 분위기를 자아낸다. 대표적인 메뉴는 우리나라에서도 찾기 쉽지 않은 '김치 샌드위치'다. 으깬 계란, 오이, 햄, 김치와 마요네즈로 만든 샌드위치로 상큼한 샌드위치 맛을 느낄 수 있다. 아침 8시에 문을 열자마자 사람들이 들어오는 단골 고객들이 많은 카페다.

📍 大阪市東成区東小橋3-17-23 / 3-17-23 Higashiobase, Higashinari Ward, Osaka

🚇 JR 츠루하시역 동쪽 출구 3분 ⏰ 08:00~17:30 / 수요일 휴무

나가레루 센넨 流れる千年 …… ⑮

한국의 식품과 음식을 판매하는 가게로, 이름의 뜻은 '흘러가는 천 년'이다. 1층은 식품과 잡화를 판매하고 2층은 식당을 운영하고 있다. 1층은 한국의 식재료, 차, 조리기구, 한류 관련 상품 등 한국과 관련이 있는 소품을 판매한다. 2층 식당에서는 잡채, 도토리묵, 파전, 보쌈, 돌솥비빔밥, 불고기 등 웬만한 한식을 포함해 자장면도 맛볼 수 있다. 한국 소주와 생막걸리에 오미자차 등 다양한 전통차까지 갖추고 있어 한국의 어느 식당에 있는 듯한 느낌이다. 일본에서 판매되는 한국 상품을 구경하거나 일본에서 한식을 맛보는 것도 색다른 경험일 것이다.

📍 大阪市生野区桃谷4-4-10 / 4-4-10 Momodani, Ikuno Ward, Osaka

🚇 JR츠루하시역 동쪽 출구 13분, 전철 모모다니역 북쪽 출구 13분

⏰ 11:00~17:00 / 화요일, 연말연시 휴무

오코노미야키 오모니 お好み焼 オモニ ······ ⑯

오코노미야키 오모니(어머니)는 제주도 출신 재일교포 1세 사장님이 1966년 개점해 운영하는 오코노미야키 전문점이다. 총 4개의 점포를 운영할 정도로 현지인과 재일동포 사이에서 인기가 있다. 다른 가게에 비해 양배추와 토핑을 많이 넣고 밀가루를 적게 사용하여 수분감이 있고, 두께가 두꺼운 것이 특징이다.

📍 大阪市生野区桃谷3-3-2 / 3-3-2 Momodani, Ikuno Ward, Osaka
🚃 JR츠루하시역 동쪽 출구 8분   🕐 11:00 ~ 22:00 / 월, 화요일 휴무

소라 츠루하시본점 空 鶴橋本店 ······ ⑰

1981년 3.5평의 작은 가게로 시작한 야키니쿠, 호르몬(대창) 전문점이다. 재일동포가 많은 지역인 츠루하시는 야키니쿠와 호르몬이 유명한데 그중에서도 가장 인기가 많은 가게다. 옆 가게까지 확장하여 규모가 꽤 크기 때문에 찾는 사람이 많음에도 회전이 빠른 편이다. 20가지가 넘는 다양한 메뉴가 있고, 1인분이 다른 가게에 비해 절반이지만 가격이 저렴해 다양한 메뉴를 맛볼 수 있다.

📍 大阪市天王寺区下味原町1-10 / 1-10 Shimoajiharacho, Tennoji Ward, Osaka
🚃 JR츠루하시역 3번 출구 1분   🕐 11:00~22:00 / 화요일 휴무

츠루하시 후게츠 본점　　鶴橋風月 本店 …… ⑱

츠루하시에서 개업한 지 70년이 넘은 오코노미야키 체인점으로 '맛을 바꾸지 않고, 한 명이라도 더 많은 사람에게'라는 모토로 영업을 하고 있다. 일본 전국에 체인이 있으며 오코노미야키 체인점 중에는 가장 유명하다. 서울에도 명동에 지점이 있다. 가게 이름을 따서 메뉴의 이름으로 할 정도로 대표 메뉴인 후게츠야키는 오징어, 새우, 돼지고기, 소고기 등이 들어가 있어 다른 가게에서 느낄 수 없는 맛을 느낄 수 있다.

📍 大阪市天王寺区下味原町2-18 / 2-18 Shimoajiharacho, Tennoji Ward, Osaka
🚇 JR츠루하시역 3번 출구, 7번 출구 1분　⏲ 11:30~21:30(주말 11:00~22:00)

우오하치쇼텐 츠루하시점　　地魚酒場 魚八商店 鶴橋店 …… ⑲

신선한 생선을 중심으로 한 선술집. 대표 점심 메뉴 '참치 절임 덮밥(マグロ漬け丼)'은 우동을 포함해 500엔으로 즐길 수 있다. 저녁에는 3,500엔에 120분간 모둠 회, 해산물 구이, 튀김류와 주류를 포함한 음료를 무한으로 즐길 수 있는 무제한 코스(飲み放題)가 있다. 양이 많은 사람에게 적극 추천하는 가게다. 시간 제한이 있다는 점은 잊지 말아야 한다.

📍 大阪府大阪市天王寺区下味原町19-6 / 19-6 Shimoajiharacho,
　Tennoji Ward, Osaka
🚇 JR츠루하시역 3번 출구 1분
⏲ 11:30~23:30(셋째 주 월요일은 17:00부터)

베이 에어리어

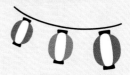

유니버설 스튜디오 재팬, 덴포잔 하버 빌리지

오사카만 해변과 이후 만들어진 해안 지역이다. 인공섬과 간척지 위에 엔터테인먼트 시설과 놀이 시설이 자리잡고 있다. 가장 대표적인 시설은 단연 유니버설 스튜디오 재팬(USJ)이지만 유니버설 스튜디오 외에도 대규모 아쿠아리움 카이유칸 등 여러 관광 시설이 있기 때문에 다양한 매력이 있는 지역이다. 특히나 레고랜드를 포함해 아이들이 좋아할 시설이 많아 아이를 동반한 여행객이라면 좋은 여행지가 될 것이다. 유니버설 스튜디오를 제외하면 외국인 관광객들에게 잘 알려져 있지 않은 곳이지만 즐길 거리가 많아 알차게 보낼 수 있다. 복잡한 오사카 도심에서 벗어나 태평양에서 불어오는 바람을 느끼며 여유로운 시간을 보내기 좋다.

오사카코역, 유니버설 스튜디오 재팬

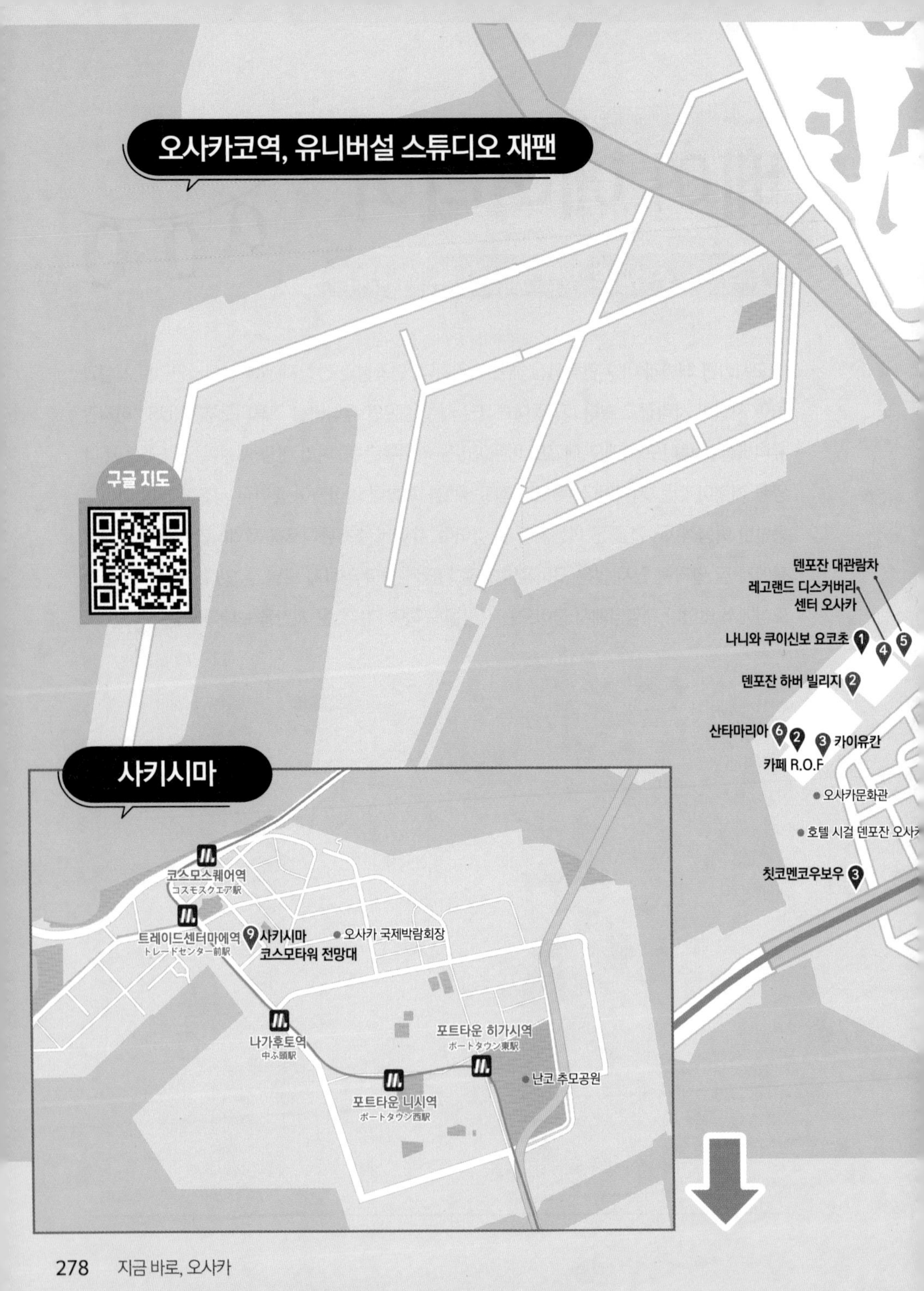

구글 지도

덴포잔 대관람차
레고랜드 디스커버리
센터 오사카

나니와 쿠이신보 요코초 **1**　**4**　**5**

덴포잔 하버 빌리지 **2**

산타마리아 **6** **2**　**3** 카이유칸
카페 R.O.F

● 오사카문화관

● 호텔 시걸 덴포잔 오사카

칫코멘코우보우 **3**

사키시마

코스모스퀘어역
コスモスクエア駅

트레이드센터마에역 **9** 사키시마
トレードセンター前駅 **코스모타워 전망대**　● 오사카 국제박람회장

나가후토역
中ふ頭駅

포트타운 히가시역
ポートタウン東駅

● 난코 추모공원

포트타운 니시역
ポートタウン西駅

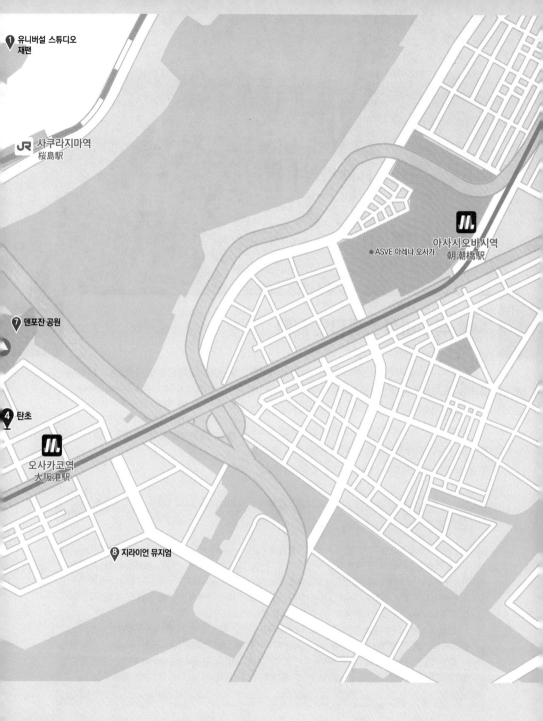

1 유니버설 스튜디오
재팬

JR 사쿠라지마역
桜島駅

7 덴포잔 공원

4 탄초

M 오사카코역
大阪港駅

● ASVE 아레나 오사카

M 아사시오바시역
朝潮橋駅

8 지라이언 뮤지엄

📷 유니버설 스튜디오 재팬　Universal Studio Japan······ ❶
· SPOT ·

2001년에 개장한 NBC 유니버설의 테마파크다. 유니버설 스튜디오에서 제작한 영화를 테마로 만든 엔터테인먼트 시설이 메인이지만 일본 고유의 애니메이션이나 게임도 테마로 쓰인다. 전 세계에서 방문객이 많이 방문하는 장소로 비가 오나 눈이 오나 입장하기 전부터 티켓을 사기 위한 줄을 볼 수 있다. 따라서 미리 예매하고 가는 것을 추천한다.

📍 大阪市此花区桜島2-1-33 / 2-1-33
　 Sakurajima, Konohana Ward, Osaka
🚃 JR유니버설시티역 1번 출구 바로 앞
🕐 날마다 달라짐, 홈페이지 확인 필요
🅨 날마다 달라짐, 홈페이지 확인 필요

티켓 종류

　티켓 예매 사이트에 들어가면 여러 종류의 티켓을 판매한다. '오사카 유니버설 스튜디오 재팬 입장권', '유니버설 스튜디오 재팬 익스프레스 패스' 두 종류가 있다. 입장을 위해서는 오사카 유니버설 스튜디오 재팬 입장권이 무조건 필요하기 때문에 반드시 구입해야 한다. 익스프레스 패스4, 7은 놀이기구 대기시간을 줄여주는 티켓이다. 따라서 시간적 여유가 많거나 놀이기구를 별로 타지 않고 구경만 할 생각이라면 익스프레스 패스는 예매하지 않아도 문제없다. 4와 7은 각각 탑승할 수 있는 놀이기구의 개수다.

　익스프레스 패스의 주의할 점은, 몇몇 어트랙션은 시간 지정이 되어 있어 그 시간대에만 탑승할 수 있다는 점이다. 패스를 구매하면 티켓에 이용가능한 시간대가 써 있으니 확인하도록 하자. 또한 익스프레스 티켓별로 입장 가능한 구역(해리포터 혹은 슈퍼마리오 등)이 나눠져 있어 잘 확인하고 구매해야 한다. 인기 많은 슈퍼마리오가 포함된 익스프레스 티켓은 한 달 전에도 예약이 마감되기도 하니 미리 확인하는 것이 좋다.

티켓 예매하고 가기

유니버설 스튜디오는 한국인 관광객들뿐만 아니라 전 세계 관광객들 사이에서 유명한 놀거리라 항상 인기가 많다. 따라서 현장에서 티켓 구매를 위한 대기를 피하려면 예매를 하고 가기를 추천한다. 예매는 유니버설 스튜디오 공식 홈페이지에서 하는 방법과 한국 여행사를 통해 예매하는 방법이 있다. 날짜별, 시간대별로 티켓 가격이 다르기 때문에 여행 일정을 잘 맞추면 예산보다 저렴하게 다녀올 수 있다.

유니버설 스튜디오 공식 앱 다운받기

유니버설 스튜디오에서 공식으로 내놓은 애플리케이션이다. 대기 시간을 미리 앱을 통해 볼 수 있으며, 예약이 가능한 시설도 있다. 또한 현재 자신의 위치를 확인할 수 있는 지도 기능도 있어, 가고 싶은 곳을 손쉽게 찾아갈 수 있다. 몇몇 사람이 많이 몰리는 곳(닌텐도 월드, 해리포터)은 미리 예약을 하지 않으면 입장할 수 없기 때문에 앱 설치가 필수다. 유니버설 스튜디오 입장 후 티켓을 앱에 등록하면 예약이 가능하다.

혼자 간다면 싱글라이더 이용하기

놀이기구에 자리가 애매하게 남은 경우, 혼자 방문한 사람들을 빈 자리에 태우는 시스템이다. 혼자 유니버설 스튜디오에 방문했거나 여러 명이 갔더라도 혼자 이용하고 싶다면 싱글라이더를 이용해 더욱 빨리 놀이기구를 탈 수 있다.

옷이 젖는 게 싫다면 우비를 챙기자

몇몇 어트렉션은 물 위에서 즐기는 것도 있어서 옷이 젖기도 한다. 이를 피하려면 우비를 챙겨가는 것을 추천한다. 유니버설 스튜디오 안에서도 우비를 팔긴 하지만 꽤나 비싸다.

카이유칸에서 유니버설 스튜디오 가기

    수족관인 카이유칸과 유니버설 스튜디오 사이에는 양쪽을 왕복하는 캡틴라인(Capt. Line)이라는 작은 배가 다닌다. 이 배는 카이유칸 니시하토바(海遊館西はとば)에서 유니버설 시티포트(ユニバーサルシティポート船乗り場)까지를 왕복하며, 편도 이동 시간은 10분 정도이다. 유니버설 스튜디오에서 하루를 보낼 수도 있지만 유니버설 스튜디오와 카이유칸을 하루 만에 즐기고자 한다면 좋은 교통수단이 될 것이다.

카이유칸 니시하토바(海遊館西はとば)

📍 大阪市港区海岸通1-5-10 / 1-5-10 Kaigandori,
    Minato Ward, Osaka

유니버설 시티포트(ユニバーサルシティポート船乗り場)
📍 大阪市此花区桜島1-1 / 1-1 Sakurajima, Konohana
    Ward, Osaka
💴 일반 900엔, 초등학생 500엔, 3세 이하 400엔

덴포잔 하버 빌리지

덴포잔 하버 빌리지　天保山ハーバービレッジ······ ❷
• SPOT •

1990년에 문을 연 덴포잔 하버 빌리지는 세계 최대급의 수족관인 '카이유칸(海遊館)', 대형 상업 시설인 '덴포잔 마켓 플레이스', 대관람차, 호텔 등을 포함한 복합형 놀이 공간이다. 카이유칸 앞 광장에서는 다양한 퍼포먼스가 펼쳐진다. 오사카 도심에서 떨어져 바닷가를 배경으로 다양한 체험이 가능한 공간이다.

📍 大阪市港区海岸通1-1-10 / 1-1-10 Kaigandori, Minato Ward, Osaka

카이유칸(海遊館) ······ ❸

태평양을 감싸는 환태평양 조산대의 자연환경을 모아놓은 초대형 아쿠아리움이다. 일본 숲, 남극, 몬트레이만, 알류샨 열도 등의 자연환경을 재현해놓은 공간에서 수중동물들이 헤엄쳐 다닌다. 수조를 아크릴 유리를 이용해서 만들었는데, 카이유칸을 건설할 때 사용된 아크릴 유리의 양이 당시 전 세계 아크릴 유리 1년 생산량의 1.5배라고 한다. 이 거대한 수조에는 약 620종 3만 마리의 생물이 살고 있다. 평일 오전에도 수학여행을 온 학생들을 비롯해 관광객이 몰리기 때문에 현장 구매보다는 인터넷 예약 후 방문을 추천한다.

📍 大阪市港区海岸通1-1-10 / 1-1-10 Kaigandori, Minato Ward, Osaka
🚇 전철 오사카코역 1번 출구 8분
🕐 10:00~20:00(시기에 따라 09:30에 개장)
💴 성인 2,700엔, 초등·중학생 1,400엔, 3세 이하 700엔

레고랜드 디스커버리센터 오사카(レゴランド・ディスカバリー・センター大阪) ····· ④

덴포잔 마켓플레이스 3층에 위치한 실내 테마파크다. 아이들이 좋아할 레고 작품들과 체험 시설들이 있다. 레고 블록으로 어느 정도까지 모형을 만들 수 있는지 가능성을 확인할 수 있다. 그중에서 가장 볼 만한 것은 '미니랜드'로, 약 160만 개의 레고 블록을 이용해 도톤보리 풍경을 비롯해 코시엔 야구장, 오사카성 등 오사카의 명소를 재현한 작품들이 전시되어 있다. 이외에 4D영화관, 레고 교실, 레이싱존 등 아이들이 좋아할 시설이 가득하다.

📍 大阪市港区海岸通1-1-10 / 1-1-10 Kaigandori, Minato Ward, Osaka
🚉 전철 오사카코역 1번 출구 7분
🕐 10:00~18:00(주말은 19:00까지)
💴 3세 이상 2,200~2,900엔(시기에 따라 상이)

덴포잔 대관람차(天保山大観覧車) ····· ⑤

덴포잔 마켓플레이스 바로 옆에 위치한 높이 112.5m에 달하는 초대형 대관람차다. 전체 곤돌라 중 8대가 시스루 곤돌라인데, 이 곤돌라들은 창과 바닥이 전부 유리로 되어 있다. 티켓 구매 후 3층으로 올라가면 시스루 곤돌라를 탈 수 있다. 요금은 일반 곤돌라와 동일하다. 한 바퀴 도는 데는 약 15분이 걸린다. 덴포잔 대관람차는 거대한 대관람차를 캔버스 삼아 밤을 밝히는 다채로운 불빛으로 유명하다.

📍 大阪市港区海岸通1-1-10 / 1-1-10 Kaigandori, Minato Ward, Osaka
🚉 전철 오사카코역 1번 출구 7분
🕐 10:00~21:00(주말은 22:00까지)
💴 일반권 900엔(3세 미만 무료)

댄포잔 하버 빌리지의 대관람차

 나니와 쿠이신보 요코초　なにわ食いしんぼ横丁 ⋯⋯ ❶

　　덴포잔 마켓플레이스 2층에 있는 식당가다. 나니와(なにわ)는 오사카를 가리키는 말이다. 쿠이신보는 '먹보'라는 의미이고 요코초는 '골목'이라는 의미다. 오사카 먹보 골목이라는 의미다. 오사카 만국박람회(1970년)가 열리기 전인 1965년대 오사카 서민 마을의 거리를 테마로 하여 만든 먹거리 상가다. 오사카의 노포와 음식점, 물품 판매점 등 20여 점포가 모여 있다. 타코야키, 쿠시카츠, 카레라이스 등 오사카의 명물은 물론 다양한 음식을 맛볼 수 있다.

📍 大阪市港区海岸通1-1-10 / 1-1-10
　Kaigandori, Minato Ward, Osaka
🚇 전철 오사카코역 1번 출구 7분
🕐 가게별로 상이

카페 R.O.F   カフェ R.O.F ······ ②

카이유칸 내부에 있는 '일본해구' 수조 안에 위치해 있다. 일부 좌석에서는 수조를 보며 음식과 음료를 즐길 수 있다. 아쿠아리움 안에 있는 카페답게 고래가 그려진 라테, 팽귄이 그려진 팬케이크 등의 음식을 제공한다. 이외에도 아쿠아리움 안에서만 맛볼 수 있는 음료가 있다. 놀이 시설 내부에 입점한 카페임에도 가격이 그리 비싸지 않다.

📍 大阪市港区海岸通1-1-10 / 1-1-10 Kaigandori, Minato Ward, Osaka, 카이유칸 내부
🚇 전철 오사카코역 1번 출구 8분
🕑 11:00~18:30(주말, 공휴일 10:00~19:30)

칫코멘코우보우   築港麺工房 ······ ③

카이유칸에서 남쪽으로 가다 보면 나오는 오래된 건물에 위치한 가게다. 주변에 다른 가게는 하나도 없고 근처엔 화물차가 다니는 도로만 있어 분위기가 어수선하다. 하지만 이곳은 1933년에 개업해 지금까지 영업하고 있는 오사카항의 터줏대감 같은 가게다. 입구 옆 키오스크에서 먼저 예매한 후에 자리에 앉으면 된다. 손님이 많지만 내부가 넓어서 웨이팅은 거의 없다. 칫코 정식(築港定食)은 오징어 튀김과 버섯 튀김이 올라간 우동에 가츠오부시 덮밥이 함께 나온다. 면을 가게에서 직접 만들기 때문에 매우 쫄깃하고 맛있다.

📍 大阪市港区海岸通1-5-25 / 1-5-25 Kaigandori, Minato Ward, Osaka
🚇 전철 오사카코역 1번 출구 5분
🕑 11:00~16:00 / 주말 휴무

탄초 丹頂 ······ ④

오사카코역에서 내려서 카이유칸으로 가는 길에 위치한 괴
상한 외관의 라멘 가게다. 외관뿐만 아니라 메뉴도 독특하다.
대표 메뉴는 챠왕무시라멘(茶碗蒸しラーメン)이다. 챠왕무시
는 일본식 계란찜을 말하며, 계란찜을 걷어내면 면이 있는 독특
한 라멘이다. 위치가 좋아 덴보잔 하버 빌리지에 가기 전이나
다녀온 후에 들르기 편하다.

📍 大阪市港区築港3-8-7 / 3-8-7 Chikko, Minato Ward, Osaka
🚃 전철 오사카코역 2번 출구 2분
🕐 11:30~15:00, 17:00~22:00(주말, 공휴일 11:30~22:00) / 월요일 휴무

 산타마리아 サンタマリア ······ ⑥

오사카항 근처를 약 45분간 유람하는 대형 관광선이다. 신
대륙에 도달한 콜럼버스의 산타마리아호를 약 2배 크기로 재현
한 배로 오사카의 낭만을 즐길 수 있다. 카이유칸 근처 선착장
에서 출발해 카이유칸, 유니버설 스튜디오, 덴포잔대교, 공업
단지 등을 돌아보는 코스다. 데이 크루즈와 트와일라이트 크루
즈 두 종류가 있으며, 트와일라이트 크루즈의 코스가 더 길다.
트와일라이트 코스는 이름에서 알 수 있다시피 황혼 즈음에 출
발해서 야경을 감상할 수 있다. 겨울에는 출항 횟수가 줄어드니
확인한 후 방문해야 한다.

📍 大阪市港区海岸通1-1 / 1-1 Kaigandori, Minato Ward,
Osaka
🚃 전철 오사카코역 1번 출구 10분
🕐 데이 크루즈: 11:00~16:00 매시 정각 출항,
트와일라이트 크루즈: 17:15 출항(시기, 기상 상태에 따라 상이)
💴 성인 1,800엔, 초등학생 900엔

©Osaka Convention&Tourism Bureau

메이지 일왕 관함기념비

 덴포잔 공원 天保山公園······ 7
• SPOT •

해안에 위치해 있으며 벚꽃나무와 소나무가 아름다운 공원
이다. 숨겨진 벚꽃 명소로 알려져 있다. 덴포산은 일본에서 가
장 낮은 산으로 표고 4.53m다. 명칭은 산이라고 하지만 실제
로는 공원에 파묻혀 있다. 하지만 정상에는 '덴포산 정상(天保
山山頂)'이라는 표식이 있다. 정상 표식 바로 옆에는 메이지 일
왕이 일본 최초로 관함식이 열렸던 장소를 기념하는 기념비가
세워져 있다. 주변에 수족관인 카이유칸, 레고랜드, 대관람차,
산타마리아 선착장이 있어 이 시설들과 함께 돌아볼 수 있는 공
원이다.

📍 大阪市港区築港3-2 / 3-2 Chikko, Minato Ward, Osaka
🚊 전철 오사카코역 3번 출구 6분

 SPOT ## 지라이언 뮤지엄 ジーライオンミュージアム ······ ⑧

개항기 시절 벽돌 창고에 올드 카를 전시해놓은 운치 있는 자동차 박물관이다. 서양의 고급 자동차부터 일본 올드 스포츠 카까지 다양한 차량을 구경할 수 있다. 1900년부터 1950년까지 발매된 롤스로이스 팬텀 II 등 약 250대의 자동차가 전시되어 있으며 시기에 따라 교체된다고 한다. 관리 상태도 매우 좋기 때문에 100년이 넘은 차도 바로 시동을 걸 수 있을 것 같아 보이는 수준이다. 자동차를 좋아하는 여행객에게는 천국이나 다름없는 곳이다. 스테이크 하우스와 카페도 있어 운치 있는 시간을 보낼 수 있다. 박물관 입구 옆에 'G-SQURE'라고 하는 공간에서는 전시뿐만 아니라 판매도 하고 있다. G-SQUIRE는 완전 예약제로 운영되며 매매 관련 용무가 있어야만 출입이 가능하다.

📍 大阪市港区海岸通2-6-39 / 2-6-39 Kaigandori, Minato Ward, Osaka
🚊 전철 오사카코역 6번 출구 4분
🕐 11:00~17:00 / 월요일 휴관
💰 중학생 이상 1,300엔, 초등학생 무료

📷 사키시마 코스모타워 전망대 さきしまCOSMO TOWER展望台······ ⑨
• SPOT •

사키시마(咲洲)에 우뚝 서있는 55층, 높이 252m의 초고층 빌딩으로 빌딩의 정식 이름은 오사카부 사키시마청사(大阪府咲洲庁舎)다. 원래 오사카 월드트레이드센터 빌딩이라는 이름으로 1995년 완공했지만, 교통 불편과 버블 붕괴로 상권이 무너지고 공실이 많아져 슬럼화를 방지하기 위해 오사카부에서 청사 기능 일부를 떼어내 이전했고, 이후 오사카부가 건물 자체를 구입해서 현재의 이름이 되었다. 현재 건물에는 전망대와 각종 상업 시설, 오사카부 사키시마청사가 들어서 있다. 52층까지 이어지는 고속 엘리베이터를 탑승한 후 길이 42m의 에스컬레이터를 타고 올라가면 코스모타워 전망대에 도착한다. 오사카만이 한눈에 보이고, 멀리 고베, 오사카 남쪽의 아베노하루카스까지 보인다. 상대적으로 관광객들에게 알려져 있지 않은 곳이라 한산하다.

전망대로 향하는 에스컬레이터

📍 大阪市住之江区南港北1-14-16 / 1-14-16, Nankokita, Suminoe Ward, Osaka
🚇 전철 트레이드센터마에역 1번 출구 3분
🕐 11:00~22:00 / 월요일 휴무
💴 성인 1,000엔, 중학생 이하 600엔

PART 2.

교토
Kyoto

킨카쿠지

아라시야마

긴카쿠지

기요미즈데라, 기온

교토역

교토는 어떤 도시?

교토는 오사카로부터 47km 떨어져 있고 인구는 145만 정도로 오사카와 함께 긴키 지역의 중심도시 역할을 하고 있다. 행정구역을 오사카와 병합하려는 시도가 있었으나 주민 투표 결과 반대가 많아 무산되었다. 교토(京都)는 도쿄(東京), 서교(西京)라 칭해지는 오사카(大阪)와 함께 3쿄(3京)라 불릴 정도로 일본의 중심도시이며, 과거에는 '쿄(京)' 또는 '미야코(都)'로 불렸다.

교토는 794년에 간무(桓武) 일왕이 수도를 나라(奈良)에서 중국의 장안을 본따 설계한 헤이안쿄(平安京, 교토)로 옮기면서 메이지(明治) 초기까지 일본의 수도 역할을 했다.

제2차 세계대전 당시 교토는 미군의 원자폭탄 투하 대상 최종 후보 도시 안에 들었지만 운 좋게 피해갔고, 도쿄와 오사카보다 공습 피해가 적어서 수많은 문화유산들이 보존될 수 있었다. 1,000년 이상 일본의 수도였기 때문에 많은 절과 신사, 황거 등 전통 건축물이 남아 있고 문화재와 보물이 많은 도시다. 기요미즈데라(청수사), 킨카쿠지, 긴카쿠지, 후시미이나 리타이샤 등 세계적으로 알려진 명소가 많다. 우리나라의 경주처럼 정책적으로도 보존을 위해 노력하고 있어 옛 정취를 엿볼 수 있는 거리가 많이 남아 있다. 구 수도라는 상징적인 도시로 아름다운 자연과 정원, 명승지 등 볼거리가 많아 일본 국내 관광객은 물론 세계 각국에서 많은 관광객이 몰려드는 관광 도시다.

경제적으로는 직물과 요업 등 전통 산업이 발달했으며 상업과 소매업이 발달한 지역이다. 교토의 특징을 이야기할 때 '기다오레(着倒れ)'라는 표현을 사용하는데 '입다 망한다'는 의미로 직물업 및 의류업이 발달한 도시다. 무로마치시대(1336~1573년)에 직물업자들이 니시진(西陣)에 정착하면서 직물업이 발달했다. 현대에 들어서면서 관광업과 함께 IT 기업과 콘텐츠 산업도 발달했다. 대표적으로 닌텐도 본사가 교토에 있다.

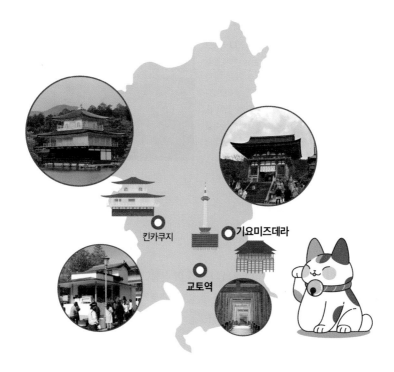

킨카쿠지

기요미즈데라

교토역

교토의 교통 시스템

  교토는 18개의 노선이 있지만 도쿄와 오사카에 비해 전철 노선이 촘촘하지 못하다. 교토의 관광지는 도심과 떨어진 외곽에 널리 퍼져 있어 전철과 버스를 적절히 이용해야 한다. 필요에 따라 택시를 이용하는 것도 시간을 절약하는 좋은 방법이다.

교토 종합관광안내소

JR교토역에는 교토 종합관광안내소가 있다. 이곳에서 교토시 관광 정보와 관련하여 궁금한 사항에 대해 문의하거나 교통 패스를 구입할 수 있고, 관광 팸플릿을 받을 수 있다. 관광안내소를 방문하기 전에 구체적인 문의사항을 정리해 방문하는 것이 좋다. 예를 들어, "긴카쿠지를 보고 기요미즈데라를 보고 싶은데 어떤 코스 또는 교통수단을 이용하면 좋나요?"와 같이 구체적으로 질문하는 것이 좋다.

01 전철

  교토는 오사카나 도쿄만큼 인구가 많지 않기 때문에 전철이 많지 않다. 특히 주요 관광지는 시내와 떨어져 있어 전철만으로 돌아다닐 수 없다. 교토의 전철은 JR 외에 가라스마선(烏丸線)과 도자이선(東西線) 및 민영 전철이 있다.

02 버스

교토는 전철이 발달하지 않아 버스를 적절하게 이용해야 한다. 일본어가 되지 않으면 전철보다 불편하지만 버스를 타는 것도 여행의 즐기는 방법의 하나로 생각해야 한다. 교토의 버스는 뒷문으로 탑승하여 앞문으로 내리는 시스템이다.

1) 탑승

탑승 전에 목적지와 방향을 확인한다. 탑승 시에는 한국과 달리 반드시 뒷문으로 탑승한다.

2) 주행 시

주행 시에는 절대 버스 안을 이동하면 안 된다. 인원이 많아 서 있는 경우는 예외지만 일어서서 돌아다니면 기사가 마이크로 앉으라고 방송을 한다. 한국과 달리 정류장에 멈춰서 승객들이 다 내릴 때까지 기다려주고 출발하기 전에는 더 내릴 사람이 없는지 확인하고 출발한다. 따라서 운행 중에 하차를 위해 일어서 있으면 안 된다.

3) 하차

하차하고 싶다면 한국과 같이 버스 벽이나 천장에 붙어있는 하차 벨을 누르면 된다. 하차할 때는 반드시 앞문으로만 하차한다. 하차 시에 기사 왼쪽에 있는 정산기에서 정산을 한다. 요금을 지불하는 방법은 다음과 같이 세 가지 방법이 있다.

• IC카드 사용

뒷문으로 타서 아무것도 안 하고 목적지까지 간 후, 내리면서 기사 옆에 있는 단말기에 IC카드를 터치한다.

• **패스 사용**

패스 구입 후 처음 사용할 때는 하차 시에 기사 옆에 있는 기계의 카드 입구(カード入口)에 카드를 넣으면 날짜가 찍힌다. 그 이후부터는 기사에게 카드 뒤에 찍힌 날짜를 보여주고 내린다.

• **현금 사용**

미리 잔돈을 준비하는 것이 좋다. 2024년 12월 기준 230엔을 하차 전에 미리 준비한 뒤 요금 투입구에 동전을 넣으면 된다. 만약 잔돈이 없으면 500엔 동전이나 1,000엔 지폐를 동전 교환기에 넣어 잔돈으로 교환한 후 지불하면 된다. 동전 교환기는 기사 왼쪽에 있는 정산기에 같이 붙어 있다. 잔돈을 거슬러주지 않기 때문에 요금을 딱 맞춰 지불해야 한다. 따라서 가능한 탑승 전에 잔돈을 준비하는 것이 좋다.

만약 하차해야 하는데 기사가 출발하려고 하면 '하차하겠습니다'라는 뜻의 "스미마셍, 오리마스(すみません、降ります)"라고 말하자.

03 란덴

교토 서부인 아라시야마 지역과 교토 중부를 잇는 1량 혹은 2량 노면 전차다. 관광객은 아라시야마에서 기타노텐만구, 묘신지, 료안지를 갈 때 주로 이용하게 된다. 일본다운 노면 전차 감성을 느끼며 한적하고 고풍스러운 교토 시가지를 지날 수 있다. 봄에는 철로 양 옆으로 핀 벚꽃이 터널을 만들어 장관이다.

1) 탑승

뒷문과 앞문 두 군데에서 다 탑승할 수 있다. 탑승 시에는 아무런 절차가 필요하지 않아 탑승만 하면 된다.

2) 하차

란덴은 시영버스처럼 하차 시 정산하는 시스템이다. 하차는 앞문으로 한다. 기사 바로 뒤에 있는 정산기에 IC카드를 터치하거나 현금을 지불하면 된다. 비용은 성인 250엔, 어린이(6~12세) 120엔이다.

04 교토 교통패스

교토를 조금이라도 저렴하게 여행할 수 있게 해주는 교통패스 정보를 알아보자. 교토를 여행하기 위해 좋은 교통패스로는 아래 네 가지가 있다.

1) 지하철+버스 1일권

교토 시영 지하철(가라스마선, 도자이선), 시영 버스, 게이한버스, JR버스를 1일 동안 무제한으로 탑승할 수 있는 패스다. 교토종합관광안내소, 지하철 안내소, 개찰구 창구, 버스 기사에게 구매할 수 있다. 지하철의 경우 개찰구 카드 삽입구에 넣어 탑승하면 되고, 버스의 경우 티켓 첫 사용 시에 카드 삽입구에 티켓을 넣어 날짜를 찍은 뒤에 두 번째 이용할 때부터 버스 기사에게 카드에 찍힌 날짜를 보여주면 된다. 시설 입장료 할인이나 음식점, 상점 할인 혜택이 포함되어 있다.

⛩ 하루에 버스나 지하철을 5번 이상 타면 이득이다.

특전 혜택 목록

2) 지하철 1일권

위의 지하철+버스 1일권에서 버스만 없앤 패스다. 교토 시영 지하철(가라스마선, 도자이선)을 하루 동안 무제한으로 이용할 수 있다. 시설 입장료 할인이나 음식점, 상점 할인 혜택이 포함되어 있다.

⛩ 하루에 지하철을 4번 이상 타면 이득이다.

특전 혜택 목록

3) 지하철 + 란덴 1일권

지하철 1일권에 더해 란덴을 하루 동안 무제한으로 탑승할 수 있다. 지하철 창구, 란덴역(시조오미야역, 아라시야마역, 기타노하쿠바이초역, 기타비라노쓰지역)에서 구매 가능하다.

⛩ 란덴과 지하철을 6번 이상 타면 이득이다.

4) 게이한 패스 1일권/2일권

교토의 동부를 남에서 북으로 달리는 게이한 노선을 하루 혹은 이틀간 무제한으로 탑승할 수 있는 교통권이다. 말차로 유명한 우지시(宇治市), 후시미이나리타이샤, 기온, 긴카쿠지를 하루에 다 돌고 싶은 여행객에게 좋다.

05 주요 도시에서 교토로 이동하는 방법

교토를 조금이라도 저렴하게 여행할 수 있게 해주는 교통패스 정보를 알아보자. 교토를 여행하기 위해 좋은 교통패스로는 아래 네 가지가 있다.

간사이국제공항에서 교토로

간사이국제공항에서 가는 방법은 크게 세 가지로, JR교토역으로 한 번에 갈 수 있는 'JR하루카'와 오사카에서 **한큐교토선**으로 환승해서 교토가와라마치역으로 가는 방법이 있다.

두 번째 방법은 **난카이 라피트 특급**을 타고 난카이난바역에서 내려 5~7분 정도 도보로 이동한 뒤, 오사카메트로 미도스시선으로 갈아타고 우메다역에 간 뒤, 한큐오사카우메다역으로 가 **한큐교토선**으로 갈아타는 방법이다.

방법	출발지	환승	도착지	소요시간	가격
JR하루카	1터미널 간사이공항역	없음	JR교토역	약 110분	1,910엔
난카이 라피트 +오사카메트로 +한큐교토선	1터미널 간사이공항역	오사카메트로 난바역, 한큐 오사카우메다역	교토 가와라마치역	약 120분	1,750엔
리무진 버스	1, 2터미널 리무진 버스 승하차장	없음	JR교토역	약 110분	2,800엔

오사카에서 교토로

오사카에서 교토로 가는 방법은 교토 내 행선지가 어디인지에 따라 달라진다.

방법	출발지	도착지	소요시간	가격
JR교토선 신쾌속	JR오사카역	JR교토역	약 30분	570엔
한큐교토선 특급	한큐오사카우메다역	교토 가와라마치역 혹은 아라시야마역	약 45분	410엔
게이한본선 특급	교바시역	기온시조역 혹은 후시미이나리역	약 45분	420엔

고베에서 교토로

고베에서 교토로 가는 방법은 두 가지다. 하나는 **JR도카이도산요본선 신쾌속(JR東海道山陽本線新快速)**을 이용하는 것이고, 나머지 하나는 **한큐고베선 특급(阪急神戸線特急)**을 타고 주소역(十三駅)까지 간 뒤, **한큐교토선 특급(阪急京都線特急)**으로 교토로 가는 방법이다.

방법	출발지	환승	도착지	소요시간	가격
JR신쾌속	JR교토역	없음	JR산노미야역	약 50분	1,100엔
한큐고베선 이용	고베산노미야역	주소역에서 한큐교토선으로 환승	교토 가와라마치역	약 70분	640엔

나라에서 교토로

나라에서 교토를 가기 위해서는 교토 내 행선지가 어디인지에 따라 달라진다.

방법	출발지	환승	도착지	소요시간	가격
JR나라선	JR나라역	없음	JR교토역	약 45분	720엔
긴테츠나라선 + 게이한본선	긴테츠나라역	긴테츠단바바시역에서 게이한본선으로 환승	기온시조역	약 60분	960엔

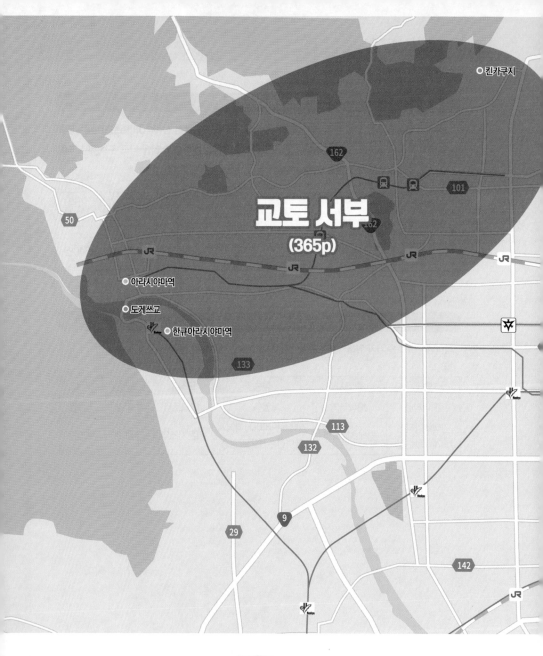

교토 서부
(365p)

킨카쿠지

아라시야마역

도게쓰교

한큐아라시야마역

MAP

교토 한눈에 보기

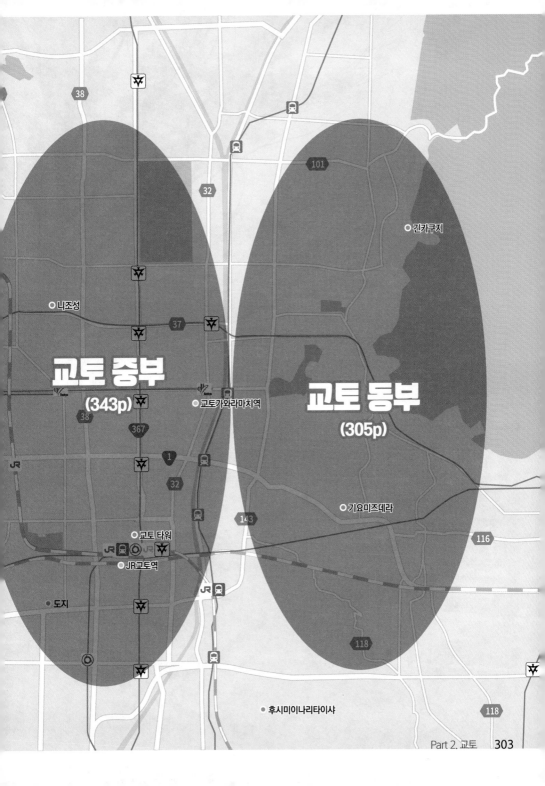

니조성

교토 중부
(343p)

교토가와라마치역

니조성

긴카쿠지

교토 동부
(305p)

기요미즈데라

교토 타워

JR교토역

도지

후시미이나리타이샤

교토 동부

기요미즈데라, 긴카쿠지, 후시미이나리타이샤

교토에서도 특히 동부 지역은 교토의 전통문화와 종교적 유산을 가장 잘 보존한 지역이다. 일본 전국적으로 유명한 절과 신사가 모여 있어 일본 전통 종교와 문화를 체험하기에 최적의 장소다. 교토 관광의 필수 코스인 긴카쿠지(銀閣寺, 은각사), 기요미즈데라(清水寺), 야사카신사(八坂神社), 기온(祇園) 등이 전부 이 지역에 있어 교토를 간다면 무조건 가봐야 할 곳이다.

이 지역은 자연 경관도 유명하다. 긴카쿠지에는 일본 정원의 정수를 보여주는 정원이 있으며 기요미즈데라에서는 단풍들이 가을에 붉게 물들어 절경을 만들어낸다. 벚꽃나무를 벗 삼아 산책할 수 있는 철학의 길(哲学の道)도 있다.

또한 교토 동부는 미식의 보고이기도 하다. 기온 주변에는 일본식 고급 요리인 가이세키 요리를 맛볼 수 있는 고급 레스토랑이 다수 포진해 있으며 전통과자를 맛볼 수 있는 가게도 많다. 일본의 전통과 자연, 그리고 문화가 공존하는 특별한 장소인 교토 동부로 떠나보자.

교토 동부

데마치야나기역
出町柳駅

하시모토 간세쓰 기념관 ●

❷ 데츠가쿠노미치 ❶
긴카쿠지(은각사)

❶
오멘 긴카쿠지본점

● 오토요 신사

호스텔 니니룸 ●
진구마루타마치역
神宮丸太町駅

❹
헤이안신궁

● 젠린지

● 히가시야마고등학교

● 오카자키 공원

● 교토 동물원
교토 국립   ● 교토 교세라
근대미술관   미술관

❸ 난젠지

산조역
三条駅

❷ 난젠지 준세이

산조케이한역
三条京阪駅

히가시야마역
東山駅

웨스턴 미야코 호텔 ●

● 쇼렌인

게아게역
蹴上駅

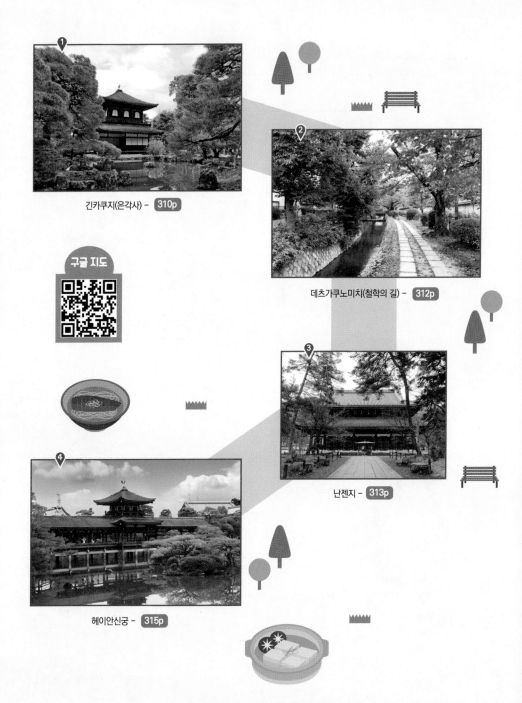

긴카쿠지(은각사) – 310p

데츠가쿠노미치(철학의 길) – 312p

구글 지도

난젠지 – 313p

헤이안신궁 – 315p

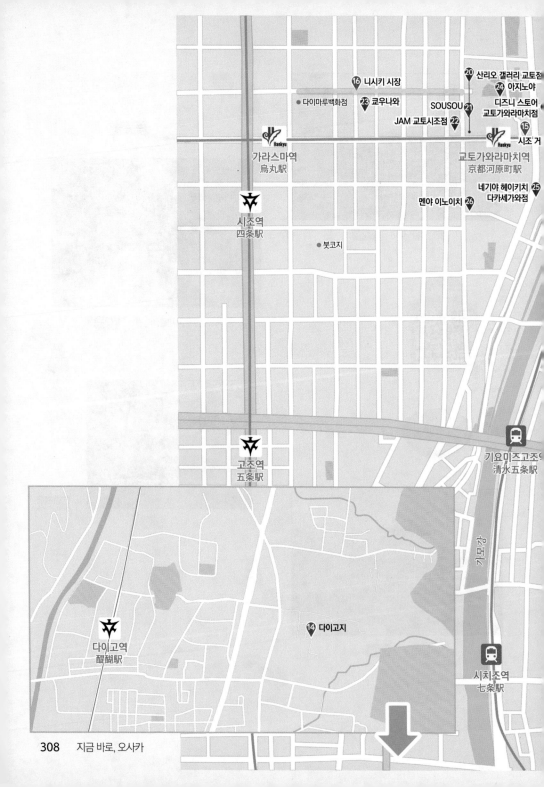

16 니시키 시장

20 산리오 갤러리 교토점
24 아지노야

● 다이마루백화점   23 쿄우나와
디즈니 스토어
SOUSOU 21   교토가와라마치점

JAM 교토시조점 22   15 시조 거

가라스마역
烏丸駅

교토가와라마치역
京都河原町駅

네기야 헤이키치 25
다카세가와점

시조역
四条駅

멘야 이노이치 26

● 붓코지

고조역
五条駅

기요미즈고조역
清水五条駅

가
모
강

14 다이고지

다이고역
醍醐駅

시치조역
七条駅

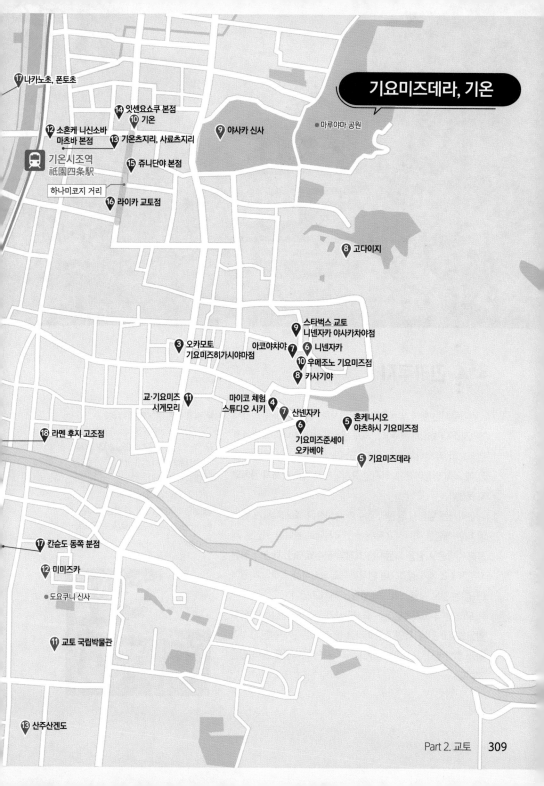

기요미즈데라, 기온

⑰ 나카노초, 폰토초

⑭ 잇센요쇼쿠 본점
⑩ 기온
⑫ 소혼케 니신소바
마츠바 본점
⑬ 기온츠지리, 사료츠지리
🚉 기온시조역
祇園四条駅
⑮ 쥬니단야 본점
하나미코지 거리
⑯ 라이카 교토점

⑨ 야사카 신사
● 마루야마 공원

⑧ 고다이지

③ 오카모토
기요미즈히가시야마점
⑦ 아코야차야
⑪ 교·기요미즈
시게모리
④ 마이코 체험
스튜디오 시키
⑱ 라멘 후지 고조점

⑥ 스타벅스 교토
니넨자카 야사카차야점
⑥ 니넨자카
⑩ 우메조노 기요미즈점
⑧ 카사기야

④
⑦ 산넨자카
⑥
기요미즈준세이
오카베야
⑤ 혼케니시오
야츠하시 기요미즈점
⑤ 기요미즈데라

⑰ 칸슌도 동쪽 분점

⑫ 미미즈카

● 도요쿠니 신사

⑪ 교토 국립박물관

⑬ 산주산겐도

긴쿄지와 관음전

 긴카쿠지   銀閣寺 ······ ①
•SPOT•

긴카쿠지는 한국 발음으로는 은각사로, 정식 명칭은 히가시
야마지쇼지(東山慈照寺)다. 세계 문화유산의 하나이며 관음전
은 국보다. 무로마치 막부 8대 쇼군 아시카가 요시마사(足利義
政)에 의해 만들어졌다. 하지만 요시마사가 죽을 때까지 완공되
지 못했다.

은각사는 일본식 정원의 정수를 보여준다. 요시마사는 권력
에 대한 책임을 회피하고 일본을 전국시대로 몰아간 원인을 제
공해 수많은 사람을 희생시킨 최악의 군주였지만, 예술과 정원
가꾸기에 조예가 깊었으며 현재까지도 요시마사 스타일의 원예
(조경)는 일본 정원 스타일에 영향을 끼치고 있다.

모래 언덕 고게츠다이는 요시마사가 달빛을 감상하기 위해
만들었다고 한다. 메인 건물이라고 할 수 있는 관음전은 요시마
사의 할아버지, 요시미쓰가 세운 금각사의 사리전을 본떠 만든
것이다.

📍京都市左京区銀閣寺町2 /
2 Ginkakujicho, Sakyo Ward, Kyoto
🚌 버스 5, 17, 32, 102, 203, 204번
긴카쿠지미치 정류장 9분
🕐 08:30~17:00
(12~2월 09:00~16:30)
💰 성인 500엔, 초등·중학생 300엔
🌐 https://www.shokoku-ji.jp/ko/
ginkakuji/

은각사인데 왜 건물에 은칠이 안 되어 있는지는 몇 가지 설이 있다. 요시마사가 돈이 부족했다는 설과 요시마사가 죽은 후 완공되어 은칠이 되지 않았다는 설 등이 있다. 요시마사는 은각사를 별장으로 지으려고 했지만 그가 죽으면서 요시마사의 법명을 딴 지쇼지(慈照寺)라는 불교 사찰이 되었다. 전국시대를 거치며 훼손되었다가 에도시대 초기 복원되어 그 모습을 지금까지 유지하고 있다.

가레이산스이식 정원과 연못, 건물들이 조화를 이루고 배치되어 있어 아름다운 경치를 자아낸다. 관람로를 따라 이동하면 완만한 산길이 나오는데, 이곳에 올라가면 은각사 주요 건물들의 지붕과 함께 교토 동부 시가지를 한눈에 볼 수 있다.

전국시대의 서막을 연 오닌의 난(応仁の乱)

무로마치 막부의 제8대 쇼군 아시카가 요시마사는 대를 이을 아들이 태어나지 않자 출가한 자신의 동생인 아시카가 요시미(足利義視)를 불러 자신에게 아들이 생기더라도 쇼군 자리를 주겠다고 약속한다. 그런데 요시마사에게 아들이 생기면서 요시마사의 아들과 동생 사이에 쇼군 자리를 둘러싼 갈등이 시작됐다. 유력 다이묘들이 각각 요시마사의 동생과 아들을 지원하면서 마침내 전란이 발생하는데 이것이 바로 '오닌의 난(応仁の乱, 1467~1477년)'이다.

교토를 반으로 갈라 10년 동안 전쟁이 지속되어 교토는 초토화된다. 요시마사는 사치와 향락에 빠져 중재를 하지 않았고, 수많은 백성들과 군인들이 목숨을 잃었다. 요시마사의 부인인 도미코 또한 중재는 커녕 양측을 상대로 돈 장사만 하며 이익을 챙긴다. 교토 전 지역이 전장이었기 때문에 헤이안시대부터 지어졌던 수많은 문화유산들도 잿더미로 변해버렸다. 결국 양측의 합의로 전쟁이 끝나고 요시마사의 친아들인 아시카가 요시히사(足利義尙)가 제9대 쇼군이 된다. 하지만 요시히사는 아들 없이 20대에 요절했고, 요시마사의 동생 요시미의 아들인 아시카가 요시타네(足利義稙)가 제10대 쇼군이 된다.

전란 동안 체력을 다 소모한 기존 기득권 세력들이 힘을 쓰지 못하고 막부 또한 권력을 잃자 새로운 다이묘들이 무력을 앞세워 모반을 일으키거나 서로를 침략하는 일이 끊임없이 발생했다. 이 시기부터를 일본의 전국시대라 한다. 오닌의 난이 전국시대의 시작을 알리는 신호탄이었던 것이다. 무로마치 막부는 오닌의 난 이후 권력을 완전히 잃어 전국시대 내내 허수아비 정권으로 전락한다. 오닌의 난은 무로마치 막부를 약화시키고 전국시대를 불렀기 때문에 일본 역사에서 빼놓을 수 없는 중대한 사건이라 할 수 있다.

 ## 데츠가쿠노미치

哲学の道 ...... ❷

한국어로 '철학의 길'로, 은각사 앞을 지나가는 작은 개천을 따라 남북으로 이어지는 작은 길이다. 니시다 키타로(西田幾太郎)를 필두로 교토의 유명 철학자들이 이 길을 걸으며 사색에 빠지곤 했다. 이러한 이유로 1972년부터 철학의 길이라는 이름이 되었다고 한다. 자동차가 지나다닐 수 없기 때문에 한적한 분위기에서 산책할 수 있는 길이다. 은각사를 보고 난젠지 쪽으로 이 길을 따라 이동하면 기분 좋게 교토를 음미할 수 있다.

📍 京都左京区哲岳の道 / Tetsugaku No Michi, Sakyo Ward, Kyoto
🚌 버스 32번, 105번 긴카쿠지마에 정류장 2분, 버스 5번 난젠지·에이칸도미치 정류장 8분

오멘 긴카쿠지본점   名代おめん 銀閣寺本店 ······ ❶

이 가게의 우동은 대부분 '츠케우동(つけうどん)'으로 한국에서 냉소바를 먹는 것처럼 우동 면을 간장 베이스의 국물에 찍어 먹는 방식이다. 가게 근처에 오멘만의 제면소가 있어 면의 식감과 품질이 좋다. 화학조미료, 식품 첨가물을 하나도 첨가하지 않고 음식을 만든다. '오멘'이라는 가게 이름과 동명의 간판 메뉴가 있다. 차가운 국물과 뜨거운 국물 중에 선택할 수 있다. 튀김 세트(天麩羅セット)를 시키면 튀김 다섯 개 정도가 나오는데 바삭바삭한 식감이 맛을 더한다.

📍 京都市左京区浄土寺石橋町74 / 74 Jodoji Ishibashicho, Sakyo Ward, Kyoto
🚌 버스 32, 105번 긴카쿠지마에 정류장 2분
🕐 10:30~18:00(주말, 공휴일 10:30~16:00, 17:00~20:30) / 목요일, 연말연시 휴무

난젠지   南禅寺 ······ ❸
• SPOT •

지금으로부터 약 700년 전인 1291년 세워진 선종 사찰이다. 중국 송나라에서 유학하고 온 승려인 무칸후몬(無関普門)이 창건했다. 우리나라 최초의 목판대장경(고려 현종)인 초조대장경의 일부를 이곳에서 보관하고 있다고 한다. 오닌의 난 때 시가전으로 거의 모든 절이 불타고 에도시대에 재건했다. 가메야마 일왕이 은퇴 후 지내고자 별장의 용도로 만들었으나 선종의 사찰이 되었다.

법당

📍京都市左京区南禅寺福地町 / Nanzenji Fukuchicho, Sakyo Ward, Kyoto
🚌 전철 게아게역 1번 출구 10분, 버스 5번 난젠지·에이칸도미치 정류장 10분
🕐 08:40~17:00(12~2월은 16:30까지) / 연말(12/28 ~12/31) 출입 불가
🎟 일반 400엔, 고등학생 350엔, 초등·중학생 250엔(산문, 호죠정원은 연령대별로 각각 600, 500, 400엔)
🌐 https://nanzenji.or.jp

수로각

1875년에는 경내에 일본 최초의 정신과 병원이 설립되기도 했고, 1888년에는 현재 난젠지의 상징과 같은 난젠지 수로각(南禅寺水路閣)도 건설되었다. 이 수로각은 교토 동쪽에 있는 일본 최대의 호수, 비와호(琵琶湖)의 물을 교토 시내까지 가져오기 위해 지어졌다. 700년 된 절 경내에 있는 벽돌로 만든 근대 건축물이 특이한 분위기를 자아낸다. 높이가 22m로 엄청나게 큰 사원 정문 '산몬(三門)'은 망루에 올라가볼 수도 있는데, 망루로 올라가면 탁 트인 경치를 구경할 수 있다.

절 남쪽에는 아름다운 정원으로 알려진 난젠인(南禅院)이 있고, 동쪽에 있는 주지스님의 방 호조(方丈)도 정원으로 유명하다. 다양한 일본 정원을 한 번에 보고 싶다면 난젠지를 추천한다.

 난젠지 준세이　南禅寺 順正 …… ②

난젠지 근처에 있는 고급 두부요리 전문점이다. 교토 두부요리의 정수를 보여준다. 준세이가 식당으로 사용하고 있는 저택은 본래 에도시대인 1842년 완성되어 서양 의술을 가르치던 준세이쇼인(順正書院)이라고 하는 난학 의학학원(蘭学医学塾)으로 사용되던 건물이다. 네덜란드에서 들어온 의학 기술을 당시에는 난학이라 불렀다. 현재는 고급 식당으로 변모했다. 내부에는 아름다운 정원이 있어 이 정원을 보며 건강한 식사를 할 수 있다. 가격은 상당히 비싼 편이다.

📍 京都市左京区南禅寺草川町60 / 60 Nanzenji Kusakawacho, Sakyo Ward, Kyoto
🚌 버스 5번 난젠지·에이칸도미치 정류장 10분
🕐 11:00~20:00

동신원(東神苑)

 헤이안신궁 平安神宮 ······ ④

응천문(応天門)

백호루(白虎楼)

백제 무령왕의 자손인 어머니에게 태어난 간무 일왕(桓武天皇)은 약 70년간 수도 기능을 했던 현재의 나라시 북부, 헤이조쿄(平城京)가 비좁아 일본의 수도로는 적합하지 않다고 판단하고 794년 교토로 천도한다. 이때부터 천년 고도 교토의 역사가 시작된다.

헤이안신궁은 간무 일왕을 신으로 모시는 신사로 헤이안 천도 1,100년을 기념해 1895년에 만들어졌다. 메이지 유신으로 수도의 기능이 도쿄로 옮겨가자 쇠퇴의 길을 걷던 교토의 부흥을 바라는 교토 도민들의 열의가 담긴 신사다. 신사 남쪽에 있는 20m가 넘는 거대한 붉은 신사 입구, 토리이(鳥居)가 이 신사의 상징이다. 건축 당시에는 일본에서 가장 큰 토리이였지만 지금은 다섯 번째로 큰 토리이라고 한다.

경내에는 '신의 동산'이라는 뜻을 가진 신엔(神苑)이라는 아름다운 정원이 있는데, 헤이안신궁에 방문했다면 신엔도 반드시 봐야 할 장소로 추천한다. 헤이안신궁 앞마당에는 오카자키 공원(岡崎公園)이 조성되어 교토 도민들의 쉼터로 사랑받고 있다.

📍 京都市左京区岡崎西天王町97 / 97 Okazaki Nishitennocho, Sakyo Ward, Kyoto

🚇 버스 5, 105번 오카자키코엔 비쥬츠칸헤·이안진구마에 정류장 5분

🕐 06:00~17:30(신엔 08:30~17:00)

💰 무료(신엔 성인 600엔, 청소년 300엔)

🌐 https://www.heianjingu.or.jp/index.html

기요미즈데라

清水寺 ⋯⋯ ❺

우리에게는 한국어 발음인 '청수사'로도 잘 알려져 있으며 교
토 관광의 상징적인 사찰이다. 778년에 지어졌으며 1633년 도
쿠가와 이에미쓰(德川家光)에 의해 재건되었다. 관세음보살을
모시는 절이다. 역사가 긴 만큼 일본의 고서적에도 종종 등장하
는 것을 볼 수 있다.

사슴 사냥으로 오토와산을 찾아온 무사 사카노우에노 다무라
마로(坂上田村麻呂)가 폭포에서 승려 겐신과 만났는데 겐신은
관음의 영지에서 살생을 저지른 다무라마로를 꾸짖고 관세음보
살의 공덕을 설명해주었다고 한다. 그 가르침에 깊은 감명을 받
은 다무라마로는 후일 관세음보살을 보전하기 위해 사원을 건
립했고, 맑은(淸) 물(水)이 근처에 있어 기요미즈데라라는 이름
을 지었다. 전란과 지진으로 여러 번 사찰이 훼손되어 현재 볼
수 있는 건물들은 에도시대 제3대 쇼군, 도쿠가와 이에미쓰의
기부금으로 1633년에 재건한 것들이다.

아카몬

오토와폭포

부타이

부타이를 받치고 있는 나무 기둥

본당을 가기 위해 언덕을 따라 올라가다 보면 아카몬(赤門)이라는 별명을 갖고 있는 빨간색 기둥의 니오몬(仁王門)을 볼 수 있다. 그 안쪽에는 일본 최대 30m 높이의 삼층탑이 나타난다. 기요미즈데라에서 가장 유명한 것은 깎아 내리는 절벽에 건설된 부타이(舞台)라 불리는 본당 테라스다. 부타이는 '무대'라는 의미로, 절벽 아래로부터 13m 높이에 자리 잡고 있다. 약 4층 건물의 높이다. 139개의 기둥이 떠받치고 있으며 건설 당시 못을 하나도 사용하지 않은 것으로 유명하다.

일본에는 '기요미즈의 부타이에서 뛰어내리다(清水の舞台から飛び降りる)'라는 관용어가 있는데, 높디높은 기요미즈의 부타이에서 뛰어내릴 정도로 각오가 확실한 것을 보고 쓰는 말이다.

📍 京都市東山区清水1-294 / 1-294 Kiyomizu, Higashiyama Ward, Kyoto
🚌 버스 80, 100, 202, 206, 207번 고조자카 정류장 10분
🕐 06:00~18:00(3, 8, 11월(라이트업 때는 21:30까지)
🎫 성인 500엔, 초등·중학생 200엔
🌐 https://www.kiyomizudera.or.jp/en

사카노우에노 다무라마로(坂上田村麻呂)

사카노우에노 다무라마로(758~811년)는 나라시대 일본의 무사다. 일본서기와 고사기에 사카노우에노 가문은 백제에서 일본으로 건너가 정착한 도래인의 자손이라는 기록이 있다. 사카노우에노 집안은 말을 타며 활을 쏘는 기사(騎射)에 능했다고 전해진다. 781년, 백제 무령왕의 자손인 어머니에게 태어난 간무 일왕(桓武天皇)이 즉위하며 백제 도래인 집안 우대 정책으로 사카노우에노 집안도 출세한다. 다무라마로는 백제 의자왕의 자손인 구다라노코니키시 준테쓰(百済王俊哲)와 함께 일왕 세력에 따르지 않는 현재 도호쿠(東北) 지방의 오랑캐들을 정벌했고, 그 전과를 인정받아 오랑캐를 정벌한 대장군이라는 뜻의 세이이타이쇼군(征夷大将軍, 정이대장군)에 임명된다. '세이이타이쇼군'은 시대마다 직책의 권한과 위세는 달라졌지만 에도시대까지 일본에서 실질적으로 가장 높은 무장의 직위로 여겨졌다. 우리가 보통 쇼군이라고 하는 직책의 정식 이름이 세이이타이쇼군이다.

 ## 니넨자카, 산넨자카 　二年坂, 三年坂 …… ❻ ❼

일본의 전통 거리를 걷고 싶다면 네네노미치(ねねの道), 이시베코지(石塀小路)와 함께 니넨자카, 산넨자카를 추천한다. 니넨자카와 산넨자카는 고다이지, 기요미즈데라로 가는 길목에 있으며 돌로 된 길 양쪽으로 단층의 전통 가옥이 즐비하게 늘어서 있다. 우리나라 경복궁이나 인사동에 한복 차림의 사람이 많은 것처럼 기모노 복장을 한 사람들이 많아 일본스러운 분위기를 자아내는 거리다. 기모노 복장을 한 사람은 대부분 기모노를 빌려 입은 관광객들이다.

야사카의 탑

많은 사람이 찾아오는 거리이다보니 관광객을 상대로 한 카페와 레스토랑이 많이 들어서 있다. 산넨자카에서 니넨자카로 내려오는 골목에서 왼쪽으로 틀어 살짝 앞으로 가면 유명한 호칸지(法観寺)의 목탑인 '야사카의 탑'을 볼 수 있으며, 올라갈 때보다 내려갈 때 경치가 몇 배 더 예쁘다.

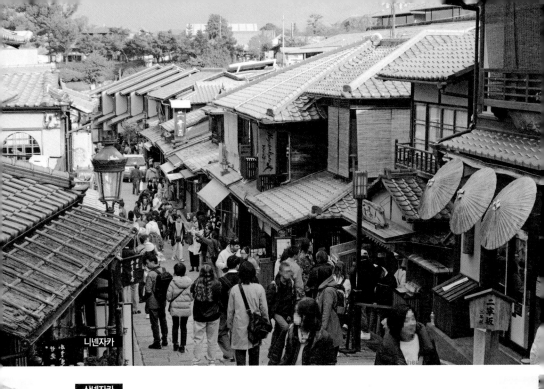
니넨자카

산넨자카

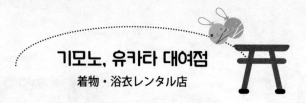

기모노, 유카타 대여점
着物・浴衣レンタル店

🛒 **오카모토 기요미즈히가시야마점** レンタル着物岡本 清水東山店 ······ ❸

1830년 창업한 오카모토 직물점(岡本織物店)에서 만들어 현재 6대 사장이 운영하고 있는 190년된 기모노 대여점이다. 숙련된 직원들이 친절하게 기모노 입는 것을 도와준다. 기모노 종류도 1,000벌 이상이라 원하는 스타일을 골라 입으면 된다. 추가 비용을 지불하면 헤어 세팅까지 도와준다. 반납은 18시 30분까지인데 800엔을 추가 지불하면 교토에 있는 7개의 지점 중 어디에나 반납할 수 있어 효율적인 동선 설계에 도움이 된다. 이곳에서 기요미즈데라로 올라가는 길에 본점이 있고, 산넨자카 쪽에 분점이 하나 더 있다.

📍 京都市東山区辰巳町110-9 / 110-9 Tatsumicho, Higashiyama Ward, Kyoto
🚌 버스 86, 106, 202, 206번 기요미즈미치 정류장 1분
🕐 09:00~18:00

🛒 **마이코 체험 스튜디오 시키**
舞妓体験スタジオ四季 ······ ❹

흔한 기모노와는 다른 마이코들만의 스타일을 체험해볼 수 있는 가게다. 얼굴을 하얗게 칠하고 에도시대 일본 여성 헤어스타일인 '니혼가미(日本髪)'로 머리를 연출해야 하기 때문에 진입장벽이 높다. 하지만 이런 체험은 전 세계에서 교토에서밖에 못하는 체험이다. 헤어스타일은 머리가 짧더라도 가발로 대체할 수 있으며 추가로 돈을 지불하면 촬영 서비스도 제공받을 수 있다.

📍 京都市東山区清水2-208-7 / 2-208-7 Kiyomizu, Higashiyama Ward, Kyoto
🚌 버스 86, 106, 202, 206번 기요미즈미치 정류장 10분
🕐 09:00~17:00

기모노 & 유카타 대여

과거 일본이 우리나라를 침략한 역사적인 배경으로 기모노에 대한 우리나라 사람들의 이미지는 그리 좋지 않지만 단순히 그 나라의 전통 의상으로 생각해 기모노나 유카타를 대여해 입고 교토를 즐기는 것도 여행을 즐기는 하나의 방법이다. 겨울에는 기모노를, 여름에는 유카타를 입어보는 것 자체도 하나의 경험이고, 옷이 배경과 잘 어울려 사진 찍기에도 좋다. 니넨자카나 산넨자카나 기온 주변에는 입고 다니는 사람이 많다. 대여점은 유명한 관광지 주변 어디나 한두 곳 정도 있지만 기온과 기요미즈데라 근처에 많이 있다.

혼케니시오 야츠하시 기요미즈점　本家西尾八ッ橋 清水店 ⋯⋯ 5

기요미즈데라에서 나와 산넨자카로 가는 길인 기요미즈자카(清
水坂)에 위치한 기념품 가게다. 가게 앞을 지나가다 보면 직원 한 명
이 서서 녹차 시음을 권유한다. 무료 녹차라 누구나 마실 수 있다.
가게 안으로 들어가면 과자 시식 코너도 있다. 시식 코너에서는 얇
은 떡 안에 단팥을 넣은 안나마(あんなま)라는 간식을 맛볼 수 있다.
여러 가지 맛이 있지만 가장 인기 있는 것은 단연 교토 명물인 말차
맛이다. 가격도 그다지 높지 않아서 선물로 구입하기 좋다.

📍 京都市東山区清水1-277 / 1-277 Kiyomizu, Higashiyama Ward,
Kyoto
🚌 버스 86, 106, 202, 206번 기요미즈미치 정류장 10분
🕗 08:30~17:30(계절에 따라 바뀔 수 있음)

기요미즈준세이 오카베야　清水順正 おかべ家 ⋯⋯ 6

교토 명물인 두부를 활용한 여러 가지 요리를 맛볼 수 있는
식당이다. 난젠지 앞에 본점이 있으며 이곳은 분점이다. 본점은
매우 고급점이라 진입장벽이 있지만 이곳은 좀 더 관광객 친화
적인 가게다. 메뉴는 대부분 코스 요리로 이루어져 있으며
2,000~3,000엔 정도의 가격대가 형성되어 있다. 가게 밖에서
는 두부아이스크림을 판매하고 있어 식사를 하지 않더라도 간
식거리를 사러 잠깐 들르는 것도 좋다.

📍 京都市東山区清水2-239 / 2-239
Kiyomizu, Higashiyama Ward,
Kyoto
🚌 버스 86, 106, 202, 206번 기요미
즈미치 정류장 9분
🕗 10:30~17:00

아코야챠야   阿古屋茶屋 ······ ⑦

산넨자카에서 니넨자카로 이어지는 길목에 위치하고 있다. 길이 꺾이는 곳에 위치하고 있어 지나치기 쉽기 때문에 사진에 보이는 대나무로 만든 담벼락을 주의 깊게 살피도록 한다. 입구에 있는 채소 그림에서 볼 수 있듯이 이곳은 채식 위주의 반찬을 뷔페식으로 제공하는 식당이다. 일본식 절임인 오츠케모노(お漬物) 20종류 중에 골라 양껏 먹을 수 있는데다 밥이 맛있어서 건강한 한 끼를 먹을 수 있다. 제공되는 모든 음식들은 무한리필이다. 시간 제한도 없다. 전날 과식, 과음한 관광객의 위장에 휴식을 줄 수 있는 가게다.

📍 京都市東山区清水3-343 / 3-343 Kiyomizu, Higashiyama Ward, Kyoto
🚌 버스 86, 106, 202, 206번 기요미즈미치 정류장 8분
🕐 11:00~16:00(주말, 공휴일은 17:00까지)

카사기야   かさぎや ······ ⑧

아코야챠야 바로 건너편에 있는 디저트 가게다. 외관에서부터 20세기 초의 느낌이 난다. 그도 그럴 것이 이 가게는 1914년 개업한 노포다. 가게 근처에 유명 시인이자 화가였던 다케히사 유메지(竹久夢二)의 집터가 있는데, 시인이 생전에 자주 찾던 디저트 가게라고 한다. 제공하고 있는 메뉴도 일본 팥떡인 보타모찌(ぼたもち)나 옛날 빙수와 같이 옛 일본 스타일의 디저트다. 대표 메뉴는 떡이 세 개 나오는 하기노모찌(萩乃餅)라는 음식이다. 일본풍의 분위기이고, 혼잡한 니넨자카와 산넨자카에서 잠시 휴식을 취하기에 아주 좋은 곳이다.

📍 京都市東山区枡屋町349 / 349 Masuyacho, Higashiyama Ward, Kyoto
🚌 버스 86, 106, 202, 206번 기요미즈미치 정류장 8분
🕐 10:00~17:30 / 화요일 휴무

다케히사 유메지(竹久夢二)
1884~1934

◁ 츠바키히메(椿姫)

다케히사 유메지는 다이쇼시대(大正時代, 1912~1926년)를 대표하는 시인이자 화가다. 우리나라에는 거의 알려져 있지 않은 인물이지만 일본 문화가 서양 문화와 융합해 새로운 장르를 개척해 나가던 다이쇼시대 예술계의 선두주자였다. 다케히사 유메지와 같은 다이쇼시대 예술가들의 작품들은 이전의 예술과 구분되어 '다이쇼 로망(大正ロマン)'이라는 장르로 분류된다. 자신의 그림과 시로 시집을 엮어내 당시 선풍적인 인기를 끌었다고 한다. 그의 작품에서는 깨어 있는 지식인의 모습도 보인다. 한일 합병이 이루어졌을 때 제국주의로 돌아선 일본을 풍자한 작품을 내기도 하고, 관동 대지진 조선인 학살 사건을 보고 야만적인 살인자들을 비판하는 '자경단 놀이'라는 작품을 내기도 했다.

▽ 자경단 놀이(自警団遊び)

 스타벅스 교토 니넨자카 야사카차야점　スターバックスコーヒー京都二寧坂ヤサカ茶屋店 ⑨

현지화를 잘하는 스타벅스가 교토의 전통 거리에도 발을 들여놓았다. 전통 가옥의 외관과 주변 풍경에 해를 가하지 않고 자연스럽게 녹아 들어있다. 간판도 무채색의 나무를 사용해 교토의 전통적인 은은한 멋을 자아낸다. 내부 인테리어도 남다르다. 신발을 벗고 들어가는 좌식 다다미방도 있다. 내부가 어둡고 좁기 때문에 이동이 불편하지만 전통적인 교토의 분위기를 느끼며 현대적인 스타벅스 커피를 마시는 특별한 경험을 할 수 있다.

📍 京都市東山区高台寺南門通下河原東入桝屋町349 / 349 Masuyacho, Higashiyama Ward, Kyoto

🚌 버스 86, 106, 202, 206번 기요미즈미치 정류장 6분

🕐 08:00~20:00

우메조노 기요미즈점　梅園 清水店······ ⑩

당고(団子)는 일본의 디저트로 떡꼬치에 달달한 소스를 바른 것이다. 떡이 동그란 것도 있고 우메조노에서 주는 당고처럼 떡볶이 떡 모양인 것도 있다. 생떡에 소스만 바르는 것도 있고, 떡을 굽고 소스를 바르는 것도 있다. 쫀득쫀득하고 달달하기 때문에 호불호가 갈리지 않으며 한 번 맛을 보고 너무 맛있어서 계속 당고만 찾는 사람도 있다. 우메조노는 당고가 유명한 디저트 가게다. 우메조노에서는 떡을 살짝 데운 다음에 소스를 입혀 준다. 당고 이외에 말랑거리는 식감이 특이한 와라비모찌(わらび餅), 시원한 빙수류 등 여러 디저트를 팔고 있다.

📍 京都市東山区清水3-339-1 / 3-339-1 Kiyomizu, Higashiyama Ward, Kyoto
🚌 버스 86, 106, 202, 206번 기요미즈미치 정류장 6분
🕐 11:00~18:30

교·기요미즈 시게모리　京·清水 しげもり······ ⑪

기요미즈데라에서 차완 거리를 끝까지 내려와 오른쪽으로꺾어 가다 보면 나오는 면 요리 식당이다. 메뉴는 각종 우동과 메밀 면(소바), 라멘과 같이 면 요리 중심이다. 떡이 얹어진 우동인 치카라모찌 우동은 우리나라에서는 쉽게 먹어 볼 수 없는 색다른 맛으로 도전해볼 만하다. 교토의 중심가에서 이 정도 가성비를 가진 식당을 찾기는 쉽지 않다. 니넨자카, 산넨자카 골목은 많은 인원이 함께 들어가 식사하기 어려운데 이곳은 안쪽에 좌석이 많아 여러 명이 여행할 때 함께 식사하기 좋다.

📍 京都市東山区清水 4-182-4 / 4-182-4 Higashiyama Ward, Kyoto
🚌 버스 86, 106, 202, 206번 기요미즈미치 정류장 1분, 전철 기요미즈고조역 4번 출구 11분
🕐 11:00~17:00 / 수요일 휴무

개산당(開山堂)

📷 고다이지
·SPOT·

高台寺 ...... ❽

도요토미 히데요시의 정실인 키타노만도코로(北政所)가 히데요시의 명복을 빌기 위해 건립한 절이다. 키타노만도코로는 네네(ねね)라는 별칭으로도 불린다. 히데요시가 주목받는 무사가 되기 이전에 히데요시에게 시집와 관백(関白, 황실에서 주는 최고 칭호)이 되기까지 히데요시의 뒤에서 정무에 대한 조언을 아끼지 않으며 열심히 내조한 인물로 유명하다.

히데요시의 주군인 오다 노부나가에게 허구한 날 여색에 빠져 살던 히데요시를 혼내 달라고 부탁한 기록도 있다. 네네는 여러 미디어에서 모범적이고 전통적인 부인상의 상징적 인물로 그려진다. 고다이지 앞에 '네네의 길(ねねの道)'이라는 지명도 붙여 놓을 정도이다. 네네는 히데요시 사후 불교에 귀의해 정치와는 등을 돌리고 살았다. 그 무렵 지어진 것이 바로 이 고다이지다.

고다이지는 도쿠가와 이에야스의 대규모 지원에 힘입어 큰 규모로 1606년 건립되었고, 수많은 건물들이 지금까지 소실되거나 파괴된 적이 없어 건립 당시 그대로의 모습을 유지하고 있다. 아름다운 일본식 정원으로도 유명한 곳이다. 시즌별로 야간 라이트업 개장도 하고 있으며 특정 시기에는 정원에 설치 미술도 선보이기 때문에 일본식 정원을 제대로 즐길 수 있다. 경내에 작은 대나무 숲도 있어 아기자기한 맛이 있는 사찰이다.

호조 정원

네네노미치

📍 京都市東山区下河原町526 / 526 Shimokawaracho, Higashiyama Ward, Kyoto

🚉 버스 58, 80, 86, 106, 202, 206, 207번 히가시야마야스이 정류장 6분, 전철 기온시조역 6번 출구 12분

🕐 09:00~17:30

🎫 성인 600엔, 중학생 250엔, 초등학생 이하 무료

🌐 https://www.kodaiji.com

야사카 신사

八坂神社 ······ **9**

　전국 기온사(祇園社)의 총본산 신사로 기온 마츠리를 총괄하는 신사다. 교토에서 오래된 신사 중 한 곳으로 기온 거리의 상징이며 교토 사람들과 친근한 곳이다. 그래서 교토 사람들이 친근감을 표시하듯 '~상(～さん)'을 붙여 '기온상'이라고 부른다. 경내 건물 대부분이 중요 문화재로 등록되어 있는 유서 깊은 신사다.

　신사 건립에 대해 두 가지 설이 있는데 첫째는 고구려 출신의 도래인인 이리지가 현재 춘천 우두산(牛頭山)의 신인 스사노오(素戔嗚尊)를 위한 제사를 지내기 위해 건립했다는 설과 엔뇨(円如)라는 승려가 절을 건립한 것이 시초라는 설이다. 신사에서는 전자를 야사카 신사의 기원으로 보고 있다. 현재 야사카 신사는 우두천왕(牛頭天王)을 모시는 신사다. 스사노오신이 일본으로 전해지며 일본의 토착신앙과 결합해 질병과 치유의 신이 되었다. 이로 인해 877년에 전염병 퇴치를 위해 신사가 확장되었으며, 이 시기에 기온 마츠리도 시작되었다.

　본전은 헤이안시대의 건축 양식을 유지하고 있으며 현재의 건물은 1654년 도쿠가와 가문의 후원으로 지어졌다. 기온 마츠리 때와 연말연시에는 몰려드는 인파로 인산인해를 이룬다. 어느 방향에서 보더라도 보는 사람의 눈을 정면으로 바라보는 고양이 그림이나 하룻밤 사이에 넝쿨이 자라 꽃을 피우고 열매를 맺는다는 바위 등 스토리가 많은 신사다.

📍 京都市東山区祇園町北側625 / 625 Gionmachi Kitagawa, Higashiyama Ward, Kyoto

🚃 전철 교토가와라마치역 1-B번 출구 8분, 기온시조역 6번 출구 5분, 버스 58, 86, 106, 202, 206, 207번 기온 정류장 바로 앞

🕐 24시간 개방

🅈 무료

🌐 https://www.yasaka-jinja.or.jp/en

기온 마츠리(祇園祭)

일본 여행을 갈 때 축제인 마츠리(祭)를 볼 수 있다면 마츠리 시기에 맞춰 관람하기를 권한다. 기온 마츠리는 일본 3대 마츠리 중 하나로 뽑힐 정도로 유명한 마츠리다. 869년 일본 열도에 창궐한 전염병 퇴치를 기원하며 시작되었다. 매년 7월 1일부터 31일까지 한 달간 각종 행사가 신사 내·외부에서 펼쳐진다. 오닌의 난이 있던 약 30년간 중단되었지만 1500년에 다시 시작해 오늘날에 이르고 있다. 워낙 유명한 마츠리인지라 기온 마츠리가 열리는 지역은 7월 한 달간 엄청난 인파가 몰려든다. 야마(山)라고 불리는 거대한 수레가 대로를 행진하는 장면은 가히 장관이다.

일본의 밤 문화 또는 기녀를 이야기할 때 빠지지 않는 존재가 '게이샤(芸者, 芸妓)'다. 연회장에서 흥을 돋우기 위해 시중을 드는 여성을 말한다. 교토 지방에서는 게이코(芸子, 芸妓)라 불린다. '예(芸)'를 펼치는 기녀(妓)로 술자리에서 음악이나 무용으로 흥을 돋우면서 술시중을 드는 역할을 했다. 전구가 없던 시절 어두운 실내에서 자신의 얼굴을 잘 드러내기 위해 얼굴을 하얗게 칠한 것이 전통이 되어 지금까지 이어지고 있다.

게이샤(게이코), 마이코

전문 게이코는 10세 미만부터 시작하여 10여 년의 기간 동안 접객 예절, 예능, 교양 등 교육과 훈련을 통해 양성되었는데 지금도 교토 지방에서는 이러한 교육을 통해 게이코를 양성하고 있다. 게이코가 되기 이전의 미성년을 마이코(舞妓)라고 부르고 마이코로 5년 이상 수련을 하면 게이코가 된다. 엄격한 교육 아래 양성된 게이코는 매춘을 하는 여성들과 달리 매춘을 하다 적발되면 쫓겨날 정도로 특별히 관리되어 존재 가치를 높였다고 한다. 대중 음식점에서 게이코 복장을 하고 춤을 추거나 시중을 드는 사람은 대부분 정통 게이코가 아닌 게이코를 흉내내는 사람이라고 생각하면 된다.

진짜 마이코와 게이코를 보고 싶은 관광객은 하나미코지 거리보다는 겐닌지(建仁寺) 남쪽에 있는 미야가와초(宮川町)에 4~6시경 방문해볼 것을 추천한다. 미야가와초에도 쉽게는 마주칠 수 없지만 이곳에 실제 마이코들과 게이코들이 생활하는 곳이 모여 있다. 만약 이 주변을 관광하다가 마이코나 게이코와 마주친다면 양해를 구하고 사진을 찍도록 하자. 마이코와 게이코들은 허락도 없이 카메라를 들이대고 사진을 찍어대는 관광객들 때문에 받는 스트레스가 상당하다고 한다.

기온 祇園 …… ⑩

SPOT

기온은 야사카 신사부터 교토가와라마치역 일대를 일컫는 지명으로 교토의 옛 시가지 풍경과 게이코로 유명한 곳이다. 전국시대에 야사카 신사 참배객들을 위한 상점가로 개발되었다. 야사카 신사 근처에는 게이코와 마이코들이 있는 요정과 기념품 가게들이 모여 있으며, 가와라마치역 쪽에는 교토의 대표적인 번화가인 시조 거리(四条通り)가 자리잡고 있다.

주위에 백화점과 상점들이 모여 있고 교통도 편리하다. 기온 거리의 제대로 된 풍경은 17시 이후 밤에 펼쳐진다. 이 시간에 정말 운이 좋으면 하나미코지 거리(花見小路)에서 외부에 돌아다니는 진짜 게이코와 마이코들을 볼 수 있다. 이 일대는 기온 마츠리로도 유명하며 마츠리 시기에는 일본의 전통 거리를 체험하기 위해 몰려드는 관광객들로 인산인해를 이룬다.

- 京都市東山区祇園町北側 일대 / Gionmachi Kitagawa, Higashiyama Ward, Kyoto
- 전철 교토가와라마치역 1-B번 출구 7분, 기온시조역 6번 출구 앞 바로

하나미코지 거리

소혼케 니신소바 마츠바 본점 総本家にしんそば 松葉 本店 ⋯⋯ ⑫

가게 이름을 살짝 의역하면 '원조 니신소바 마츠바'다. 1861년부터 지금까지 오랜 시간 동안 자리를 지켜온 노포다. '니신'은 우리말로 청어라는 뜻으로 청어를 뼈가 부드러워질 때까지 우려내만든 육수로 보통의 소바 국물과는 다른 맛을 느낄 수 있다. 냉소바와 온소바가 있어 사시사철 어느 때라도 즐기기 좋다. 생선이 들어간 깔끔한 국물을 맛보고 싶다면 추천한다. 주류도 판매하기 때문에 한잔하면서 소바를 즐길 수도 있다.

📍 京都市東山区四条大橋東入ル
川端町192 / 192, Nakanocho, Kawabatacho, Higashiyama Ward Kyoto
🚈 전철 교토가와라마치역 1B번 출구 4분, 기온시조역 6번 출구 바로 앞
🕙 10:30~21:00 / 수요일 휴무

기온츠지리, 사료츠지리 祇園辻利, 茶寮都路里 ⋯⋯ ⑬

교토의 명물인 말차를 재료로 한 말차 디저트가 유명한 가게다. 츠지리의 시작은 1860년, 교토시 남동부에 위치한 우지시(宇治市)에서 기온츠지리(祇園辻利)라는 이름으로 창업한 찻잎 가게였다. 1978년 5대 사장이 '찻집 츠지리'라는 뜻의 카페 '사료츠지리(茶寮都路里)'를 개업했다.

기온츠지리에서는 말차 잎, 말차 관련 용품을 판매하고, 사료츠지리에서는 음료, 디저트를 판매한다. 사료츠지리에서는 아이스크림 이외에도 특이한 식감의 와라비모찌와 말차가 들어간 음료, 파르페, 빙수 등 여러 가지 식품을 판매하고 있으니 일본스러운 이색적인 메뉴에 도전해보는 것도 나쁘지 않다. 파르페의 경우, 1,200~1,500엔 정도로 상당히 비싼 편이다. 달달해서 맛있다고 빨리 먹으면 말차의 카페인 때문에 심장이 콩닥거리니 주의!

📍 京都市東山区祇園町南側573-3 / 573-3 Gionmachi Minamigawa, Higashiyama Ward, Kyoto
🚈 전철 기온시조역 6번 출구 4분, 버스 12, 31, 46, 58, 80, 201, 203, 207번 기온 정류장 3분
🕙 10:30~20:00

잇센요쇼쿠 본점　　壹銭洋食 本店 ⋯⋯ ⑭

　한국식으로 발음하면 1전 양식이다. 본래 잇센요쇼쿠라는 것은 1920년대 즈음 유행한 부침개 같은 음식이다. 아이들이 서양 음식같이 생긴 음식을 1전을 내고 먹을 수 있다고 하여 1전 양식이라 불렀다고 한다. 현재는 대부분의 지역에서 자취를 감춰 추억의 음식이 되었지만 여기서는 맛볼 수 있다. 기온 시조 거리에서 한 번 꺾어야 보이는 골목에 위치하고 있지만 가게 외관이 특이해 눈에 띈다. 식사보다는 잇센요쇼쿠를 안주 삼아 술 한잔하기 좋은 곳이다.

📍 京都市東山区祇園町北側238 / 238 Gionmachi Kitagawa, Higashiyama Ward, Kyoto
🚃 전철 기온시조역 7번 출구 3분, 버스 12, 31, 46번 시조케이한마에 정류장 2분
🕐 11:00~01:00, 토·공휴일 전날 11:00~03:00, 일·공휴일 10:30~22:00

쥬니단야 본점　　十二段家 本店 ⋯⋯ ⑮

　분위기 있는 다다미방에서 샤부샤부를 즐길 수 있는 곳이다. 샤부샤부가 주력이긴 하지만 장어 덮밥인 우나기동(鰻丼)이나 튀김 덮밥인 텐동(天丼)도 맛있다. 점심에는 3,000엔 정도, 저녁에는 10,000엔 정도 지불해야 하는 고급 식당이다. 점심에도 샤부샤부를 먹는다면 10,000엔 정도는 준비해야 한다. 고가인 만큼 소고기는 흑와규를 사용하며 재료들도 엄선된 것들만 사용한다. 하나미코지 거리에서 분위기 있게 식사를 하려는 여행객에게 추천한다. 가까운 하나미코지 메인 거리에 분점이 있다.

📍 京都市東山区祇園町南側570-128 / 570-128 Gionmachi Minamigawa, Higashiyama Ward, Kyoto
🚃 전철 기온시조역 6번 출구 5분
🕐 11:30~14:30, 17:00~22:00 / 수, 목요일 휴무

라이카 교토점 ライカ京都店······⑯

카메라와 광학 장비로 유명한 독일 회사인 라이카(LEICA)의 교
토점이다. 하나미코지 거리에 위치해 있다. 지어진 지 100년 된 2층
건물을 기본 구조는 그대로 두고 내부만 라이카의 철학에 맞게 개조
했다. 스튜디오, 갤러리와 VIP살롱 등이 있다. 교토의 수공예품과
콜라보레이션한 카메라 액세서리도 판매하고 있으니 라이카에 관심
있는 여행객이라면 꼭 들러보자. 사진에 관심이 없더라도 내부 분위
기가 좋기 때문에 한번 들어가볼 만하다.

📍 京都市東山区祇園町南側570-120 / 570-120 Gionmachi Minamigawa, Higashiyama Ward, Kyoto
🚌 버스 58, 86, 102번 기온 정류장 4분
🕐 11:00~19:00 / 월요일 휴무

🛕

가모가와 노료유카
(鴨川納涼床)

교토의 동부를 남북으로 가로지르는 가모강(鴨川)변에 만들어진
테라스를 말한다. 1500년대 후반 도요토미 히데요시가 가모강의
다리인 산조바시(三条橋), 고조바시(五条橋)를 정비하자 상인들이
모여들어 가모강변 일대가 번성했다. 부유한 상인들은 좋은 자리를
차지하기 위해 건물 밖 가모강 쪽으로 마루를 내어 찻집을 지었는데
이것이 노료유카의 시초다.

에도시대가 되자 강변이 다시 정비되어 더욱 번성했고, 이 시기
에 약 400점포의 찻집이 마루를 내어 장사했다. 1934년 태풍과 집
중호우, 1940년대 전쟁으로 한때 모습을 감추었지만 1952년 다시
모습을 드러냈다. 현재는 보통 5월부터 10월까지 노료유카를 운영
한다. 강변의 여름 바람을 맞으며 교토의 전통요리인 교료리(京料
理)를 맛볼 수 있다.

교토 국립박물관 京都国立博物館 ⋯⋯ ⑪

1897년에 개관한 박물관으로 본래 이름은 제국교토박물관이었다. 정문을 비롯한 메이지고토칸(明治古都館)은 중요 문화재로 지정되어 있다. 메이코토칸 왼쪽에는 2014년에 완공한 헤이세이지신칸(平成知新館)이 자리 잡고 있다. 나란히 있는 두 건물이 서로 대비되어 117년의 세월을 명확하게 느낄 수 있다. 메이코토칸은 지진 대비 재보수를 위해 사용하지 않고 있어 대부분의 전시는 신관에서만 이루어진다. 소장품의 대다수는 신사, 사찰 및 유서 깊은 가문에서 내려오는 물품이다. 한국어 오디오 가이드를 유료로 대여할 수 있다. 여행 당일에 비가 내린다면 야외 관광지의 대안으로 가볼 만한 곳이다.

📍 京都市東山区茶屋町527 / 527 Chayacho, Higashiyama Ward, Kyoto
🚌 버스 86, 88, 106, 206, 208번 하크부츠칸산쥬산겐도마에 정류장 바로 앞, 전철 시치조역 4번 출구 6분
🕐 09:00~17:30 / 월요일 휴무   💴 일반 700엔, 대학생 350엔, 고등학생 이하와 70세 이상 무료
🌐 https://www.kyohaku.go.jp/ko

 미미즈카 耳塚 ⋯⋯ ⑫

직역하면 '귀무덤'으로, '코무덤'을 뜻하는 하나즈카(鼻塚)라고도 한다. 정유재란 때 도요토미 히데요시의 명으로 학살당한 조선인과 명나라 군인의 코와 귀가 묻혀 있는 무덤이다. 히데요시는 조선인을 남녀노소 가리지 말고 학살하라 명했고, 일본군은 공적을 드러내기 위해 앞다퉈 조선인들을 학살했다. 당시 어느 나라나 전쟁에서 자신의 공적을 증명하기 위해 적 장수의 머리, 병졸의 코나 귀를 바치는 것이 일반적이었는데 민간인의 코와 귀를 잘라서 가져가는 잔인한 짓은 사례를 찾기 힘들다. 히데요시는 1597년 무덤을 만들고 승려 약 400명을 동원해 공양을 했다고 전해진다. 한국에서 멀리 떨어진 교토에서 정유재란 중 짓밟힌 죄 없는 조선 민중들이 전쟁의 참상을 조용히 전하고 있다.

📍 京都市東山区茶屋町553-1 / 533-1 Chayacho, Higashiyama Ward, Kyoto
🚌 버스 86, 88, 106, 206, 208번 하쿠부츠칸쥬산겐도마에 정류장 5분, 전철 시치조역 6번 출구 5분

칸슌도 동쪽 분점 甘春堂 東店 ······ ⑰

귀무덤 바로 건너편에 있는 전통 과자 전문점이다. 이곳은
분점이고, 본점은 이곳에서 길을 따라 서쪽으로 이동하다 보면
나온다. 에도시대인 1865년 개업하여 현재 7대 사장이 경영하
고 있다. 일본 전통 과자를 뜻하는 '와가시(和菓子)' 중에도 교
토에서 나오는 와가시를 '쿄가시(京菓子)'라고 할 정도로 교토
의 와가시는 질 좋고 맛있는 것으로 유명하다. 한국에서는 쉽게
보기 힘든 일본 전통 과자도 팔고 있다.

📍 京都市東山区茶屋町511-1 / 511-1 Chayachō,
　Higashiyama Ward, Kyoto
🚌 버스 86, 88, 106, 206, 208번 하쿠부츠칸산쥬산겐도마에 정류
　장 5분, 전철 시치조역 6번 출구 5분
🕘 09:00~17:00

 라멘 후지 고조점 ラーメン藤五条 ······ ⑱

교토에서 간단히 요기할 만한 라멘 집을 찾을 때 추천한다.
50여 년의 역사를 자랑하며 기요미즈데라를 오가는 길에 있어
쉽게 방문할 수 있다. 일본 간장인 쇼유 베이스의 수프에 파와
멤마(죽순)가 가득 담겨 기름기가 적어 깔끔한 맛을 느낄 수 있
다. 라멘뿐 아니라 군만두, 가라아게, 야키부타가 있고 세트를
주문하면 라멘과 군만두, 밥이 제공된다.

📍 京都市東山区五条大橋東2-15-1 / 2-15-1 Gojōbashihigashi,
　Higashiyama Ward, Kyoto
🚌 전철 기요미즈고조역 4번 출구 3분
🕘 11:00~24:00 / 월요일 휴무

📷 산주산겐도 •SPOT•

三十三間堂 ⋯⋯ ⑬

　일본어로 '산주산'은 33이란 의미인데, 본당 기둥이 33개라 이러한 이름이 붙었다. 정식 명칭은 렌게오인 산주산겐도(蓮華王院 三十三間堂)다. 산주산겐도는 교토 국립박물관 바로 앞에 있으며 1165년에 지어진 사원이다. 본당의 길이는 무려 118m로 세계에서 가장 긴 목조 건축물이다. 본당 안에는 1,001개의 천수관음상이 자리 잡고 있다. 중앙에 높이 3m의 거대한 불상이 있고 그 양쪽으로 각 500개씩 천수관음상이 배치되어 있다. 천수관음상은 전부 편백나무로 제작되었고, 얼굴이 제각각 다르다. 얼마나 공들여 관음을 모셨는지 알 수 있는 부분이다. 산주산겐도 본당 앞에는 작은 연못으로 이루어진 회유식 정원이 있다. 본당과 연못, 초목이 어우러져 아름다운 풍경을 만들어낸다. 참고로 본당 내부는 촬영이 불가능하다.

📍 京都市東山区三十三間堂廻り657 / 657 Sanjusangendomawari, Higashiyama Ward, Kyoto
🚌 버스 86, 88, 106번 하쿠부츠칸산주산겐도마에 정류장 바로 앞, 전철 시치조역 2번 출구 7분
🕐 4월 1일~11월 15일: 08:30~17:00, 11월 16일~3월 31일: 09:00~16:00
💰 일반 600엔, 중·고등학생 400엔, 어린이 300엔
🌐 https://www.sanjusangendo.jp

다이고지

醍醐寺 …… ⑭

경치가 매우 아름다운 곳으로 유명한 절이다. 헤이안시대 초기 세워져 이후 무로마치시대, 전국시대, 에도시대 지도자들의 후원을 통해 대규모 절로 성장했다. 오닌의 난으로 절이 쇠퇴했지만 도요토미 히데요시의 후원으로 재건되었다. 이후 메이지시대에 접어들며 신불분리령 등 사찰에 불리한 법이 반포되며 규모가 축소되었다. 하지만 아직까지 주요 건물들은 남아 있어 역사적 가치를 인정받아 세계 문화유산에 등재되었다.

다이고지는 1598년 히데요시가 1,300명의 초대객과 함께 이 절에 방문해 성대한 꽃놀이를 했다는 일화로 유명하다. 이 꽃놀이는 '다이고노하나미(醍醐の花見, 다이고 꽃구경)'라는 이름으로 역사에 기록되어 있다. 당시 조선에서는 정유재란이 한창이었는데, 히데요시는 조선 사람들을 학살하라고 명령하고 본인은 꽃구경이나 하고 있었다고 한다.

다이고지는 벚꽃이 개화하는 시기나 단풍 시기에 아름다운 풍경을 자아낸다. 교토시이기는 하지만 시내와 떨어져 있으니 시간과 일정을 보고 가길 바란다.

📍 京都市伏見区醍醐東大路町 22 / 22 Daigohigashiojicho, Fushimi Ward, Kyoto

🚃 버스 301번 다이고지마에 1분, 지하철 다이고역 2번 출구 10분

🕐 09:00~17:00 (12~2월은 16:30까지)

💴 성인 1,000엔, 중·고등학생 700엔, 초등학생 이하 무료 (3월 말~5월 초 성인 1,500엔, 학생 1,000엔)

시조 거리

시조 거리 四条通 ······ 15

시조 거리는 교토에서 가장 번화한 곳으로 오사카와 고베와는 다른 교토만의 분위기를 간직한 전통 깊은 번화가다. 기온에서부터 시조카라스마(四条烏丸)까지가 교토 최대 번화가다. 이곳에 니시키 시장, 다카시마야백화점, 다이마루백화점 등의 쇼핑 시설이 몰려 있으며, 교토가와라마치역과 각종 버스 노선이 지나가 교토의 중추 역할도 하고 있다. 시조카라스마에서 교토가와라마치역까지는 현대적인 교토의 분위기를, 가모가와강을 건너 야사카 신사까지는 전통적인 교토의 분위기를 느낄 수 있다. 오사카에서 교토로 갈 때, 교토역이 아닌 교토가와라마치역으로 바로 가서 관광을 하거나 반대로 이곳을 관광하고 교토가와라마치역에서 오사카역으로 이동하는 코스도 효율적이다.

다카시마야백화점

시장 동쪽 끝에 위치한 니시키텐만구

📷 니시키 시장 錦市場 ⋯⋯ 16
·SPOT·

교토의 부엌이라는 별명을 가진 전통 시장이다. 에도시대부터 수산시장으로 활발했다는 기록이 있다. 교토는 오사카와 달리 바다에 면하지 않고 산에 둘러 쌓여 있어 산이나 밭에서 나는 재료를 이용한 음식이 발달했다. 그래서 주로 절임 음식(漬物)이나 발효 음식이 발달했는데, 이곳에 어시장이 발달할 수 있었던 이유는 지하수가 차가워 생선 보관에 유리한 입지조건 덕분이었다고 한다.

동서로 약 390m 길이에 상점가 천장을 알록달록하게 칠해 놓아 색다른 분위기를 느낄 수 있다. 기온 마쓰리가 펼쳐지는 거리와 가까워 기온 마쓰리 시즌에는 엄청난 인파가 찾아온다. 우리의 전통 시장과 같은 분위기로 교토 음식을 맛보며 구경하는 즐거움을 느낄 수 있다. 트러블이 발생할 수 있기 때문에 걸으면서 먹는 것은 삼가야 한다. 상가 번영회에서도 걸어 다니며 먹는 것을 자제시키기 위해 캠페인을 벌이고 있다. 귀국용 선물로 절임 음식이나 발효 식품, 녹차, 화과자 등을 구입하고자 한다면 이곳을 추천한다. 겨울에는 16시 정도부터 문을 닫는 가게가 있을 정도로 일찍 닫으니 일정에 참고하길 바란다.

📍 京都市中京区西大文字町609 /
　 609 Nishidaimonjicho,
　 Nakagyo Ward, Kyoto
🚃 전철 가라스마역, 가와라마치역
　 10~16번 출구 2분
🕐 1/1~1/3 휴무
🌐 https://www.kyoto-nishiki.
　 or.jp/en

나카노초, 폰토초

中之町、先斗町 ······ ⑰

　니시키 시장 동쪽 끝에 나오는 니시키텐만구 오른쪽 길로 빠져나가면 젊은 분위기의 상점들이 모여 있는 곳이 있다. 이곳이 '나카노초'로, 전통적인 분위기의 니시키 시장과 대비된다. 청년들을 위한 작은 옷 가게, 술집들이 모여 있다. 나카노초에서 가모가와강 쪽으로 더 가면 술집이 모여 있는 작은 골목 '폰토초'가 나온다.

폰토초

나카노초

 ## 디즈니 스토어 교토가와라마치점　ディズニーストア 京都四条河原町店 ······ ⑲

　각종 디즈니 관련 굿즈를 판매하는 가게다. 공원을 콘셉트로 한 내부가 특징이다. 내부에는 디즈니 캐릭터들이 교토의 상징인 니조성, 도게쓰교, 하나미코지 거리 등의 명소를 배경으로 그려져 있다. 2층으로 구성되어 있는데, 2층으로 올라가는 계단이 반짝반짝 빛난다. 여느 디즈니 스토어와 같이 시즌별로 상품이 바뀌기 때문에 크리스마스나 벚꽃 시즌에는 특별 기획 상품이 진열되어 있다.

📍 京都市下京区四条通河原町北東角 コトクロス阪急河原町 /
　Kawaramachityo, Shijodoori, Shimogyo Woard, Kyoto
🚃 전철 교토가와라마치역 3A번 출구 바로
🕐 11:00~20:00

산리오 갤러리 교토점　サンリオギャラリー 京都店 ⋯⋯ ⑳

한국에서도 인기 많은 헬로키티, 쿠로미, 마이멜로디,
시나모롤 등등 귀여운 캐릭터 상품들을 파는 곳이다. 키링
과 지갑 같은 작은 상품부터 큰 인형까지 다양한 종류의
상품을 팔고 있기 때문에 가족, 지인에게 줄 선물을 고르
기에 좋다. 가게 천장에 캐릭터들이 귀엽게 얼굴을 내밀고
있다.

📍 京都市下京区四条通寺町東入御旅町
　28 / 28 Otabicho, Shimogyo Ward,
　Kyoto
🚇 전철 교토가와라마치역 6번 출구 1분,
　버스 11,12, 46, 201, 203, 207번
　시조가와라마치 정류장 1분
🕑 11:30~20:00

SOUSOU ⋯⋯ ㉑

텍스트를 흩트려 놓은 디자인으로 유명한 일본의 패션, 잡화 브랜드.
양말로 시작해 현재는 옷, 식기, 문구류도 판매하며 다른 회사와의 콜라
보레이션도 하고 있다. 교토 출신의 디자이너가 일본스러운 신문화를 창
조하겠다는 모토로 만들었다. "그래 그래"라는 뜻의 일본인들이 자주하
는 맞장구 말인 소우소우(そうそう)에서 착안하여 이름을 지었다고 한
다. 교토가와라마치역 6번 출구 근처에 유코지(花遊小路)라는 조그만
골목이 있는데 골목을 따라가다 보면 SOUSOU 매장들이 모여 있는 작
은 단지에 다다를 수 있다. 조그만 가게마다 주제를 달리하고 판매하고
있어 여기저기 들러 보며 구경하면 재미있다. 상품뿐만 아니라 가게 건
물들도 예쁘니 들러 보길 추천한다.

📍 京都市中京区新京極通
　四条上ル中之町583-3 /
　583-3 Nakanocho,
　Nakagyo Ward, Kyoto
🚇 전철 교토가와라마치역
　6번 출구 4분, 버스 11,
　12, 46, 201, 203, 207
　번 시조가와라마치 정류
　장 4분
🕑 12:00~20:00 /
　수요일 휴무

JAM 교토시조점　古着屋JAM 京都四条店 ⋯⋯ ㉒

교토에서 빈티지 의류 가게를 찾는다면 좋은 선택지가 될 가게다. 가
게는 2층으로 꽤나 큰 규모이며 수많은 종류의 중고의류, 신발 등 여러
패션 아이템을 구경할 수 있다. 일본 전국에 매장을 가지고 있으며 교토
에는 두 개 있다. 의류 품질은 좋지만 가격대는 높은 편이다. 교토의 빈
티지 문화가 어떤지 궁금하면 들어가보자.

📍 京都市中京区中之町
　549 / 549 Nakanocho,
　Nakagyo Ward, Kyoto
🚇 전철 교토가와라마치역 9
　번 출구 2분, 버스 11,
　12, 31, 46, 58번 시조
　가와라마치 정류장 2분
🕑 11:00~20:00

쿄우나와 京うな和……⑳

니시키 시장과 가까운 장어 전문점이다. 매일 아침 활어로 장어를 공수해 직접 손질한 뒤 특제 소스에 재워 만드는 장어 요리를 맛볼 수 있다. 대표 메뉴는 히츠마부시(ひつまぶし). 히츠마부시는 식사가 나오면 장어 덮밥 부분을 3등분하여 1/3은 그냥 맛보고, 1/3은 파와 김 등의 고명과 함께 먹고, 마지막 1/3은 고명과 같이 주는 국물 데지루(出汁)를 넣어 오차즈케(お茶漬け)처럼 말아먹는다. 최소 3,000엔 정도라 가격대가 높은 편이다.

📍 京都市中京区八百屋町553-2 / 553-2 Yaoyacho, Nakagyo Ward, Kyoto
🚇 전철 가라스마역 13번 출구 2분, 버스 3, 5, 11, 12, 31번 시조타카쿠라 정류장 3분
🕐 11:00~21:00

 아지노야 味乃家……⑳

1950년 창업한 오코노미야키 맛집이다. 오사카 난바에 동명의 유명 오코노미야키 전문점이 있으나 이곳과는 관련 없는 가게다. '쿄 오코노미야키(京お好み焼き)'라는 교토풍 오코노미야키를 메인으로 여러 종류의 오코노미야키를 제공한다. 오사카풍의 오코노미야키보다 맛이 좀 더 깔끔하다. 여행용 캐리어나 유모차를 가진 손님은 받지 않으니 참고하기 바란다.

📍 京都市中京区裏寺町607 / 607 Uraderacho, Nakagyo Ward, Kyoto
🚇 전철 교토가와라마치역 6번 출구 3분, 버스 11, 12, 31, 46, 58번 시조가와라마치 정류장 3분
🕐 12:00~21:00 / 목요일 휴무

네기야 헤이키치 다카세가와점 　葱屋 平吉 高瀬川店 ……25

파를 이용한 창작 요리를 선보이는 독특한 식당 겸 이자카야다. 낮에는 덮밥이나 가라아게(튀김류), 소바 등을 파는 식당이고, 밤에는 이자카야로 변신한다. 테이블 위에 다진 파가 놓여 있는데, 주문한 음식에 기호에 맞게 올려 먹으면 된다. 2층에는 일본 분위기가 물씬 풍기는 다다미방이 있다. 교토의 분위기를 느끼기에 안성맞춤이다. 음식이 맛있고 분위기가 좋아 웨이팅이 자주 생긴다.

📍 京都市下京区市之町260-4 / 260-4 Ichinocho, Shimogyo Ward, Kyoto
🚃 전철 교토가와라마치역 4번 출구 2분, 버스 4, 7, 80, 105번 시조가와라마치 정류장 1분
🕐 11:30~15:00, 18:00~22:00 / 수요일 휴무

멘야 이노이치　麺屋 猪一 ……26

8년 연속 미슐랭에 선정된 유명 라멘 맛집이다. 닭이나 돼지를 사용하지 않고 오로지 가다랑어를 저온으로 푹 고아 추출한 육수를 사용한다. 면 또한 가게에서 직접 만든 면만 사용한다. 가다랑어 육수에 챠슈와 면을 넣고 그 위에 듬뿍 올린 가쓰오부시가 특징이다. 흔히 먹을 수 있는 돈코츠, 미소 라멘과는 다른 풍미를 느낄 수 있다. 반드시 줄 서는 가게라 각오를 하고 가야 한다.

📍 京都市下京区寺町通仏光寺下る恵美須之町542 / 542, Ebisunocho, Shimogyo Ward, Kyoto
🚃 전철 교토가와라마치역 10번 출구 3분, 버스 4, 7, 80, 105번 시조가와라마치 정류장 2분
🕐 11:00~14:30, 17:30~21:00

교토 중부

니조성, 교토 고쇼, 교토 타워

　교토 중부는 현대적인 도시와 전통적인 역사적 유산이 어우러진 지역으로, 일본의 과거와 현재를 모두 경험할 수 있다. 이곳은 예로부터 정치적으로 매우 중요한 곳이었다. 일왕이 머무던 교토 고쇼(京都御所)와 에도시대 도쿠가와 가문의 거처로 사용되던 니조성(二条城)이 전부 교토 중부에 위치해 있기 때문이다.

　또한 교토의 현관문 역할을 하고 있는 교토역도 중부에 위치하며 교토역 바로 옆에는 가장 새로운 교토의 상징인 교토 타워도 있다. 이곳에서 열차를 타고 조금 가면 교토 방문 시 필수로 방문해야 하는 후시미이나리타이샤가 나타난다. 끝없이 펼쳐진 도리이를 통과해 가며 교토를 만끽해보자.

교토역

④ 하나

④ 니시혼간지

히가시혼간지 ⑤

● 류코쿠대학교

JR
우메코지쿄토니시역
梅小路京都西駅

요도바시카메라 교토점

⑤ Bossche

● 우메코지 공원

JR
교토
京都

⑥ 교토 철도박물관

꼼데가르송
포켓 교토 이세탄점 ● 이세탄백화점
① 이세탄백화점

세컨드 스트릿
교토하치조구치점 ②

● 야마코 호텔

● 이온몰 교토

③ 도지

구글 지도

도지역
東寺駅

쇼세이엔

시치조역
七条駅

2 교토 타워

3 혼케 다이이치
아사히 타카바시 본점

1 교토역

도후쿠지역
東福寺駅

후시미이나리역
伏見稲荷駅

후시미이나리타이샤 **8**

이나리역
稲荷駅

도후쿠지 **7**

교토 중부

⑩ 도시샤대학교

● 라쿠미술관

● 교토 브라이트 호텔

● 나시노키 신사

⑨ 교토 고쇼,
교토 교엔

마루타마치역
丸太町駅

⑥ 혼케 오와리야 본점

⑪
니조성

니조조마에역
二条城前駅

● 신센엔

● 교토 국제만화박물관

교토시야쿠쇼마에역
京都市役所前駅

가라스마오이케역
烏丸御池駅

⑦ 이노다커피 본점

⑨ 텐동 마키노
교토 데라마치점

타이거 교자카이칸 ⑧
시조카라스마점

도시샤대학교 - 359p

교토 고쇼, 교토 교엔 - 358p

니조성 - 360p

교토역 전망대

● SPOT ● **교토역** 京都駅 ······ ❶

교토에서 가장 큰 철도역이며, 교토의 현관문 역할을 하는 역
이다. 개업은 1877년으로 150년이 넘었으며 현재의 역사는 네
번째 건물이다. 바둑판 모양의 교토 시가지에서 착안해 직선을
강조한 디자인이다. 신칸센을 포함한 13개 정도의 노선이 지나
가는 거대한 규모로, 1일 평균 승하차 승객 수는 약 40만 명이
며 간사이에서는 오사카역에 이어 두 번째로 많은 인원이다.

교토역과 연결되어 있는 교토역 빌딩에는 이세탄백화점이 입
점해 있다. 이 건물은 남북으로 나눠져 있고 중간에 긴 에스컬
레이터와 계단으로 이루어진 공간이 있는데, 이곳을 따라 올라
가면 교토역 주변 시가지를 한눈에 볼 수 있는 전망대로 이어진
다. 창이 어둡고 기둥 때문에 가리는 공간이 많아 탁 트인 전망
은 아니지만 무료라 시간적 여유가 있다면 가볼 만하다.

교토역

교토 타워 京都タワー ······ ②
• SPOT •

교토의 상징 중 가장 최신 건축물이다. 약 60년이 된 탑이라 최신이라고 말하기는 어렵겠지만 교토의 다른 건축물들이 오래 되어 상대적으로 새것처럼 느껴진다. 본래 교토 타워 자리에는 교토중앙우체국이 있었다. 1964년 교토의 현관문이라 불리는 교토역 바로 옆에 교토 타워가 세워졌다. 교토에 많은 기와집의 지붕을 파도 삼아 바다가 없는 교토의 길거리를 비추는 등대라 는 콘셉트로 만들어졌다고 한다.

타워에 올라가면 근처에 고층 건물이 없어 시내 사방으로 끝 까지 잘 보인다. 특이한 점은 탑이 건물 위에 있다는 점이다. 교 토 타워의 무게가 약 800t인데, 구조를 잘 이용해 문제없이 지 지하고 있다고 한다. 밤에는 라이트업으로 타워의 색상이 바뀌 는데 흥미로운 것은 개인이나 기업을 상대로 이벤트에 사용할 수 있게 30분씩 라이트업 색상을 판매하고 있다는 점이다. 30 분에 1색 30,000엔, 2색 45,000엔이라고 한다.

📍 京都市下京区東塩小路町721-1 / 721-1 Higashishiokojicho, Shimogyo Ward, Kyoto
🚃 JR교토역 2번 출구 바로 앞, 버스 교토역 정류장 2분
🕐 10:00~21:00
🎟 성인 900엔, 고등학생 700엔, 초등·중학생 600엔, 유아(3세 이 하) 200엔
🌐 https://www.kyoto-tower.jp/ko

꼼데가르송 포켓 교토 이세탄점　　COMME des GARÇONS Pocket 京都伊勢丹 ······ ❶

이세탄백화점 3층에 위치하며 꼼데가르송 PLAY라인을 판매하는 곳이다. 미국의 유명 팝 가수 레이디 가가가 애용하는 브랜드라고도 알려져 있다. 꼼데가르송 안에는 10개가 넘는 라인이 있으며 우리에게 잘 알려진 하트에 눈이 그려진 PLAY라인은 꼼데가르송의 라인 중에는 가장 저가 브랜드다. 꼼데가르송 안에서 가장 저가라도 절대적인 비용은 저렴하지 않다. 일본에서 구매하면 한국보다 저렴하다.

📍 京都市下京区東塩小路町 JR京都伊勢丹 3F / JR京都伊勢丹 3F, Higashishiokojicho, Shimogyo Ward, Kyoto
🚇 JR교토역과 연결
🕙 10:00~20:00

세컨드 스트릿 교토하치조구치점　　セカンドストリート京都駅八条口店 ······ ❷

일본 전국에 체인점을 가지고 있는 중고 매장이다. 기본적인 스트리트패션부터 명품까지 다양한 패션 아이템과 전자기기 등 갖가지 제품의 중고를 구매할 수 있다. 세컨드 스트릿이 중고 제품을 사서 검수한 뒤 판매하기 때문에 질이 보장된 제품을 신품보다 저렴한 가격에 구매할 수 있다. 교토에 매장이 총 세 곳 있는데 교토역 주변에는 이곳뿐이다.

📍 京都市南区西九条北ノ内町45 / 45 Nishikujo Kitanouchicho, Minami Ward, Kyoto
🚇 JR교토역 하치조 서쪽 출구 6분
🕙 10:00~21:00

혼케 다이이치아사히 타카바시 본점　　本家 第一旭 たかばし本店 ······ ❸

항상 줄이 생길 정도로 현지인들 사이에서 유명한 라멘 전문점이다. 일본 전국에 수많은 체인점이 있는데 이곳이 본점이다. 오픈 전인 아침 6시에 가도 항상 30명 정도는 이미 줄을 서 있으며 심지어 밤 12시에도 줄을 서 있는 모습을 볼 수 있다. 1947년부터 영업하기 시작해 역사도 길다.

쇼유 라멘이 메인이고, 그중에서 특제 라멘(特性ラーメン)이 시그니처 메뉴다. 차슈는 나이가 찬 돼지만 사용한다. 어린 돼지보다 상대적으로 지방이 적어 국물을 맑게 유지할 수 있기 때문이다. 교토산 일본식 간장인 쇼유(醤油)와 교토산 대파를 사용하는 등 자신들이 쓰는 재료에 자신감을 가지고 있는 가게다.

📍 京都市下京区東塩小路向畑町845 / 845 Higashishiokoji, Mukaihatacho, Shimogyo Ward, Kyoto
🚇 JR교토역 A3번 출구 5분
🕙 06:00~01:00 / 목요일 휴무

금당

📷 도지 東寺 ...... ③
• SPOT •

　　교토역에서 가장 가까운 사찰의 하나로 헤이안시대인 796년 왕궁을 지키기 위한 절로 착공되었다. 경내에 있는 오층탑은 교토의 상징이다. 1486년 발생한 농민 봉기로 크게 소실되었으나 전국시대와 에도시대를 거치며 쇼군들의 후원으로 재건되었다. 헤이안시대 초기 모습 그대로 재건되었기 때문에 역사적 가치가 높아 유네스코 세계 문화유산에 등재되어 있다. 오층탑은 목탑으로 높이가 약 55m에 이른다. 지금까지 네 번 소실되었지만 계속해서 재건했다. 일본 사극에서 교토가 나올 때는 항상 이 오층탑이 상징처럼 나온다.

　　현재의 오층탑은 도쿠가와 이에야스의 지원에 의해 1644년에 재건한 것이다. 도요토미 가문의 흔적을 지우기 위해 가문과 연관 있던 절인 혼간지를 둘로 나누고 도요토미 가문의 자취가 남아 있는 도지의 한가운데 탑을 건립했다고 한다. 매월 21일에 경내에서 벼룩시장이 열린다. 이 벼룩시장은 얼핏 보면 서울의 동묘와 비슷한 느낌이다. 내부에 예쁜 정원도 조성되어 있어 벚꽃 철에는 절경을 이룬다. 교토역에서 가까워 도보로 15분이면 갈 수 있다.

📍 京都市南区九条町1 / 1
　Kujocho, Minami Ward,
　Kyoto

🚇 전철 도지역 6분, 버스 19, 42,
　78, 202, 208번 구조오미야
　정류장 앞 바로

🕐 05:00~17:00
　(금당 08:00~17:00)

🎫 무료

🌐 https://toji.or.jp/kr

히가시혼간지, 니시혼간지

• SPOT •

東本願寺、西本願寺 …… ④, ⑤

교토역 주변에 있는 거대한 절이다. 히가시혼간지는 교토역 2번 출구에서 나와 교토 타워를 끼고 좌회전 후 직진하면 나온다. 두 절은 본래 하나의 절이었지만 도쿠가와 이에야스가 불교의 정치 세력을 약화시키기 위해 두 개로 분리했다. 두 절 모두 구조는 대동소이하다. 두 절의 가장 주된 건물인 거대한 아미타당과 어영당(御影堂)이 나란히 위치하고 있다. 니시혼간지의 어영당은 높이 약 30m, 히가시혼간지의 어영당은 높이 38m를 자랑하는 거대한 규모다. 절에 들어가면 거대한 건물들의 규모에 압도된다. 서쪽에 있는 니시혼간지가 규모도 크고 역사적으로도 의미 있어 니시혼간지만 유네스코 세계 문화유산에 등재되어 있다. 하지만 히가시혼간지도 규모 면에서는 니시혼간지에 뒤지지 않는다. 교토역 근처에 있어 열차 이용 전 잠시 들르기에도 좋다.

Ⓨ 무료
🌐 https://www.hongwanji.kyoto
(한국어 안내 팜플렛 제공)

📍 京都市下京区堀川通花屋町下る本願寺門前町 / Honganji Monzencho, Shimogyo Ward, Kyoto
🕒 히가시혼간지: 05:50~17:30(11~2월 06:20~16:30), 니시혼간지: 05:30~17:00
🚆 히가시혼간지: JR교토역 2번 출구 8분, 버스 5, 23, 26, 58, 105번 가라스마나나조 정류장 2분
니시혼간지: JR교토역 2번 출구 16분, 버스 9, 28, 74, 85번 나나조호리카와 정류장 2분

하나 葉菜 …… ④

히가시혼간지에서 가까운 동네 술집이다. 가정집같이 생긴 작은 건물에서 노부부가 운영한다. 메뉴는 오코노미야키, 가라아게, 야키소바 등 기본적인 일본 요리를 다 제공하며 주류도 다양하게 즐길 수 있다. 음식과 반찬도 맛있고 가격도 착한 편이다. 요청하면 영어로 된 메뉴판을 주신다. 다만 흡연 가능 매장이기 때문에 담배 냄새에 민감하다면 식사 시간이 힘들 수도 있다. 또한 노부부가 운영하기 때문에 접객이 빠른 편은 아니다.

📍 京都市下京区若宮町554-3 / 554-3 Wakamiyacho,Shimogyo Ward, Kyoto
🚆 버스 50번 니시노토인로쿠조 정류장 4분
🕒 17:30~23:00

교토 철도박물관 京都鉄道博物館 ······ ⑥

철도의 역사를 전하며 일본의 근대화를 체감할 수 있는 시설로 JR서일본에서 2016년에 건립했다. 옛 니조역 역사를 박물관으로 재활용한 공간과 새롭게 지은 건물이 나란히 자리 잡고 있다. 서일본 지역에서는 가장 큰 철도박물관으로 증기기관차부터 신칸센까지 실제 모델을 볼 수 있다. 특히 증기기관차가 많다. 철도 왕국 일본이라는 타이틀에 어울리는 박물관이다. 본관 3층에는 JR교토선과 도카이도 신칸센 등 현재도 주행하고 있는 열차들을 볼 수 있는 전망대가 있다. 실내 박물관도 상당히 큰 규모이기 때문에 우천 시에 가볼 만한 곳이다.

왼쪽 건물이 옛 니조역

편형차고(扁形車庫)

📍 京都市下京区観喜寺町 / Kankijicho, Shimogyo Ward, Kyoto
🚌 JR우메코지교토니시역 2분, 버스 58, 86번 우메코지코엔, 교토테쓰도하쿠부쓰칸마에 정류장 2분
🕐 10:00~17:00(입장 16:30까지) / 수요일, 연말연시 휴관
💴 일반(18세 이상) 1,500엔, 고등·대학생 1,300엔, 초등·중학생 500엔, 유아(3세 이상) 200엔
🌐 https://www.kyotorailwaymuseum.jp/kr

우메코지 카페 Bossche 梅小路カフェ ボッシェ ······ ⑤

외관은 평범한 동네 카페 같지만 두부가 들어간 팬케이크라는 특이한 메뉴로 유명한 가게다. 가장 기본인 버터 팬케이크는 2단으로 쌓여 있으며 푹신푹신해서 입에서 녹는 듯한 식감이다. 독특한 메뉴로 여러 번 일본 TV에 노출되어 가게에는 연예인들 사인이 장식되어 있다. 교토 철도박물관이나 도지를 구경한 뒤 들르면 여유로운 시간을 보낼 수 있다.

📍 京都市下京区上中之町10 / 10 Kaminakanochō, Shimogyo Ward, Kyoto
🚌 JR우메코지교토니시역 9분, 버스 33, 58, 86, 205, 208번 나나조오미야·교토스이조쿠칸마에 정류장 2분
🕐 11:00~18:00(런치 11:00~15:00)

📷 도후쿠지
• SPOT •

東福寺······ 7

　도후쿠지는 정원과 단풍으로 유명한 절이다. 20만m² 넓이로 1236년에 건설하기 시작해 19년의 공사 끝에 완공했다. 나라에 있는 도다이지(東大寺)의 '도(東)'와 고후쿠지(興福寺)의 '후쿠(福)'를 따왔다. 단풍철에는 수많은 관광객들이 단풍 구경을 하러 도후쿠지를 찾아온다. 센교쿠칸(洗玉澗)이라는 조그만 개천이 절 가운데를 가로지르는데 이 천을 따라 단풍나무가 심어져 있어 가을에 절경을 이룬다. 가을에 잎을 떨어뜨리는 벚꽃나무가 단 한 그루도 심겨 있지 않아 아름다운 가을 풍경이 만들어진다. 개천을 지나는 회랑식 목조 다리 츠텐교(通天橋)는 도후쿠지의 명소 중 하나다. 경내에는 동서남북으로 4개의 조그만 정원이 있는데 각각 다른 콘셉트로 자갈, 바위, 이끼, 나무를 다르게 조합해 조성되어 있다. 여러 방식의 정원을 도후쿠지 한 곳에서 볼 수 있다.

고리(庫裡)

호조정원

단풍 명소 센교쿠칸

📍 京都市東山区本町15-778 / 15 -778 Honmachi, Higashiyama Ward, Kyoto

🚃 전철 도바카이도역 10분, JR 또는 게이한도후쿠지역 10분, 버스 도후쿠지 정류장 4분

⊘ 4월~10월 말: 09:00~16:00, 11~12월 첫째 주 일요일까지: 08:30~16:00, 12월 첫째 주 월요일~3월 말: 09:00~15:30

💰 본관 정원: 성인 500엔, 초등·중학생: 300엔 / 츠텐교: 성인 600엔, 초등·중학생: 300엔(11월 초~12월 초 각각 1,000엔, 500엔) / 본관 및 츠텐교: 성인 1,000엔, 초등·중학생: 500엔

🌐 https://tofukuji.jp

츠텐교

天通

📷 후시미이나리타이샤 　伏見稲荷大社 …… 8
• SPOT •

　이곳은 교토를 소개하는 사진이나 영상에서 빠지지 않고 등장하는 신사다. 영화 「게이샤의 추억」의 배경으로 소개되면서 전 세계적으로 유명해졌다. 풍년과 재산융통, 사업 성공의 신으로 받들어지는 이나리신(稲荷神)을 모시고 있다. 백제 혹은 신라에서 일본으로 건너간 하타씨(秦氏)가 세운 절로 한반도와의 인연이 있는 곳이다.

　곡식의 수호신인 여우를 익살스럽게 표현한 다양한 여우상 때문에 여우 신사라는 이름으로도 알려져 있으며, 붉은 토리이가 끝도 없이 나열되어 있는 센본토리이(千本鳥居)가 상징이다. 일본에는 에도시대부터 신사에 붉은 토리이를 봉납하는 관습이 있었는데 봉납자가 끊이질 않으면서 현재와 같은 형태가 되었다고 한다. 토리이가 촘촘히 박혀 있어 토리이가 아니라 마치 터널 같다. 신사 내부에 있는 토리이의 정확한 개수는 신사 측에서도 정확히 파악하지 않고 있다. 대략 10,000개쯤 된다고 한다.

　사진 촬영의 최적 장소로 꼽히지만 많은 관광객이 몰리기 때문에 단독 컷은 쉽지 않을 것이다. 평일 아침 일찍이나 비가 살짝 내리는 날에 가면 좋은 사진을 건질 수 있다.

센본토리이

본전

📍 京都市伏見区深草薮之内町68 / 68 Fukakusa Yabunouchicho, Fushimi Ward, Kyoto

🚃 전철 후시미이나리역 동쪽 출구 5분, JR이나 리역 바로 옆

🕐 24시간 개방   💴 무료

🌐 https://inari.jp

신미쿠루마요세(新御車寄)

오이케니와(御池庭)

시신덴(紫宸殿)

• SPOT •

교토 고쇼, 교토 교엔

京都御所, 京都御苑 …… ❾

교토 고쇼는 1331년부터 1869년까지 일왕이 거주하며 정무를 보던 곳이다. 가마쿠라 막부가 옹립한 고곤 일왕(光厳天皇)부터 메이지 일왕(明治天皇)이 도쿄로 황궁을 옮기기까지 약 550년 동안 사용했다. 동서 700m, 남북 1.3km의 넓은 공간으로 초창기 완공했을 때는 지금보다 작은 크기였지만 무로마치시대, 전국시대, 에도시대를 거치면서 여러 번 확장되어 현재의 규모가 되었다. 문화유산이지만 황실 재산에 속하기 때문에 궁내청(宮内庁, 황실 관계의 업무 수행, 행사 접수, 의식과 관련된 자료를 보관하는 등의 황실 관리 기관)이 관리하고 있다. 성의 입구에 따라 통과할 수 있는 신분이 정해져 있어 정문인 겐레이몬(建礼門)은 일왕이나 외국 원수가 아니면 이용하지 못한다.

관광객들은 건물 서쪽, 세이쇼몬(清所門)을 이용할 수 있다. 내부 구조는 경복궁과 비슷하다. 남쪽에서부터 북쪽으로 업무 공간, 황제의 생활공간, 황비와 아이들의 생활공간 순으로 배치되어 있다. 교토 고쇼 근처를 둘러싸고 있는 공원도 잘 조성되어 있어 휴식 장소로 좋다. 1949년에 교토 교엔(京都御苑)이라는 이름으로 일반인에 개방되었지만 모든 공간이 개방된 것은 아니다. 일부 공간은 특정한 기간에만 공개하기도 한다. 앱을 통해 무료 한국어 가이드를 들을 수 있다. 앱스토어나 구글 플레이에 'Imperial Palaces Guide'라고 검색하면 다운로드받을 수 있다.

📍 京都市上京区京都御苑 / Kyotogyoen, Kamigyo Ward, Kyoto

🚋 전철 이마데가와 6번 출구 6분, 버스 51번 가라스마이치조 정류장 3분

🕐 09:00~16:00(시기에 따라 다름) / 월요일, 연말연시, 행사가 있을 경우 휴무

💰 무료

🌐 https://sankan.kunaicho.go.jp/english/index.html
https://fng.or.jp/kyoto/en

도시샤대학교

同志社大学校 …… ⑩

도시샤대학교는 일본 서부를 대표하는 명문 사립 대학교다. 발전한 서양 문물을 배우기 위해 에도 막부 시기에 몰래 미국에서 유학한 니지마조(新島襄)가 1875년에 개교한 학교다. 우리에게 「별 헤는 밤」을 쓴 독립운동가 윤동주 시인이 다녔던 학교라 유명하다. 윤동주는 본래 도쿄의 릿쿄대학에서 수학하고 있었지만 일제 학도병 입대를 피하고 교련 수업에서 고초를 당한 것을 계기로 일제에 대한 충성 강요가 상대적으로 적은 도시샤대학교로 편입했다. 윤동주는 교토에서 독립운동 혐의로 체포되어 후쿠오카 형무소에서 생체 실험으로 인해 생을 마감했다.

도시샤대학교는 윤동주, 정지용 시인을 비롯한 여러 한국인 유학생들이 설립 초기부터 재학하여 한국과 깊은 관계를 맺고 있다. 학교 안에는 윤동주, 정지용 시인을 기리는 시비도 있으며, 현재도 한국의 많은 대학들과 교류하고 있다. 도시샤대학교는 캠퍼스 풍경이 예쁘기로도 유명하다. 붉은 벽돌로 만들어진 건물들은 대학의 유구한 역사를 말해준다. 간사이의 대표적인 명문 대학교라 많은 수험생들이 도전하는 학교다.

📍 京都市上京区今出川通り / Imadegawadori, Kamikyo Ward, Kyoto

🚇 전철 이마데가와역 3번 출구 1분, 버스 59, 102, 201, 203번 카라스마이마데가와 정류장 1분

윤동주 시인 시비

정지용 시인 시비

니노마루 정원

당문

니노마루

 니조성 二条城······⑪
· SPOT ·

일본어 발음으로는 니죠죠라고 읽는다. 니조성은 에도 막부 도쿠가와 가문과 관련이 깊은 성이다. 에도 막부 초대 쇼군인 도쿠가와 이에야스는 1603년 일왕이 거주하고 있는 교토를 수호하고, 자신이 일왕을 만나러 교토에 올 때 처소로 사용하기 위해 니조성을 축성했다. 3대 쇼군 도쿠가와 이에미쓰(德川家光)는 고미즈노오 일왕(後水尾天皇)의 행차를 맞이하기 위해 니조성을 개·증축했다. 도쿠가와 가문은 고미즈노오 일왕을 맞이하는 행사로 에도 막부의 공고함을 전 일본에 보여주었다. 아이러니하게도 니조성은 1867년 에도 막부의 마지막 쇼군인 도쿠가와 요시노부(德川慶喜)가 일왕에게 권력을 반환한 대정봉환(大政奉還)을 표명한 곳이기도 하다. 즉, 도쿠가와 가문의 황금기와 최후를 맞이하는 이벤트가 전부 니조성에서 일어났다.

니조성은 전국 말기와 에도시대 초반의 건축 양식을 잘 보여주는 문화유산으로 그 가치를 인정받아 1994년 유네스코 세계 문화유산에 등재되었다. 검은색과 황금색의 조화를 보여주는 중국식의 화려한 가라몬(唐門, 당문)이 니조성의 상징이다. 가라몬을 거치면 니노마루가 나타난다. 이곳은 도쿠가와 가문의 쇼군이 니조성을 찾았을 때 업무를 보던 곳이다. 마룻바닥은 삐걱거리는 소리가 들리는데, 적의 침입을 알 수 있게 일부러 소리가 나도록 만든 것이라고 한다. 안쪽에는 아름다운 니노마루 정원(二の丸庭園)이 자리 잡고 있다. 이 밖에도 성 내부에는 벚꽃, 단풍나무 등 많은 수목이 심어져 있어 계절별로 아름다운 풍경을 감상할 수 있다.

📍 京都市中京区二条城町541 / 541 Nijojocho, Nakagyo Ward, Kyoto

🚋 전철 니조조마에역 1번 출구 2분, JR니조역 1번 출구 5분, 버스 9, 12, 50, 67번 니조조마에 정류장 2분

🕐 08:45~16:00 / 연말연시 휴무

💴 일반 800엔, 중학생 400엔, 초등학생 300엔(니노마루고덴 포함 시 1,300엔, 400엔, 300엔)

🌐 https://nijo-jocastle.city.kyoto.lg.jp/?lang=ko

혼케 오와리야 본점　本家尾張屋 本店 …… ⑥

외관에서부터 내공이 느껴지는 고급 소바 전문점이다. 절이
나 황궁에 과자를 만들어 팔던 과자점에서 시작했으며, 1702
년 에도시대 중반에 들어서는 소바도 취급하기 시작해 현재에
이르렀다. 무려 300년이 넘은 가게로, 과자만 취급하던 시기까
지 더하면 역사가 더 길다. 건물은 1870년대에 지은 건물이라
고 한다. 청어 육수의 소바가 간판 메뉴로, 소바 말고 튀김류도
팔고 있다. 또한 아직까지 전통 과자도 만들고 있어 과자도 구
매할 수 있다. 가격대는 상당히 높은 편으로 인당 최소 5,000
엔은 필요하다. 내부는 정원과 옛 건물이 조화되는 세련된 인테
리어가 어우러져 고급스러운 분위기를 자아낸다.

📍 京都市中京区車屋町通二条下る仁王門突抜町322 / 322 Niomontsukinukecho,
　Nakagyo Ward, Kyoto
🚋 전철 가라스마오이케역 1번 출구 2분, 버스 51, 65번 가라스마오이케 정류장 2분
🕐 11:00~15:30(과자 판매 09:00~17:30)

이노다커피 본점　イノダコーヒ 本店 …… ⑦

교토의 오래된 가정집 외관을 그대로 보존하여 입점해 있는,
1940년에 개업한 카페. 내부는 외관과는 달리 서양식의 고풍
스러운 분위기다. 커피뿐만 아니라 샌드위치, 나폴리탄 등의 식
사류도 제공하고 있어 아침 식사를 하러 가기에도 좋다. 커피는
전부 핸드 드립 방식으로, 교토의 전통 깊은 카페 문화를 느낄
수 있는 곳이다.

📍 京都市中京区堺町通り三条下る道
　祐町140 / 140 Doyucho, Nakagyo
　Ward, Kyoto
🚋 전철 가라스마오이케역 5번 출구 5분,
　버스 65번 가라스마산조 정류장 5분
🕐 07:00~18:00

타이거 교자카이칸 시조카라스마점 タイガー餃子会館 四条烏丸店 …… ⑧

레트로 분위기의 교자(만두) 전문점이다. 익히지 않은 교자를 그대로 구운 야키교자(焼き餃子), 물만두와 유사한 미즈교자(水餃子)도 취급하고 있다. 교자 전문점이라는 콘셉트에 맞게 독특한 교자도 있다. 교자뿐만 아니라 라멘과 다른 중국 요리도 맛볼 수 있다. 카시스 소다 같은 칵테일도 있으니 칵테일과 교자를 함께 즐기는 경험도 할 수 있다. 일본 스타일의 중국식도 한 번 도전해보자.

📍 京都市中京区占出山町314-1 /
　314-1 Uradeyamacho, Nakagyo Ward, Kyoto
🚇 전철 가라스마역 22번 출구 2분,
　버스 65번 시조카라스마 정류장 2분
🕐 11:30~15:00, 17:00~22:00

텐동 마키노 교토 데라마치점 天丼まきの 京都寺町店 …… ⑨

오사카에도 지점을 가지고 있는 덴푸라(튀김) 전문점이다. 튀김 전문점답게 주문 즉시 튀겨서 바삭바삭하고 다양한 튀김을 즐길 수 있다. 정식이나 세트 메뉴도 많지만 원하는 부위별로 따로 주문할 수 있어 여러 가지 튀김을 맛볼 수 있다. 날계란 튀김처럼 한국에서 쉽게 보기 힘든 튀김도 있으니 경험해보자. 특정 계절에만 먹을 수 있는 계절 메뉴도 있다. 가성비도 좋은 편이다.

📍 京都市中京区寺町通下る中筋町481-3 /
　481-3, Nakasujicho, Nakagyo Ward, Kyoto
🚇 전철 교토가와라마치역 9번 출구 5분,
　교토시야쿠쇼마에역 5번 출구 5분,
　버스 10, 15, 37, 51, 59번 가와라마치산조 정류장 도보 3분
🕐 11:00~15:30, 17:00~21:00(주말 브레이크타임 없음)

니조성

교토 서부

킨카쿠지, 아라시야마

교토 서부는 교토 안에서도 도심과는 살짝 떨어져 있어 차분하고 평온한 분위기를 자아내는 곳이다. 아름다운 산과 강, 문화유산이 조화를 이루고 있다. 자연 경치를 보며 일본의 전통 문화를 경험하기에 이만한 곳이 없다. 대표적으로 아라시야마(嵐山), 킨카쿠지(金閣寺, 금각사)가 이 지역에 위치해 있다.

아라시야마는 가쓰라강을 가로지르는 도게쓰교를 중심으로 산을 배경으로 한 절경을 선사한다. 특히 가을에는 단풍이 붉게 물들어 방문객들이 잊을 수 없는 풍경이 된다. 대나무 숲 또한 또 다른 명소로, 고요한 숲길을 따라 걷다 보면 나도 모르게 사색에 잠길 수도 있다. 주변에 훌륭한 정원을 자랑하는 절도 많아 적어도 한 곳은 들어가보는 것을 추천한다.

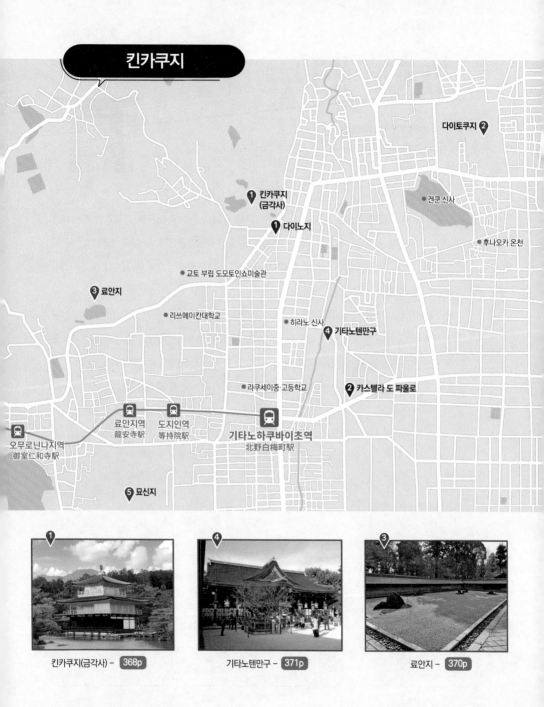

다이토쿠지 ②

킨카쿠지
(금각사) ①

다이노지 ①

겐쿤 신사

후나오카 온천

교토 부립 도모토인쇼미술관

료안지 ③

리쓰메이칸대학교

히라노 신사

기타노텐만구 ④

라쿠세이중·고등학교

카스텔라 도 파울로 ②

료안지역
龍安寺駅

도지인역
等持院駅

기타노하쿠바이초역
北野白梅町駅

오무로닌나지역
御室仁和寺駅

묘신지 ⑤

킨카쿠지(금각사) – 368p

기타노텐만구 – 371p

료안지 – 370p

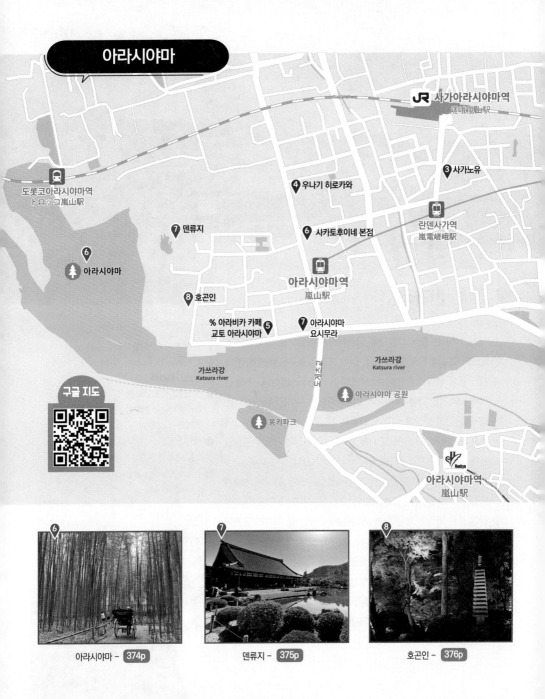

아라시야마

사가아라시야마역
嵯峨嵐山駅

도롯코아라시야마역
トロッコ嵐山駅

3 사가노유

우나기 히로카와

7 덴류지

6 사카토후이네 본점

란덴사가역
嵐電嵯峨駅

6 아라시야마

아라시야마역
嵐山駅

8 호곤인

% 아라비카 카페
교토 아라시야마 5

7 아라시야마
요시무라

가쓰라강
Katsura river

가쓰라강
Katsura river

아라시야마 공원

구글 지도

몽키파크

아라시야마역
嵐山駅

6 아라시야마 – 374p

7 덴류지 – 375p

8 호곤인 – 376p

킨카쿠지 金閣寺 …… ①

킨카쿠지는 한국 발음대로 금각사라는 이름으로 더욱 알려져 있으며 교토의 상징 중 하나다. 정식 명칭은 로쿠온지(鹿苑寺)이지만 금색 사리전(舍利殿)이 유명해 금각사라고 불린다. 본래 금각사 자리에는 가마쿠라 막부의 고관이었던 사이온지 긴쓰네(西園寺公経)의 별장이 있었다. 그러다 1397년 무로마치 막부 3대 쇼군 아시카가 요시미쓰(足利義満)의 소유가 되어 산장을 만들었는데 이 산장이 킨카쿠지의 시작이라고 여겨진다.

사리전을 중심으로 한 정원과 건축물들은 모두 불교의 천국인 극락을 나타내기 위해 조성되었다. 요시미쓰 사후, 유언에 따라 산장이 절로 바뀌어 요시미쓰의 법명에서 두 글자를 따 로쿠온지가 되었다. 오닌의 난, 전국시대, 에도시대를 모두 거치면서 몇 번의 훼손 위기는 있었지만 주요 건물들은 화를 피해 살아남았다. 그러나 1950년, 정신병을 가지고 있던 승려의 방화로 여러 보물과 함께 사리전이 소실되었다. 현재의 사리전은 1955년 재건한 것이다. 은은하게 비치는 금색 사리전은 아름답기 그지없어 교토의 상징 중 하나가 되었다.

📍 京都市北区金閣寺町1 / 1 Kinkakujicho, Kita Ward, Kyoto

🚃 버스 12, 59, 205번 킨카쿠지미치 정류장 5분

🕐 09:00~17:00

💴 성인 500엔, 초등·중학생 300엔

🌐 https://www.shokoku-ji.jp/ko/kinkakuji

다이노지　　大のじ ······ ❶

일반적으로 오코노미야키 가게에 가면 주인이 조리
해주는데 이곳은 제공된 재료를 이용하여 손님이 직접
조리하며 먹을 수 있는 곳이다. 일본 요리를 본인이 직
접 조리하는 재미를 느낄 수 있다. 주인 아주머니는 영
어로 대화가 가능할 정도로 커뮤니케이션 능력이 뛰어
나 외국인들도 쉽게 방문할 수 있다. 오코노미야키 외
에 야키소바도 있으며 김치를 토핑으로 넣을 수 있다.

📍 京都市北区衣笠馬場町42-9 / 42-9 Kinugasa Babacho, Kita Ward, Kyoto
🚌 버스 12, 59, 205번 킨카쿠지미치 정류장 5분
🕐 11:00~15:00, 17:00~21:30

다이토쿠지　　大徳寺 ······ ❷

• SPOT •

선종의 명사찰로 킨카쿠지보다 빠른 1315년에 창건되었
다. 킨카쿠지에서 2km 정도 떨어져 있어 시간 여유가 있다면
걸어서 갈 수 있는 절이다. 경내에는 불전과 법당을 비롯해 20
여 개의 작은 사찰(탑두)을 가지고 있다. 공개된 사찰도 있지
만 공개되지 않은 사찰도 있다. 많은 명승을 배출한 절로, 일
본 차 문화의 대가 센노 리큐(千利休) 등이 이곳에서 수행하
여 다도(茶道)와도 인연이 깊은 절이다. 다이토쿠지는 건축물
과 회화 등 문화재와 보물을 많이 보유한 절로 알려져 있다. 볼
거리로 료겐인(龍源院) 정원, 다이센인(大仙院), 고린인(興
臨院) 등 아름다운 정원이 있으며 주변의 가을 단풍이 절경을
이룬다.

고린인(興臨院) 단풍

료겐인(龍源院) 정원

📍 京都市北区紫野大徳寺町53 / 53 Murasakino Daitokujichō,
　Kita Ward, Kyoto
🚌 버스 1, 12, 204, 205, 206번 다이토쿠지마에 정류장 6분
🕐 09:00~16:30　💴 성인 800엔, 고등학생 400엔

료안지

龍安寺 …… ❸

료안지는 경내에 있는 정원이 유명한 절이다. 창건은 무로마치 시대인 1450년으로 무로마치 막부의 관령직이었던 호소카와 가츠모토(細川勝元)가 창건하였다. 오닌의 난으로 가츠모토가 전사하고 료안지도 소실되었으나 가츠모토의 아들인 마사모토(政元)에 의해 재건되었다. 경내에서 가레산스이(枯山水)라 불리는 대표적인 일본 정원 양식의 차분한 정원을 감상할 수 있다. 모래와 돌만으로 정원을 조성했음에도 불구하고 부족한 느낌이 들지 않는다. 하얀 모래 위에 15개의 돌들이 놓여 있는데 각도에 따라 14개만 보이기도 한다. 깨달음을 통해서만 한 번에 15개를 볼 수 있다. 정원의 담벼락은 흙에 유채 기름을 섞어 만들었는데 시간이 흐르면서 배어 나온 기름이 이끼와 함께 역사를 말해준다.

📍 京都市右京区龍安寺御陵ノ下町13 / 13 Ryoanji Goryonoshitacho, Ukyo Ward, Kyoto
🚌 버스 59번 료안지마에 정류장 5분
🕐 08:00~17:00(12~2월 08:30~16:30)
💴 성인 600엔, 고등학생 500엔 초등·중학생 300엔
🌐 http://www.ryoanji.jp/smph

기타노텐만구

![SPOT] **기타노텐만구** 北野天満宮 ······ ④

947년, 유명한 학자이자 시인인 스가와라노 미치자네(菅原道真)를 모시기 위해 건립된 신사다. 텐만구가 일본 전국에 12,000여 곳이 있는데 그 총본사가 바로 이곳 기타노텐만구다. 수많은 일본인들이 시험 합격, 학업 성취, 액운 방지를 기원하러 신사에 방문하고 있다. 현지인들 사이에서 텐만구는 '텐진상(天神さん)'이라는 애칭으로 불리며 사랑받고 있다. 본전은 도요토미 히데요시의 아들인 도요토미 히데요리의 지원으로 만들어져 1607년 건립 당시의 모습을 아직도 유지하고 있다. 경내에는 소(牛) 석상이 많다. 미치자네는 자신이 죽으면 자신의 관을 소에게 끌도록 하고, 소가 주저앉는 곳에 묻어 달라는 유언을 남겼다. 미치자네의 사후, 유언대로 소달구지로 관을 옮기다가 소가 길에서 주저앉은 곳에 관을 묻었다는 일화가 전해진다. 이 일화 때문에 경내의 소 석상은 전부 앉아있는 모습이다. 신사 내 유일하게 한 곳에 서 있는 소가 있는데, 그 소가 어디에 있는지 찾아보는 것도 재미있을 것이다.

매월 25일마다 경내에서 벼룩시장이 열린다. 1,000개가 넘는

📍 京都市上京区馬喰町 / Bakurocho, Kamigyo Ward, Kyoto

🚌 버스 10, 50, 51, 52, 55, 102, 203번 기타노텐만구마에 정류장 2분, 란덴 기타노하쿠바이초역 3분

🕐 07:00~17:00(단풍 라이트업 시기 ~20:00)

💰 무료, 보물전 성인 1,000엔, 중학생 500엔(기획전에 따라 다름)

🌐 https://kitanotenmangu. or.jp/en

점포가 나와 장터를 열기 때문에 구경하는 재미가 있다. 미치자네의 생일과 기일이 전부 25일이라 매월 25일에 열린다고 한다. 밤에는 약 600개의 등으로 경내를 비추는 라이트업 이벤트가 열린다. 여행 일정과 25일이 겹친다면 추천한다. 또한 매월 다른 행사를 하기 때문에 시기가 맞으면 신사에서 열리는 이벤트를 참관할 수도 있다. 행사 외에도 기타노텐만구는 자연 풍경이 아름다운 것으로도 유명하다. 2월 초순~3월 하순에는 매화, 10월 하순~12월 초순에는 단풍으로 신사의 풍경이 더욱 다채로워져 수많은 관광객들과 참배객으로 붐빈다. 보물전은 특별 기획전 시기에만 개방한다.

🍱 카스텔라 도 파울로　Castella do Paulo ······ ❷

기타노텐만구의 정문인 이치노도리이(一の鳥居) 바로 건너편에 있다. 일본은 16세기 포르투갈 선교사에게 전수받은 빵 제조법을 카스텔라로 발전시켰다. 이 가게는 포르투갈인과 일본인 국제부부가 창업한 가게로, 나가사키에서 카스텔라 제조법을 배워 포르투갈 리스본에 가게를 차려 일본의 카스텔라를 포르투갈 사람들에게 알렸다. 그 뒤에는 포르투갈의 빵을 일본인들에게 알리고 싶다는 의도로 이 가게를 차렸다고 한다. 원래 술 양조장이었던 곳을 개조해서 빵집으로 쓰고 있다고 한다. 빵과 함께 커피를 즐길 수 있는 공간도 있다.

📍 京都市上京区今小路町上がる馬喰町897 / 897 Imakojicho, Kamigyo Ward, Kyoto
🚃 란덴 기타노하쿠바이초역 4분, 버스 10, 50, 51, 52, 55, 102, 203번 기타노텐만구마에 정류장 3분
🕙 09:30~18:00(카페 09:30~17:00) / 수요일, 목요일, 25일과 수요일이 겹치는 날의 다음날 휴무

 묘신지 妙心寺 ······ 5

본래 묘신지 자리에는 황실의 별궁이 있었다. 하나조노 일왕(花園上皇)이 1337년 별궁을 절로 만든 것이 묘신지의 시초다. 오닌의 난으로 한때 소실되어 없어졌던 절이지만 전란이 끝나고 복원했다. 신불분리령으로 또 다시 수난을 겪었지만 메이지시대, 묘신지 소속 종파의 체제가 기틀을 잡으면서 현재까지 이어져 오고 있다. 엄청난 규모를 자랑하는 절이며 별채인 타이조인(退蔵院)에는 큰 벚꽃나무로 유명한 정원이 있다. 관광객들에게 잘 알려져 있지 않아 조용하게 산책할 수 있는 절이다.

삼문(三門)

타이조인 정원

📍 京都市右京区花園妙心寺町1 / 1 Hanazonomyoshinjicho, Ukyo Ward, Kyoto
🚃 란덴 묘신지역 6분, JR하나조노역 7분, 버스 91번 묘신지마에 정류장 4분
🕘 09:00~16:00(타이조인은 17:00까지)
💴 묘신지 경내는 무료, 타이조인 일반 600엔, 초등·중학생 300엔
🌐 https://www.myoshinji.or.jp

치쿠린

아라시야마 嵐山 …… 6

아라시야마를 한국어로 직역하면 '태풍 산'이다. 덴류지(天龍寺),
호곤인(宝厳院), 도게쓰교(渡月橋)가 아라시야마의 대표적인 관광지
이며 치쿠린(竹林)이라 불리는 대나무 숲도 유명하다. 이 지역은 교토
의 서쪽에 치우쳐져 있기 때문에 시가지에서 벗어난 지역이라 사계절
모두 자연 경관이 아름다운 곳이다. 봄에는 벚꽃 구경으로, 가을에는
단풍 구경으로 많은 사람들이 찾는다. 가쓰라강(桂川)을 가로지르는
길이 155m의 도게쓰교는 '달이 건너간다'는 뜻으로, 가마쿠라시대의
가메야마 일왕(亀山天皇)이 다리 위로 지나가는 달을 보고 도게쓰교라
이름 지었다고 한다. 오사카와 교토 시내에서 벗어나 일본의 자연 풍경
을 즐기고 싶다면 아라시야마만 한 곳이 없다. 노면전철인 란덴(아라시
야마혼센)을 이용하면 느긋하게 거리와 풍경을 감상할 수 있어 색다른
정취를 느낄 수 있다.

도게쓰교

📍 京都市右京区嵯峨天龍寺芒
ノ馬場町 / Sagatenryuji
Susukinobabacho, Ukyo
Ward, Kyoto

🚃 JR사가아라시야마역, 전철 아
라시야마역, 란덴 아라시야마
역, 버스 11, 28, 85, 93,
109번 아라시야마덴류지마에
정류장

덴류지(天龍寺) ⑦

1339년, 무로마치시대에 창건된 절이다. 가마쿠라 막부를 타도한 고다이고 일왕(後醍醐天皇)의 명복을 빌기 위해 건립된 절이다. 여덟 번이나 화재로 소실되었으나 도요토미 히데요시의 기부로 재건할 수 있었다고 한다. 메이지시대인 1877년 토지개혁에 의해 대부분을 국가에 반납하여 현재 절의 규모는 전성기에 비해 10분의 1 수준이다. 하지만 남아 있는 건물만으로도 역사적 가치를 인정받아 유네스코 세계 문화유산에 등재되어 있다. 경내에 소겐치테이엔(曹源池庭園)이라는 호수를 품은 정원이 있는데, 그림 같은 풍경을 자랑한다.

대방장(大方丈) 실내에서 정원을 바라보고 싶다면 정원 입장료 500엔에 300엔을 추가해 총 800엔을 내고 본당(혹은 고리(庫裏))을 통해 들어가면 되고, 정원만 봐도 상관없다면 500엔을 내고 바로 정원으로 들어가면 된다. 본당만 들어갈 수 있는 티켓은 없다. 오후에 가면 관광객으로 북적이기 때문에 오전에 가는 것을 추천한다. 용이 구름을 뚫고 승천하는 그림인 운료도(雲龍図)를 보고 싶다면 법당으로 향하면 된다. 법당에서 정원 혹은 본당 입장료와 별개로 500엔의 입장료를 지불해야 한다.

대방장(大方丈)과 소겐치테이엔

대방장

고리(庫裏)

- 京都市右京区嵯峨天龍寺芒ノ馬場町68 / 68 Sagatenryuji Susukinobabacho、Ukyo Ward, Kyoto
- JR사가아라시야마역 남쪽 출구 8분, 란덴 아라시야마역 5분,
  버스 11, 28, 85, 93번 아라시야마덴류지마에 정류장 2분
- 08:30~17:00
- 정원: 고등학생 이상 500엔, 초등·중학생 300엔, 본당+정원: 성인 800엔, 초등·중학생 600엔,
  법당: 초등학생 이상 500엔
- https://www.tenryuji.com/kr

호곤인(宝厳院) ······ ⑧

　　1461년, 무로마치시대에 창건되었으며 덴류지 남쪽에 붙어있는 절이다. 오닌의 난 때 소실되었지만 도요토미 히데요시의 기부금으로 일부 재건되었고, 도쿠가와 막부도 메이지시대가 될 때까지 후원했다.

　　호곤인 입구에는 '아라시야마 나한(嵐山羅漢)'이라는 석상이 모여 있는 곳이 있다. 나한이란 생사를 이미 초월하여 배울 만한 법도가 없게 된 경지의 부처를 말한다. 여러 표정과 포즈를 취하고 있어 하나하나 구경하는 것도 재미있다. 호곤인의 본전에는 11면관음보살이 있고, 그 옆으로 33개의 관음보살이 자리 잡고 있다.

　　경내에는 시시코노이와(獅子吼の庭)라 하는 아름다운 정원이 있어, 가을에 정원을 방문하면 단풍 구경을 제대로 할 수 있다. 정원이나 건물을 관리하는 기간에는 일반인에게 정원을 공개하지 않는다. 특히 겨울에는 들어가보기 어렵다.

시시코노이와

아라시야마 나한

단풍 시즌 라이트업

📍 京都市右京区嵯峨天龍寺芒ノ馬場町36 / 36 Susukinobabacho Sagatenryuji Ukyo Ward, Kyoto

🚃 JR사가아라시야마역 남쪽 출구 15분, 란덴 아라시야마역 6분, 버스 11, 28, 85, 93번 아라시야마덴류지마에 정류장 7분

🕐 09:00~17:00(야간 개방 시 20:30까지)

💴 성인 700엔, 초등·중학생 300엔(야간 각각 1,000엔, 300엔)

🌐 https://hogonin.jp

사가노유 嵯峨野湯 ······ ③

JR사가아라시야마역에서 도게쓰교 쪽으로 걸어
가는 길목에 있는 카페다. 1923년부터 2003년까
지 영업하던 동네 목욕탕을 2006년 재활용해서 입
점한 독특한 카페다. 가게 이름 마지막에 있는 '탕
(湯)'자를 남겨 정체성을 유지했다. 외관을 보면 본
래의 모습을 최대한 유지하려고 노력한 것을 알 수
있다. 내부에는 타일로 된 벽, 목욕탕에서 쓰던 체
중계가 인테리어로 남아 있다. 커피뿐만 아니라 간
단한 식사류도 판매한다.

📍 京都市右京区嵯峨天龍寺今堀町4-3 / 4-3 Sagatenryuji Imahoricho, Ukyo Ward, Kyoto
🚃 JR사가아라시야마역 남쪽 출구 1분, 란덴 사가역 1분
🕐 11:00~19:00

우나기 히로카와 うなぎ屋 廣川 ······ ④

아라시야마 지역에서 가장 유명하다고 봐도 무방할 정도로 인
기 많은 장어 요리 전문점이다. 1967년 개업하여 아직까지 전통
적인 조리법을 고수하고 있다. 도쿄 옆 사이타마현의 유명 장어
전문점인 히로카와에서 비법을 전수받아 와서 이름도 그대로 따
랐다고 한다.

내부에는 교토의 분위기가 물씬 풍기는 정원이 있으며 이 정원
을 보고 식사를 즐길 수 있다. 제일 저렴한 장어 요리는 장어 덮밥
인 우나기동(うなぎ丼)이며, 가격은 3,000엔대다. 완전 예약제
로 운영되기 때문에 예약을 하지 않으면 입장조차 불가능하다. 예
약 사이트는 한국어도 지원한다.

예약
사이트

📍 京都市右京区嵯峨天龍寺北造路町44-1 / 44-1 Sagatenryuji Kitatsukurimichicho, Ukyo Ward, Kyoto
🚃 JR사가아라시야마역 남쪽 출구 9분, 란덴 아라시야마역 3분, 버스 11, 28, 85, 93번 노노미야 정류장 3분
🕐 11:00~15:00, 17:00~21:00 / 월요일, 공휴일 연휴 휴무

% 아라비카 카페 교토 아라시야마　%アラビカ 京都嵐山 …… ⑤

도게쓰교가 보이는 가쓰라강 북안을 산책하다 보면 엄청나게 길게 줄을 서 있는 카페를 발견할 수 있다. 그곳이 바로 한국에서도 인스타그램 등으로 유명해진, 일명 '응 커피'라 불리는 %아라비카 커피다. 하와이의 커피농장을 구입해 직접 생산하는 원두를 사용하며 최고급 에스프레소 머신으로 커피를 내린다고 한다. 2014년 교토에서 처음 개업해 서울을 포함한 전 세계에 매장이 있다. 원두가 정말 맛있다는 평이 자자하다. 매장 자체가 좁고 계산대가 하나밖에 없어 피크시간에 가면 30분 이상 웨이팅 해야 하는 경우도 있으니 참고하기 바란다.

📍 京都市右京区嵯峨天龍寺芒ノ馬場町3-47 / 3-47 Sagatenryuji Susukinobabacho, Ukyo Ward, Kyoto
🚉 란덴 아라시야마역 5분, 버스 11, 85, 93번 아라시야마덴류지마에 정류장 5분
🕐 09:00~18:00

사가토후이네 본점　嵯峨とうふ 稲 本店 …… ⑥

교토 특산품으로 말차와 더불어 유명한 것이 두부다. 이곳은 두부를 이용한 여러 일식 요리를 선보이는 곳이다. 덴류지 바로 앞에 있으며 사진에 보이는 곳이 식사를 할 수 있는 본점이고, 바로 오른쪽 건물은 아라시야마 사쿠라모찌 이네(嵐山さくら餅稲)로 디저트류를 판매하고 있다. 1984년 카페로 개업해 과자류를 함께 팔다가 현재는 두부 요리 전문점으로 변화했다. 운이 좋으면 덴류지가 보이는 창가 자리에 앉을 수 있다. 교토의 전통 요리인 쿄료리(京料理)를 저렴한 편에 속하는 가격(1,000~2,000엔대)으로 맛볼 수 있다.

📍 京都市右京区嵯峨天龍寺造路町19 / 19 Sagatenryuji Tsukurimichicho, Ukyo Ward, Kyoto
🚉 란덴 아라시야마역 2분, 버스 11, 28, 85, 93번 아라시야마덴류지마에 정류장 2분
🕐 11:00~18:00(사쿠라모치 이네는 10:00~18:00)

아라시야마 요시무라　嵐山よしむら ······

도게쓰교가 보이는 가쓰라강변에 위치한 소바 전문점이다. 2층 창가자리에서는 가쓰라강과 도게쓰교가 한눈에 들어온다. 1층 내부에는 정원이 꾸며져 있어 근사한 분위기에서 식사를 할 수 있다. 소바 면은 가게에서 직접 만들어 제공하며 추가로 주문할 수 있는 튀김도 맛있다. 맛도 좋고 경치도 좋고 직원들도 친절해서 인기가 있는 가게라 웨이팅이 자주 생긴다. 소바치고는 비싼 편이지만 가보면 후회는 하지 않을 것이다.

📍 京都市右京区嵯峨天龍寺芒ノ馬場町 3 / 3 Sagatenryuji Susukinobabacho, Ukyo Ward, Kyoto
🚃 란덴 아라시야마역 3분, 전철 아라시야마역 7분
🕐 11:00~16:30(주말은 17:00까지)

PART 3

고베

Kobe

롯코산에서의 멋진 야경과 유럽을 연상시키는
이국적인 풍취가 아름다운 항구 도시 고베에 대해 알아보자.

산노미야, 모토마치

베이 에어리어

고베는 어떤 도시?

간사이

고베시

    고베는 효고현(兵庫県), 오사카만의 북쪽 해안가에 위치한 항구 도시로, 한국인에게는 1995년 고베 대지진으로 많이 알려져 있는 도시다. 일본에서 여섯 번째로 큰 도시이며 2020년 기준 인구 152만 명으로 오사카와 교토에 이어 간사이의 대표적인 도시다.

    에도 막부가 서양과 체결한 조약에서 효고항을 개항하기로 약속하며 1868년부터 외국인들이 많이 거주했으며, 외국 문물이 활발하게 들어오는 일본의 현관문 역할을 했었다. 제2차 세계대전 때도 일본의 주요 항구였기 때문에 미군의 폭격 목표가 되어 대규모 공습을 맞았다. 전후 고도 성장기부터 1995년 대지진 이전까지 거대한 항구를 통해 세계적으로 풍족한 도시로 발돋움했지만 고베 대지진으로 파괴적인 피해를 입고 그 명성이 줄어들었다. 하지만 최근에는 지진 피해로부터 회복하여 재개발이 활발하게 이어지는 등 항구와 공항을 정비해 다시 일어서고 있다.

번화가와 관광지는 바다를 따라 동에서 서로 길게 늘어져 있다. 관광지들이 전부 오밀조밀하게 모여 있어 도보로 이동하기 쉽다. 가장 중심지라 할 수 있는 산노미야(三宮)에서 5km 이내에 산과 바다가 있어 자연과 도시가 어우러진 모습을 보여준다. 오사카 시내의 소음과 인파에 지쳤다면 고베에서 유유자적한 시간을 보내는 것도 좋은 선택지가 될 수 있다. 바다와 도시, 그리고 산이 보기 좋게 어우러져 있어 매력 있는 도시다.

고베의 교통 시스템

01 전철

오사카만큼은 아니지만 고베도 웬만한 관광지는 전철로 갈 수 있다. 교토는 주요 관광지 중 절과 신사가 많아 시내와 떨어져 있지만 고베의 관광지들은 전철로 접근하기 용이하다.

고베의 해안을 따라 연결된 JR고베선을 비롯하여 산요전철본선(三洋電鉄本線), 고베전철아오선(神戸電鉄粟生線), 고베전철아리마선(神戸電鉄有馬線), 고베산타선(神戸三田線), 고베전철 공원도시선(神戸電鉄公園都市線), 한큐고베선(阪急神戸線), 한신본선(阪神本線)이 있으며 지하철은 세이신·야마테선(地下鉄西神·山手線), 가이간선(海岸線), 호쿠신선(北神線)이 있다. 특정 지역을 왕래하는 롯코 라이너(六甲ライナー), 포트 라이너(ポートライナー) 등도 있다.

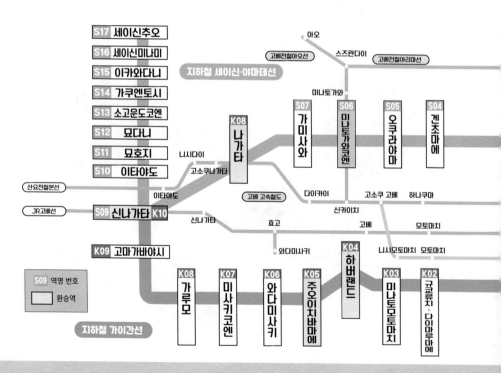

고베행 전철

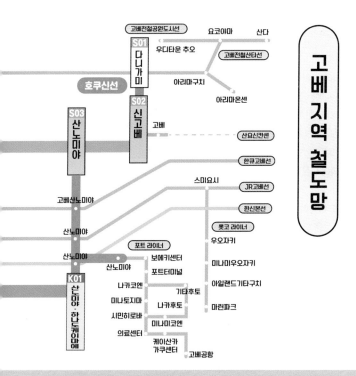

고베전철공원도시선

요코야마　　　산다

S01 다니가미

우디타운 추오

고베전철산타선

호쿠신선

아리마구치

아리마온센

S02 신고베

S03 산노미야

고베 ------ 산요신칸센

한큐고베선

스미요시　　　JR고베선

한신본선

롯코 라이너

포트 라이너

우오자키

고베산노미야

보에키센터

미나미우오자키

산노미야

포트터미널

아일랜드기타구치

산노미야

나카코엔

기타후토

마린파크

산노미야

미나토지마

나카후토

K01 산노미야 · 하나도케이마에

시민히로바

미나미코엔

의료센터

케이산카
가쿠센터

고베공항

고베 지역 철도망

02 버스

지하철이 닿지 않는 곳마다 버스 노선이 있어 편리하게 이용할 수 있다. 신키(神姫), 신테츠(神鉄), 산요(山陽), 한신(阪神), 한큐(阪急), 미나토 관광버스(みなと観光バス) 등 여러 민영 버스가 있다. 각 사는 별도로 관광버스도 운영하고 있다.

버스의 시내 균일 요금은 210엔이다. 버스 회사마다, 노선 거리에 따라 다르지만 시내는 요금이 100엔대 후반부터 200엔 내외로 책정되어 있다. 거리가 먼 코스의 경우는 300~400엔대의 요금이다. 버스 탑승 및 요금 지불은 다음과 같이 한다.

• 균일 요금(210엔)의 경우

뒤에서 탑승하고 하차는 앞으로 하며, 하차할 때 요금을 지불한다. 미리 잔돈을 준비하는 것이 좋으며 버스에서 잔돈(1,000엔권을 동전)으로 교환할 수 있다. IC카드의 경우는 탑승할 때 터치를 하고 하차할 때도 운전석 옆 패널에 터치를 한다.

• 승차 거리에 의해 요금이 다른 경우

승차 구간을 확인하기 위해 승차 시에 정리권 발행기에서 프린트되어 나오는 정리권을 받는다. 하차 시에는 정리권과 함께 해당 구간의 요금을 지불한다. IC카드는 승차할 때 터치하고 하차할 때 터치하면 요금이 차감된다. IC카드 요금이 부족하지 않게 미리 충전해 놓도록 한다. 정리권은 회사마다 차이는 있지만 다음과 같은 정리권 기계에서 작은 시트가 프린트되어 나온다.

가장 편리한 방법은 IC교통카드를 이용하는 방법이다. 도쿄의 PASMO, Suica, 오사카의 ICOCA 등은 어디에서나 사용할 수 있다. 최근에 호환성이 높아져 다른 지역의 교통카드도 대부분 고베에서 사용할 수 있다.

03 주요 도시에서 고베로 이동하는 방법

오사카에서 고베로

오사카에서 고베로 가는 방법은 크게 세 가지다. 가장 쉬운 방법은 **오사카역 4번 플랫폼에서 출발하는 히메지행(姬路行き) JR도카이도산요본선 신쾌속(JR東海道山陽本線新快速)을 타는 것**이다. 산노미야역까지 25분이면 갈 수 있다. 비용은 460엔이다.

두 번째는 **한큐오사카우메다역에서 한큐고베선 특급을 타는 방법**이다. 목적지는 고베산노미야역(神戶三宮駅)이 되며 27분이 소요된다. 비용은 330엔이다.

세 번째는 **한신오사카우메다역에서 한신본선을 타고 고베산노미야역으로 가는 전철을 타는 방법**이다. 31분이 소요되며 비용은 330엔이다.

	출발역	도착역	소요시간	비용
JR신쾌속	오사카역	산노미야역	25분	460엔
한큐고베선 특급	한큐오사카 우메다역	고베산노미야역	27분	330엔
한신본선	한신오사카 우메다역	고베산노미야역	31분	330엔

교토에서 고베로

교토에서 고베로 가는 방법은 두 가지가 있다. 첫 번째 방법은 교토역에서 산노미야역을 잇는 **JR도카이도산요본선 신쾌속(JR東海道山陽本線新快速)**을 이용하는 것이다. 50분이 소요되며 비용은 1,100엔이다. 두 번째 방법은 한큐선을 이용하는 방법이다. **한큐가와라마치역에서 한큐교토선 특급(阪急京都線特急)**을 타고 40분을 이동한 다음 주소역(十三駅)에서 한큐고베선 특급(阪急神戶線特急)으로 갈아탄 뒤 20분을 더 가야 한다. 약 1시간 10분이 소요되며 비용은 640엔이다.

	출발역	환승	도착역	소요시간	비용
JR신쾌속	교토역	불필요	산노미야역	50분	1110엔
한큐 교토선	한큐가와라마치역	주소역에서 한큐 고베선특급으로 환승	고베 산노미야역	1시간 20분	640엔

산노미야, 모토마치
三宮、元町

산노미야, 모토마치

산노미야와 모토마치 지역은 고베에서 가장 큰 번화가 지역이다. 효고현청, 한큐백화점 등이 모두 산노미야 지역에 모여 있어 고베 정치, 경제, 문화의 중심지다. 수많은 사람들이 쇼핑과 식사를 하기 위해 이곳을 찾는다. 과거 개항기 시절에 고베항을 이용하기 위해 많은 외국인들이 산노미야 북쪽, 현재의 구 거류지에 거주하기도 했다.

산노미야, 모토마치

누노비키허브엔 **9**
케이블카

신고베역
新神戸駅

AVA 크라운플라자 고베

기타노텐만 신사 **4**

카자미도리노야카타 **6**

모에기노야카타 **7**

8 라인노야카타

5 기타노이진칸

스타벅스 커피 고베 **7**
기타노이진칸점

8 니시무라 커피

5 라비뉴   고베 모스크

스와야마 공원

이쿠타 신사 **2**

3 이쿠타 히가시몬
상점가

JR M
산노미야역
三宮駅

고베규 스테이크 **3**
이시다 본점

M
고베산노미야역
神戸三宮駅

고베 프레지르 **4**

6 .donut

한신백화점
고베점

소라 공원

고베 국제회

1 산노미야 센터가이

산노미야·
하나도키마에역
三宮・花時計前駅

겐초마에역
県庁前駅

타치바나 **1**
센터가이점

2 L'ami

JR M

모토마치역
元町駅

큐코류치·다이마루마에역
旧居留地・大丸前駅

스타벅스 고베BAL점

고베 후게츠도 **9**
모토마치 본점

12 모토마치
상점가

11 난킨마치

10 구 거류지

호코도 커피 **10**

산노미야 센터가이 – 392p

이쿠타 신사 – 394p

기타노텐만 신사 – 397p

구글 지도

● 이소가미 공원

보에키센터역
貿易センター駅

● 미나토노 모리 공원

동유원지

 • SPOT • ## 산노미야 센터가이 　三宮センター街 ⋯⋯ ❶

　　고베 최대의 역인 산노미야역과 가까워 주말에는 하루에 약 10만 명
이 방문하는 상점가. 태평양전쟁 종전 직후인 1946년, 폐허가 된 고베
에서 상인들이 모여 점포군을 형성한 것이 산노미야 센터가이의 시작이
라 한다. 고베 대지진 때 괴멸적인 피해를 입었으나 현재는 지진으로부
터 완전히 회복하여 다시 고베 1등 번화가로 입지를 굳히고 있다. 보통
일본의 상점가 하면 떠오르는 이미지와는 다르게 통로 폭이 넓고 깔끔
해서 상점가보다는 백화점 같은 분위기다. 상점가 가운데에 의자들이
놓여 있어 휴식하기도 좋다. 음식이나 간식 거리보다는 패션 매장들이
많다. 최신 트렌드를 주도하는 패션 매장들이 모여 있어 많은 사람들이
찾는다.

산노미야센터가이 입구

📍 兵庫県神戸市中央区三宮町1~3 / 1~3, Sannomiyacho, Chuo
　　Ward, Hyogo, Kobe
🚃 JR산노미야역 서쪽 출구 4분, 전철 고베산노미야역 서쪽 출구 3분

타치바나 센터가이점　たちばな センター街店 ······ ①

아카시야키(明石焼き)는 효고현 아카시시(明石市)에
서 만들어진 달걀, 밀가루, 낙지로 만든 음식이다. 타코야
키와 비슷하지만 육수에 적셔서 먹는 게 특징이다. 타치
바나는 아카시야키를 전문적으로 파는 가게로 부드럽고
푹신한 식감을 느낄 수 있고, 기호에 따라 여러 가지 소스
도 뿌려 먹을 수 있다.

📍 兵庫県神戸市中央区三宮町3-9-4 / 3-9-4 Sannomiyacho, Chuo
　 Ward, Kobe, Hyogo
🚃 JR모토마치역 동쪽 출구 3분, 전철 고베산노미야역 서쪽 4번 출구 10분
🕗 11:00~19:00 / 목요일 휴무

 L'Ami　ラミ ······ ②

호텔 출신 셰프가 2000년에 개점한 양식점 L'Ami는
현지인들에게 매우 인기 있는 음식점으로 식사 시간에는
줄이 길게 서 있는 것을 볼 수 있다. 라미의 가장 인기 있
는 메뉴는 게살크림 고로케(カニクリームコロッケ)와 비
프스튜 오믈렛(ビーフシチューオムレツ)이다. 점심은 예
약을 할 수 없기 때문에 오픈 전에 미리 가서 기다려야 일
찍 들어갈 수 있다. 저녁은 예약을 받으니 미리 예약하는
것을 추천한다.

📍 兵庫県神戸市中央区三宮町3-4-3 / 3-4-3 Sannomiyacho, Chuo Ward, Kobe, Hyogo
🚃 JR모토마치역 동쪽 출구 4분, 전철 큐쿄류치·다이마루마에역 3번 출구 1분
🕗 16:45~20:30 / 월, 화요일 휴무

📷 이쿠타 신사 生田神社 ····· ❷
• SPOT •

배전(拝殿)

이쿠타노모리(生田の森)

와카히루메노미코토(稚日女尊)라는 여신을 모시는 신사. 출산과 육아, 가정 평화를 기원하는 신사로 알려져 있다. 신사에서 말하는 창건 신화는 다음과 같다. 진구황후(神功皇后)가 한반도의 삼한을 정벌하고 귀환하는 길에 고베항에서 배가 앞으로 나아가질 않았다. 신점을 치니 와카히루메노미코토가 나타나 이쿠타 지역에 제를 올리라 해서 이쿠타 신사가 만들어졌다고 한다. 진구황후가 한반도에 진군했다는 기록은 일본서기에 나오는데 백제, 고구려, 신라, 가야 어느 나라의 기록과도 교차검증이 안 되어 신화라고 봐도 무관하다.

1938년 고베 대수해와 1945년 고베 대공습, 1995년 고베 대지진으로 큰 피해를 입었지만 재건하여 현재의 모습을 갖추고 있다. 신사 규모는 그리 크지 않지만 이쿠타노모리(生田の森)라고 하는 작은 숲, 연못 등이 아기자기하게 잘 조성되어 있다.

연을 이어주는 신사로 유명해 남녀노소 좋은 인연을 바라는 사람들이 많이 찾는다. 접수처에서 미즈미쿠지(水みくじ)라는 점 봐주는 종이를 파는데, 구매 후 이쿠타노모리의 냇가에 종이를 담갔다 빼면 글씨가 나타난다. 다른 신사에서는 쉽게 볼 수 없는 방식이다.

📍 兵庫県神戸市中央区三宮町 1-2-1 / 1-2-1 Sannomiyacho, Chuo Ward, Kobe, Hyogo
🚉 JR산노미야역 서쪽 출구 4분, 전철 고베산노미야역 서쪽 출구 3분

• SPOT •

이쿠타 히가시몬 상점가   生田東門商店街 …… ③

이쿠타 신사 동쪽 문 근처에 펼쳐져 있는 상점가라 해서 히가시몬가이(東門街)라는 이름을 가지고 있다. 본래 이 자리에는 경마장이 있었다고 한다. 1869년, 고베에 이주한 외국인들이 당시 유행하던 경마를 하기 위해 이쿠타 신사 옆 부지를 사 경마장을 만들어 몇 년간 경마를 즐겼지만 부지 면적, 토질 문제와 자금 문제가 겹치며 1876년 경마장이 사라졌다. 이후 아무것도 없던 경마장 부지에 식당들이 하나둘씩 자리 잡기 시작하며 현재와 같은 모습이 되었다. 낮에 영업하는 곳은 거의 없고 밤이 되어야 본격적으로 영업을 시작한다. 상점가라기보다는 먹자골목의 성격이 강하다.

📍 兵庫県神戸市中央区下山手通1-4-10 일대 / 1-4-10 Shimoyamatedori, Chuo Ward, Kobe, Hyogo
🚃 전철 산노미야역 서쪽 3번 출구 2분, 고베산노미야역 서쪽 출구 4분, JR산노미야역 서쪽 출구 6분

 고베규 스테이크 이시다본점   神戸牛ステーキIshida.本店 …… ③

전국 여러 곳에 분점을 두고 있는 고베규 전문점 이시다는 효고현 내의 세 개의 계약 목장에서 생산되는 최상급 고베규 코스 요리를 판매한다. 고베규는 효고현에서 태어나 자란 다지마규(但馬牛)의 순수 혈통 소고기 중 '고베육 유통추진의회'가 정한 엄격한 기준에 합격한 소고기를 말한다. 가게는 카운터석으로 이루어져 있고 요리사가 카운터 앞 철판에서 직접 고기를 구워주기 때문에 보는 맛도 있다.

📍 神戸市中央区北長狭通1-21-2 3F / 3F 1-21-2 Kitanagasadori, Chuo Ward, Kobe, Hyogo
🚃 전철 고베산노미야역 동쪽 3번 출구 3분, 산노미야역 서쪽 2번 출구 바로 앞
🕐 11:30~15:00, 17:00~21:30 / 화요일 휴무

3층이 고베규 스테이크 이시다

고베 프레지르 神戸プレジール本店 ······ ④

세련된 실내를 가진 고급 고베소 레스토랑이다. 철판구이 카운터, 홀, 개인실 등으로 이루어져 있다. 고베규 스테이크, 제철 채소를 사용한 편백나무 찜과 샤부샤부, 고베에서 재배한 포도를 사용해 만든 와인 등을 즐길 수 있다.

📍 兵庫県神戸市中央区下山手通2-11-5 / 2-11-5, Shimoyamatedori, Chuo Ward, Kobe, Hyogo
🚃 전철 고베산노미야역 서쪽 4번 출구 5분
🕐 11:30~15:00, 17:00~22:30 / 월요일 휴무

라비뉴 L'AVENUE ······ ⑤

고베에서 가장 유명한 디저트 카페인 라비뉴는 2009년 월드 초콜릿 마스터즈에서 우승한 '히라이 시게오(平井茂雄)'가 개점한 가게로 수준 높은 디저트를 맛볼 수 있는 곳이다. 맛도 맛이지만 초콜릿의 모양과 장식부터 특별하다. 오픈 전부터 긴 행렬이 있기 때문에 인기 있는 메뉴를 먹으려면 예약하거나 오픈 전에 가서 기다려야 한다.

📍 兵庫県神戸市中央区山本通3-7-3 / 3-7-3 Yamamotodori, Chuo Ward, Kobe, Hyogo
🚃 전철 고베산노미야역 서쪽 3번 출구 13분
🕐 10:30~18:00 / 수요일 휴무

.donut ドットドーナツ ······ ⑥

고베의 식재료를 사용한 도넛 전문점 '.donut'은 반죽부터 시작해 모든 도넛을 가게에서 수작업으로 만든다. 다른 가게의 도넛에 비해 위로 둥근 것이 특징이다. 수작업으로 만들고, 만든 지 2시간 이내로 판매하기 때문에 인기 있는 맛은 금방 품절되어 먹고 싶은 맛이 있다면 일찍 대기하는 것이 좋다.

📍 兵庫県神戸市中央区北長狭通1-1 / 1-1 Kitanagasadori, Chuo Ward, Kobe, Hyogo
🚃 전철 고베산노미야역 서쪽 4번 바로 앞, JR산노미야역 서쪽 출구 3분
🕐 11:00~21:00(품절되는 대로 종료)

 ## 기타노텐만 신사 北野天満神社······④

· SPOT ·

　기타노이진칸이 있는 언덕 꼭대기에 위치한 신사다. 신사에 가기 위해서는 언덕을 오르고, 계단을 다시 올라야 하지만 신사에 도착해서 뒤를 돌아보면 기타노이진칸과 고베시의 시가지를 한눈에 볼 수 있다. 17시가 되면 정문이 막히지만 정문 오른쪽의 언덕길을 올라가다 보면 왼쪽에 샛길이 있어 야경을 보러 올라갈 수 있다.

기타노텐만 신사 입구

📍 兵庫県神戸市中央区北野町3-12-1 / 3-12-1
　Kitanocho, Chuo Ward, Kobe, Hyogo
🚃 전철 산노미야역 서쪽 3번 출구 16분,
　고베산노미야역 서쪽 출구 17분,
　JR산노미야역 서쪽 출구 17분, 신고베역 남쪽 출구 10분
🕐 07:30~17:00　💰 무료
🌐 https://www.kobe-kitano.net

기타노이진칸 北野異人館街 ······ ⑤

SPOT

1800년대 후반 일본은 고베항을 개항했다. 정해진 항구만을 개방하고, 항구를 찾아온 외국인은 정해진 지역에서만 지낼 수 있었다. 이에 따라 외국인들은 현재의 구 거류지 주변에 살도록 조약을 맺었다. 하지만 교역량이 늘어나면서 일본을 찾는 외국인이 늘어나자 구 거류지만으로는 외국인을 모두 수용할 수 없게 되었다. 당시 일본을 통치하던 메이지 정부는 좀 더 영역을 넓혀서 거주할 수 있는 곳을 몇 군데 지정해줬는데, 그중 한 지역이 바로 기타노이진칸 지역이다. 구 거류지와 멀지 않고 항구를 한눈에 볼 수 있는 위치라 전망이 좋아 외국인들이 많이 입주했었다.

하지만 태평양 전쟁 발발과 외국인 퇴거 조치 등으로 외국인들은 이곳을 떠나갔다. 고베 대공습으로 고베 시내가 초토화되고, 많은 서양 건물도 소실되었지만 기타노이진칸 지역만 운 좋게 화를 피해 아직도 남아 있다. 1970년대 고도성장기를 겪으며 많은 옛 건물들이 재개발되어 버렸지만 미디어에 기타노이진칸이 노출되기 시작하면서 보존하자는 여론이 형성되어 현재에 이른다. 현재 남아 있는 오래된 건물들은 박물관이나 레스토랑으로 쓰이고 있다. 가을에는 재즈 스트리트 콘셉트로 길거리에서 재즈가 울린다. 영국관 건너편에는 티켓 플라자가 있는데, 이곳에서 여러 건물들의 입장권을 세트로 묶은 상품도 판매한다.

기타노이진칸 지역은 전부 나지막한 언덕에 자리 잡고 있기 때문에 여름에 가면 힘든 여정이 될지 모른다. 겨울에 가도 조금 따뜻한 날이면 덥다고 느껴진다. 컨디션에 따라 코스를 가감하길 바란다. 저택 내부를 구경하기 위해서는 관람료를 지불하고 들어가야 하지만 입장료가 부담된다면 무료 개방된 저택인 라인노야카타도 있다.

티켓 플라자

📍 兵庫県神戸市中央区北野町 / Kitanocho, Chuo Ward, Kobe, Hyogo
🚃 전철 산노미야역 서쪽 3번 출구 14분, 고베산노미야역 서쪽 출구 15분,
　　JR산노미야역 서쪽 출구 15분, 신고베역 남쪽 출구 8분
🌐 https://www.kobeijinkan.com/kr

카자미도리노야카타(風見雞館) 6

'풍향계의 집'이라는 뜻으로, 기타노이진칸의 상징과 같은 건물이다. 붉은 벽돌 외벽과 첨탑 위의 풍향계가 특징이다. 1909년 토마스라는 독일의 무역상이 일본에 영주할 목적으로 세웠으며 토마스와 그의 부인, 외동딸이 함께 지내며 화목한 일상을 보냈다. 하지만 제1차 세계대전이 발발하여 일본과 독일이 적국이 되면서 토마스 가족은 고베를 떠나게 됐다. 1979년, 외동딸인 에르제 씨가 66년만에 방일해서 이곳을 재방문했다.

내부에는 당시 가구와 생활 풍경들이 재현되어 있다. 당시 일본에 살던 외국인들의 풍족했던 삶을 엿볼 수 있다.

📍 神戸市中央区北野町3-13-3 / 3-13-3 Kitanocho, Chuo Ward, Kobe, Hyogo
🕐 09:00~18:00 / 2, 6월의 첫째 주 화요일 휴무
💰 성인 500엔, 고등학생 이하 무료(카자미도리노야카타+모게이노야카타 세트권 650엔)
🌐 https://kobe-kazamidori.com/language/#kr

'연두색의 집'이라는 뜻으로, 미국 총영사가 거주했던 건물이다. 1903년에 지어진 이 건물은 이름처럼 외벽이 연두색으로 칠해져 있다. 카자미도리노야카타 바로 옆에 위치하고 있다. 내부에는 당시 생활풍경이 전시되어 있으며 2층 베란다에서는 고베의 시가지를 조망할 수 있다. 건물 외벽에 비해 벽돌 굴뚝이 깨끗한 것을 볼 수 있는데, 고베 대지진 때 굴뚝이 무너져 새롭게 만들어 복원한 것이라고 한다. 집 뒤편 정원에 가면 떨어진 굴뚝을 볼 수 있다.

📍 兵庫県神戸市中央区北野町3-10-11 / 3-10-11 Kitanocho, Chuo Ward, Kobe, Hyogo
🕐 09:30~18:00
💰 성인 400엔, 고등학생 이하 무료(카자미도리노야카타+모게이노야카타 세트권 650엔)

프랑스 출신의 J.R.드레웰 부인이 1920년에 지은 가정집이다. 그녀는 1871년 일본으로 와 오사카 조폐국에 고용된 외국인이었다. 58세가 되던 해 이 건물을 완성하여 5년 뒤 죽기 전까지 이곳에 살았고, 그후에는 독일인이 입주해 살았다. 라인노야카타라는 이름은 시민 공모에서 당선된 이름인데, 당선 당사자에 의하면 2층에서 바라본 시가지 '라인'이 예쁘고, 고베시가 이 저택을 구입하기 전 살던 오버라인 씨의 고국인 독일에 라인강이 있기 때문에 그 이름을 따온 것이라 한다. 기타노이진칸에서 유일하게 무료로 들어가 볼 수 있는 곳이다.

📍 兵庫県神戸市中央区北野町2-10-24 / 2-10-24, Kitanocho, Chuo Ward, Kobe, Hyogo
🕐 09:00~18:00 / 2, 6월 셋째 주 목요일 휴무
💰 무료

스타벅스 커피 고베 기타노이진칸점　スターバックスコーヒー神戸北野異人館店 …… ❼

현지화에 치밀한 스타벅스답게 1907년에 건축된 고
풍스러운 2층 주택을 개조하여 매장을 운영하고 있다. 간
판을 유심히 보지 않으면 스타벅스인지 모르고 지나칠 정
도다. 스타벅스를 좋아하는 사람은 필수로 들러봐야 할
곳이다. 내부는 라운지, 식당, 침실 등 그 당시의 방을 느
낄 수 있는 가구와 장식으로 각 방의 특징에 맞춰 꾸며놓
았다.

📍 兵庫県神戸市中央区北野町3-1-31 / 3-1-31 Kitanocho,
　Chuo Ward Kobe, Hyogo
🚃 전철 고베산노미야역 동쪽 1번 출구 12분
🕗 08:00~22:00

니시무라 커피　北野坂にしむら珈琲店 …… ❽

1948년, 테이블 3개의 작은 가게에서 시작한 니시무
라 커피는 최상급 커피 원두를 매일 필요한 만큼만 로스
팅하고, 커피를 우리기 적절한 경도를 가진 물을 사용하
여 커피를 만든다. 1964년부터 지금까지 이어오고 있는
두꺼운 커피 컵은 니시무라 커피의 트레이드 마크로 오랜
경험을 통해 재질, 형상을 결정하여 제작했다고 한다. 1
층은 카페로, 2층은 레스토랑으로 운영하고 있다.

📍 兵庫県神戸市中央区山本通2-1-20 / 2-1-20 Yamamotodori, Chuo
　Ward, Kobe, Hyogo
🚃 전철 고베산노미야역 9분
🕗 카페 10:00~22:00, 런치 11:00~14:30, 디너 17:00~20:30

누노비키허브엔 布引ハーブ園 ······ ⑨

약 200종의 허브 75,000그루가 심어져 있는 일본 최대급의 허브 공원이다. 고베시의 북쪽을 감싸고 있는 다카오산(高雄山)을 따라 여러 가지 건물과 정원이 길게 배치되어 있다. 꼭대기까지는 붉은 색의 케이블카를 타고 이동할 수 있으며, 올라가는 10분 동안 뒤로 보이는 고베시의 경치를 즐길 수 있다. 제일 꼭대기에는 전망 플라자가 있어 탁 트인 고베시와 오사카만이 한눈에 보인다. 전망 플라자의 건물은 독일의 바르트부르크성을 모티브로 한 것이라고 한다. 플라자 아래에 자리 잡은 12개의 정원은 각각 다른 테마를 가지고 있어 사계절의 변화에 따라 여러 꽃과 허브가 자라난다. 시간은 꽤 소요되긴 하지만, 꼭대기까지 케이블카를 타고 올라가서 경치를 구경하며 천천히 걸어 내려가는 것도 좋을 것이다.

바람의 언덕 꽃밭

📍 兵庫県神戸市中央区北野町1-4-3 / 1-4-3 Kitanocho, Chuo Ward, Kobe, Hyogo

🚆 JR신고베역 북쪽 1번 출구 6분

🕐 10:00~17:00(봄가을의 주말과 공휴일, 여름에는 20:30까지)

💴 케이블카 왕복: 성인 2,000엔, 초등·중학생 1,000엔 / 편도: 성인 1,400엔, 초등·중학생 700엔

🌐 https://www.kobeherb.com/kr

구 거류지

旧居留地······ ❿

에도 막부 말기(1800년대 중후반), 개항 후 외국인 거류지로 선정되어 한때 비즈니스 거리로 발전했던 곳이다. 현재까지도 당시의 서양식 건물 몇몇이 자리를 지키고 있다. 옛 서양 건물들이 다같이 모여 있는 것이 아니고 재개발이 안 된 곳 중간중간에 있기 때문에 유럽 같은 풍경을 기대하고 가면 실망할 수도 있다. 지금은 세련된 옷가게와 레스토랑도 들어서 있다. 아직까지 남아 있는 건물에는 구 거류지 00번지라는 명칭이 부여되어 있어 어떤 건물이 정말 오래된 건물인지 확인할 수 있다.

📍 兵庫県神戸市中央区明石町40 / 40 Akashimachi, Chuo Ward, Kobe, Hyogo
🚃 전철 큐쿄류치·다이마루마에역 1번 출구 바로 앞, JR모토마치역 동쪽 출구 2분
🌐 https://www.kobe-kyoryuchi.com

난킨마치

南京町······ ⓫

난킨마치는 약 100여 점포가 모여 있는 차이나타운이다. 나니와마치(浪花町)의 고층 오피스 거리 바로 옆에 차이나타운이 있어 특이한 느낌이다. 거리가 그리 크지 않고 가게가 오밀조밀 붙어 있어 콤팩트한 느낌을 준다. 중식당들뿐만 아니라 딤섬 같은 간식을 파는 점포도 많이 볼 수 있다. 간식거리 가격이 낮은 편이라 가볍게 들르기 좋다. 주말이나 공휴일에 가면 길거리에 서서 간식을 먹는 사람들로 장사진을 이룬다.

📍 兵庫県神戸市中央区栄町通1-3-18 / 1-3-18 Sakaemachidori, Chuo Ward, Kobe, Hyogo
🚃 전철 큐쿄류치·다이마루마에역 1번 출구 2분, JR모토마치역 서쪽 출구 2분
🌐 https://www.nankinmachi.or.jp

모토마치 상점가 元町商店街······⑫

고베 고속전철 모토마치역에서 니시모토마치역까지 1.2km 동안 이어지는 고베 최장 길이의 상점가다. 약 300개의 점포가 모여 있고, 역사가 오래되어서 창업 100년이 넘는 노포도 약 20점포 남아 있다. 당시 고베는 서양 문물이 일본으로 들어오는 현관문의 역할을 했기 때문에 이 상점가는 '일본 최초' 타이틀을 몇 개 가지고 있다. 일본 최초의 카페, 양복점 등이 모두 모토마치 상점가에 위치해 있다. 산노미야역에서 메리켄파크나 하버랜드로 가는 길목에 있어 여유가 있다면 모토마치 상점가를 따라 걷는 것도 나쁘지 않다.

🌐 https://www.kobe-motomachi.or.jp/about-us/ko

고베 후게츠도 모토마치본점 神戸風月堂元町本店······⑨

고베 후게츠도의 대표 메뉴인 '고플'은 바삭한 과자 사이에 크림을 얇게 바른 과자다. 1926년 해외에서 돌아온 손님이 프랑스 과자를 가져와 '일본에서도 만들면 어떻겠냐'는 제안을 했고, 그 이후 프랑스 과자의 장점을 살리면서 일본인 입맛에 맞춘 과자를 만들어 1927년부터 판매하기 시작했다. 메뉴를 꾸준히 발전시켜 현재까지도 이어오고 있다. 과자를 포장하는 통이 다양하고 예뻐서 선물로도 괜찮다.

📍 兵庫県神戸市中央区元町通3-3-10 / 3-3-10 Motomachidori, Chuo Ward, Kobe, Hyogo
🚉 JR모토마치역 서쪽 출구 2분
🕙 10:00~18:00(카페 11:00~18:00, 카페만 월요일 휴무)

호코도 커피 放香堂加琲 ······ ⑩

1874년 우지차 소매점으로 사업을 시작했다. 1878년 원두를 수입하고 커피를 판매한다는 내용과 커피를 가게 안에서 마실 수 있다는 신문 광고를 게재해 일본 최초의 커피점으로 불린다. 맷돌로 커피콩을 가는 방식을 아직까지 고수하고 있어 일반적인 커피점과 다른 맛을 느낄 수 있다. 일본 커피 역사의 출발점에서 커피를 즐겨보자.

📍 兵庫県神戸市中央区元町通3-10-6 / 3-10-6 Motomachidori,
　 Chuo Ward, Kobe, Hyogo
🚇 JR모토마치역 서쪽 출구 4분
🕐 09:00~18:00

베이 에어리어
ベイエリア

> 고베 포트타워, 하버랜드, 롯코산

베이 에어리어는 고베의 현대적이고 국제적인 항구 지역으로, 아름다운 해안선을 볼 수 있다. 이 지역은 현대적인 도시 개발과 전통적인 일본 해양문화가 조화를 이루고 있으며 다양한 레저 및 문화 활동을 즐길 수 있는 매력적인 곳이다.

베이 에어리어는 크게 고베의 상징인 고베 포트타워를 가지고 있는 '메리켄파크'와 현대적인 쇼핑 엔터테인먼트 시설이 모여 있는 '고베 하버랜드' 두 곳으로 나눌 수 있다. 두 시설 사이에 있는 만이 두 시설의 경계 역할을 하고 있다. 문화생활을 즐기면서 끝없이 뻗어 있는 태평양의 풍경을 만끽할 수 있다. 실제 항구의 역할도 하고 있어 여러 종류의 관광용 유람선에 타서 바다로 나아갈 수도 있다.

베이 에어리어

니시모토마치역
西元町駅

미나토모토마치역
みなと元町駅

호텔 라 스위트

JR Kobe line

⑤

하버랜드 — 412p

⑥ umie

JR
고베역
神戸駅

하버랜드역
ハーバーランド駅

⑤ 하버랜드

● 호텔 크라운 파레스 고베

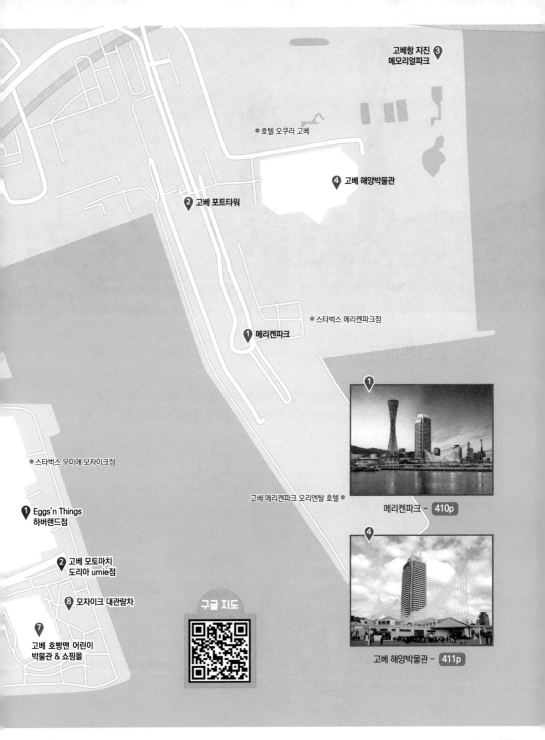

고베항 지진 ❸
메모리얼파크

● 호텔 오쿠라 고베

❹ 고베 해양박물관

❷ 고베 포트타워

● 스타벅스 메리켄파크점

❶ 메리켄파크

● 스타벅스 우미에 모자이크점

❶ Eggs'n Things
하버랜드점

고베 메리켄파크 오리엔탈 호텔 ●

메리켄파크 – 410p

❷ 고베 모토마치
도리아 umie점

❽ 모자이크 대관람차

❼
고베 호빵맨 어린이
박물관 & 쇼핑몰

구글 지도

고베 해양박물관 – 411p

 · SPOT ·

메리켄파크 メリケンパーク …… ❶

　고베를 대표하는 랜드마크가 모여 있는 곳이다. 고베항의 바닷가를 끼고 여러 가지 엔터테인먼트 시설과 박물관, 유람선 선착장이 있다. 바닷바람을 느끼며 산책하거나 유람선을 타고 고베의 야경을 감상할 수도 있다.

📍 兵庫県神戸市中央区波止場町2 / 2 Hatobacho, Chuo Ward, Kobe, Hyogo
🚉 JR모토마치역 서쪽 출구 13분, 전철 하나쿠마역 동쪽 출구 11분, 미나토모토마치역 2번 출구 7분
🌐 https://www.feel-kobe.jp/ko/facilities/detail/?id=2771

고베 포트타워(神戸ポートタワー) ······ ②

고베 포트타워는 일본 영화나 드라마 등 미디어에서 고베가 나올 때 빠지지 않고 나오는 고베의 상징 그 자체다. 1963년 완공되었으며 높이는 108m다. 북을 길게 늘여 놓은 듯한 생김새로, 붉은 색이라 멀리서도 눈에 띈다. 파이프가 서로를 맞물리며 지지하고 있는 구조로, 비슷한 시기 건설된 일본 내 다른 타워들보다 훨씬 세련된 생김새다. 건물은 지하 2층부터 지상 5층으로 이루어져 있고, 5층에는 전망대가 있다.

⊙ 09:00~23:00
Ⓨ 성인 1,200엔, 초등~고등학생 500엔
🌐 https://www.kobe-port-tower.com

고베항 지진 메모리얼 파크(神戸港震災メモリアルパーク) ······ ③

1995년 1월 17일, 고베와 일대를 강타한 고베 대지진, 정식명 '효고현남부 지진(兵庫県南部地震)'을 기억하기 위해 조성된 공원이다. 지진의 규모는 7.3이었다. 이 지진으로 총 6,434명이 사망했고 약 5만 명이 부상을 입었다. 고베항 지진 메모리얼 파크에는 약 60m 길이의 공간에 지진으로 인해 붕괴된 고베항 콘크리트 구조물을 지진 발생 당시 상태 그대로 보존하고 있다. 갈라진 콘크리트와 기울어진 가로등을 토대로 당시 지진이 얼마나 강력했는지 짐작할 수 있다.

🌐 https://www.feel-kobe.jp/ko/facilities/detail/?id=2036

고베 해양박물관(神戸海洋博物館) ······ ④

바다, 선박, 항구의 역사와 고베의 미래가 전시되어 있는 박물관이다. 1987년 고베항 개항 120년 기념사업의 일환으로 개관되었다. 1층에는 모형 선박들이 들어서 있는 상설 전시관과 카와사키 월드(カワサキワールド)가 있다. 카와사키 월드는 오토바이로 유명한 카와사키 중공업의 역사와 제품을 전시해놓은 공간이다. 평소 선박 또는 해양 역사에 관심이 많거나, 여행에 어린이와 동행하는 경우 가볼 만하다.

⊙ 10:00~18:00 / 월요일, 연말연시 휴무
Ⓨ 성인 900엔, 초등~고등학생 400엔
🌐 https://kobe-maritime-museum.com/korea.html

 SPOT

하버랜드
ハーバーランド ······ ⑤

하버랜드는 메리켄파크 서쪽 해변에서부터 JR고베역 사이에 위치한 쇼핑, 엔터테인먼트 시설이다. 메리켄파크와 만(灣)을 사이로 마주보고 있다. 메리켄파크가 랜드마크와 박물관이 주된 시설이라면 하버랜드는 쇼핑몰이 주요 시설이다. 하버랜드는 umie 쇼핑몰, 모자이크 관람차, 박물관 등으로 이루어져 있다.

📍 兵庫県神戸市中央区東川崎町1 / 1 Higashikawasakicho, Chuo Ward, Kobe, Hyogo
🚃 JR고베역 DUOKOBE 26번 출구와 연결
🌐 https://harborland.co.jp.k.abt.hp.transer.com

umie ⋯⋯ ⑥

우미에는 패션, 식당, 잡화 등 풍부하고 다양한 전문점이 225여 점포 들어서 있는 쇼핑 시설이다. 우미에 모자이크(umie mosaic), 사우스몰(south mall), 노스몰(north mall)로 나누어져 있다. 모자이크에는 대부분 음식점이 들어서 있는데, 고베항을 전망으로 식사나 커피를 즐길 수 있는 음식점들이 있다. 그중에서도 모자이크 2층에 위치한 스타벅스는 경치가 좋기로 유명하다. 사우스몰과 노스몰은 대부분 패션몰로 이루어져 있다.

⊘ 10:00~20:00(식당은 22:00까지)   ⊕ https://kr.umie.global

고베 호빵맨 어린이 박물관 & 쇼핑몰(神戸アンパンマンこどもミュージアム&モール) ⋯⋯ ⑦

'용감한 어린이의 친구 우리 우리 호빵맨~'으로 시작하는 오프닝 곡으로 익숙한 만화 「호빵맨」을 테마로 한 박물관이다. 「호빵맨」은 한국에도 1990년대 후반부터 방영되기 시작하여 1990년대 후반~2000년대생들의 유년기를 함께한 캐릭터다. 2층 호빵맨 박물관은 어린 아이들이 좋아할 참여형 전시가 주를 이루고 있다. 1층에는 호빵맨 쇼핑몰이 있다. 이곳에서는 「호빵맨」과 관련된 빵이나 굿즈를 판매한다. 휴일에 가면 아이들을 데려온 부모들로 붐빈다.

⊘ 10:00~17:00   ⓨ 1세 이상 2,000~2,500엔(박물관에서 지정한 날에 따라 요금 다름)

「호빵맨」 원작자, 야나세 타카시(やなせたかし)

야나세 타카시는 1919년 도쿄에서 태어났다. 그는 성인이 되고 제약 회사에서 일하다가 제2차 세계대전 발발 후 군에 입대, 중일전쟁에 참전했다. 전쟁 기간 동안 배고픔과 싸우며 '전쟁은 사람을 배고프게 한다. 인간을 가장 힘들게 하는 것은 배고픔이다'라고 느꼈다고 한다. 종전 후 여러 미츠코시백화점 선전부에서 일하다가 1953년 만화가로 데뷔했다. 그리고 1969년, 자신의 머리를 떼어 주변 사람들의 배를 채워 주는 따뜻한 캐릭터를 만들었고, 이것이 바로 「호빵맨」이다. 전쟁에서의 경험을 토대로 어린이들에게 반전 메시지를 주고 싶다는 마음에 「호빵맨」을 그리기 시작했다고 한다. 만화가, 그림책 작가, 가수 등 여러 방면으로 활동하다가 2013년 94세의 나이로 별세했다.

모자이크 대관람차(モザイク大観覧車) ⑧

호빵맨 박물관 바로 옆에 위치한 관람차. 약 10분간 한 바퀴를 돌며 메리켄파크의 고베 포트타워가 보이는 고베의 풍경을 즐길 수 있다. 밤에는 관람차에서 약 12만 개의 LED가 빛나 아름다운 광경을 만들어낸다. 고베는 야경이 아름답기로 유명해 밤에 타는 것을 추천한다. 고베 포트타워가 보이는 야경은 환상적이다.

⊙ 10:00~22:00
♥ 인당 800엔, 0~2세 아이는 무료
⊕ https://umie.jp/features/mosaickanransya

Eggs'n Things 하버랜드점 ······ ❶

모자이크 2층에 위치한 팬케이크 전문점. 일본뿐만 아니라 여러 나라에 체인이 있는 유명 가게다. 일본의 Eggs'n Things은 어떤 지점이든 사람들이 몰리는 시간이면 항상 줄이 생길 정도다. 1974년 하와이에서 창업해 2010년 도쿄에 일본 1호점을 내며 선풍적인 인기를 끌었다. 이곳 하버랜드점도 식사 시간대나 브런치 시간대면 사람이 가득 찬다. 맛은 워낙 정평이 나 있을 정도로 맛있어서 음식 때문에 실망할 일은 없다. 주력 메뉴는 딸기, 휘핑크림, 마카다미아 너츠가 올라간 팬케이크다.

📍 兵庫県神戸市中央区東川崎町1-6-1 / 1-6-1 Higashikawasakicho, Chuo Ward, Kobe, Hyogo
🚉 JR고베역 중앙 출구 8분, 전철 하버랜드역 3번 출구 5분
🕘 09:00~22:00

고베 모토마치 도리아 umie점 神戸元町ドリアハーバーランドumie店 ······ ❷

일본 전국에 체인점이 있는 그라탱 전문점이다. 이름에는 모토마치라고 되어 있지만 실제 가게는 모토마치에 있지 않고, 고베 시내에는 이 지점이 유일하다. 일본에서 도리아는 쌀을 사용한 그라탱을 말한다. 고베 모토마치 도리아에서는 매일 아침 매장에서 직접 만드는 소스와 제철 식재료를 이용한 30종류 이상의 도리아, 구운 오므라이스, 그라탱 등을 즐길 수 있다.

📍 神戸市中央区東川崎町1-6-1 / 1-6-1 Higashikawasakicho, Chuo Ward, Kobe
🚉 JR고베역 중앙 출구 8분   🕘 11:00~22:00

롯코산(六甲山)

    고베를 걷다 보면 북쪽에는 항상 산등성이가 배경을 채우고 있는 것을 볼 수 있다. 그 산이 바로 롯코산이다. 롯코산은 고베시 북쪽부터 고베 동쪽의 니시노미야시에 걸쳐 있으며 해발 931.6m의 산이다. 오사카, 고베 등 간사이 주요 도시들의 시가지가 보이는 위치에 있어 정상에서 바라보는 경치가 장관이다.

    롯코산을 오를 때는 두 발로 트레킹하는 방법도 있지만 버스와 케이블카를 이용해 편안하게 올라갈 수도 있다. 먼저 버스는 롯코산의 정상 능선을 따라 달리는 '롯코산조버스(六甲山上バス)'와 롯코산과 롯코산 서쪽에 붙어 있는 마야산(摩耶山)을 잇는 '롯코마야 스카이셔틀버스(六甲摩耶スカイシャトルバス)'가 있다. 케이블카는 남쪽에서 롯코산 정상으로 올라가는 '롯코 케이블(六甲ケーブル)'과 정상에서 롯코산 북쪽에 위치한 아리마 온천으로 가는 '롯코 아리마 로프웨이(六甲有馬ロープウェー)'가 있다. 오른쪽의 교통 약도를 참고하자. 롯코 케이블은 약 1.7km의 거리를 약 10분 정도 걸려 올라간다.

롯코산에서 바라본 야경

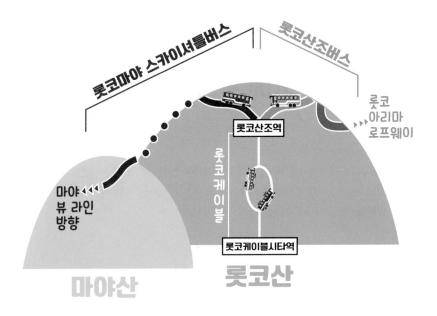

롯코마야 스카이셔틀버스

롯코산조버스

롯코산조역

롯코
아리마
로프웨이

롯코케이블

마야
뷰 라인
방향

롯코케이블시타역

마야산

롯코산

롯코 케이블

⊙ 전망대 개방시간: 07:10~21:00(여름에는 연장하기도 함)
　 롯코산조버스: 09:53~17:55(여름은 19:53까지) / 거리에 따라 230~370엔
　 롯코마야 스카이셔틀버스: 10:05~17:05(계절에 따라 변경) / 거리에 따라 230~580엔
　 롯코 케이블: 07:10~21:10 / 일반 편도 600엔, 왕복 1,100엔 / 6~11세 편도 300엔, 왕복 550엔
　 롯코 아리마 로프웨이: 09:30~19:30 / 일반 편도 1,030엔, 왕복 1,850엔 / 6~11세 편도 520엔, 왕복 930엔
⊕ https://www.rokkosan.com/top/?lang=ko

고베 크루즈 여행

항구의 도시 고베답게 여러 크루즈 여행 상품이 있다. 하버랜드와 메리켄파크 사이에 있는 고베 산노미야 여객선 터미널(神戸三宮フェリーターミナル)에서 출발해 오사카 만을 둘러본 뒤 다시 돌아오는 코스로 이루어져 있다.

1. 로얄 프린세스(ロイヤルプリンセス)

고베항 내부를 약 40분간 돌아보는 가벼운 크루즈다. 출발 후 하버랜드를 따라가다가 '고베항 제1방파제 동쪽 등대(神戸港第一防波堤東灯台)' 주변에서 회항한다. 붉은색의 고베 대교를 지나갔다가 다시 여객선 터미널로 돌아온다. 중간에 가와사키 중공업 조선소도 있어 볼거리가 많다. 배의 3층은 천장 없이 뚫려 있어 개방감이 좋다.

2. 고자부네 아타케마루(御座船安宅丸)

에도 막부 3대 쇼군 도쿠가와 이에미쓰의 명령으로 만들어진 아타케마루를 모티브로 만들어진 선박이다. 2021년 5월까지 도쿄에 있다가 현재는 고베항을 유람하고 있다. 옛 선박같이 생긴 데다 붉은색이라 눈에 띄어 항구에 나타났다 하면 주변 사람들의 시선을 다 받는다. 항로는 로얄 프린세스와 비슷하나 고자부네는 고베대교를 넘어가지는 않는다.

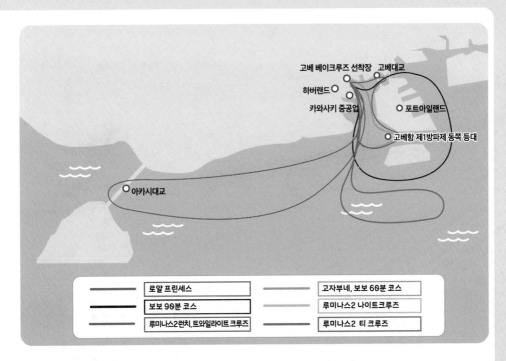

── 로얄 프린세스	── 고자부네, 보보 60분 코스
── 보보 90분 코스	── 루미나스2 나이트크루즈
── 루미나스2런치, 트와일라이트 크루즈	── 루미나스2 티 크루즈

3. 보보(bohboh)

보보라는 이름은 뱃고동 소리를 형상화한 것이다. 60분 코스와 90분 코스 중에 선택할 수 있으며 로얄 프린세스와 고자부네보다 소요시간이 길고, 그만큼 항해거리도 길다. 60분 코스는 '고베항 제1방파제 동쪽 등대(神戸港第一防波堤東灯台)'를 넘어가서 멀리 돌아오고, 90분 코스는 60분 코스와 비슷하게 가다가 고베공항을 넘어가서 고베대교 아래를 통과해 돌아온다.

4. 루미나스2(ルミナス2)

다른 크루즈들보다 거대한 크기를 자랑하며 크루즈에서 식사를 할 수 있어 '레스토랑 크루즈선'이라고 불리는 유람선이다. 이름에 걸맞게 안에는 넓은 연회장이 있다. 런치 크루즈와 티 크루즈, 트와일라이트 크루즈가 있다. 런치와 트와일라이트 크루즈는 2시간 반 동안, 티 크루즈는 90분 동안 유람한다. 트와일라이트 크루즈는 석양을 배경으로 고베 앞 바다를 만끽할 수 있고, 나이트 크루즈는 야경을 즐기며 저녁 식사를 할 수 있다.

나라

Nara

일본 고대의 모습과 다양한 문화유산을 간직한
나라에 대해 알아보자.

나라 동부
(나라시)

나라 서부
(야마토코리야마시, 이카루가정)

나라는 어떤 도시?

이카루가정
나라시
야마토코리야마시
나라현
간사이

 나라현(奈良県)은 오사카에서 40km 정도 떨어져 있는 현으로 일본에서 여덟 번째로 작은 현이며 내륙의 현으로는 가장 좁은 행정 구역이다. 나라시(奈良市)는 나라현의 현청이 있으며 나라시대의 도읍지였다. 교토에 대비해 남도(南都)라고 불리기도 했다. 한때 수도였기 때문에 문화재를 많이 보유하고 있어 관광 도시이기도 하다. 근대화 이후에는 인접한 대도시인 오사카의 위성 도시로서 역할을 하고 있다. 인구는 35만 명 정도의 소도시로, 오사카와 가까운 서쪽 지역은 주택 개발이 활발하여 주거 단지가 형성되어 있다. 일설에 의하면 '나라'라는 발음은 국가를 뜻하는 순우리말 '나라'에서 유래되었다는 속설이 있다.

 교토와 더불어 일본 고대 역사에 빠지지 않고 등장하는 지역이다. 나라를 도읍으로 정한 일본 황실은 도시의 이름을 헤이조쿄(平城京)라 칭한다. 헤이조쿄가 일본의 수도였던 710년부터 794년까지를 나라시대라 부른다. 이 시기에는 대륙으로부터 호적, 조세, 군역 등 제도와 문화를 받아들여 대륙과는 분리된 일본만의 문화와 제도를 만들고 율령국가의 틀을 잡기 시작했다. 794년 지금의 교토 지역을 헤이안쿄(平安京)라 명명하여 천도하면서 나라시대의 막을 내렸다.

나라시는 유명한 나라시대 문화유산들을 많이 간직하고 있다. 그중 일본의 가장 오래된 절인 호류지(法隆寺, 법륭사)가 대표적이다. 시가지의 동쪽에는 도다이지(東大寺)와 사슴으로 유명한 나라 공원이 있으며, 서쪽으로는 헤이조큐세키, 야쿠시지, 북쪽으로는 고분들이 모여 있다. 오사카, 교토에 비해 관광자원은 적은 편이지만 사슴의 도시로도 잘 알려져 사슴을 구경하러 오는 사람들이 많다. 한 번이라도 다녀오면 주요 문화유산과 동시에 사슴이 연상될 정도로 나라현청과 나라 공원 주변 도로에 사슴이 많이 돌아다니는 것을 볼 수 있다.

100년이 되지 않은 짧은 기간 수도 기능을 했기 때문에 교토보다 문화 유적은 적을지라도 교토보다 먼저 수도였던 역사적 의미와 도다이지, 호류지, 헤이조큐세키 등 유서 깊은 문화유적이 많다. 관광하기 가장 좋은 시기는 벚꽃 시즌인 3~5월, 단풍철인 9~11월이다.

나라의 교통 시스템

나라는 인구 35만 정도의 소도시이기 때문에 지하철과 전철이 발달하지 않았다. 나라의 전철은 오사카와 교토에서 연결되는 긴테츠선(近鉄線)과 JR 정도라 나라를 전철로 여행하기는 불편하다. 따라서 나라를 관광할 때는 버스를 이용하는 것이 편리하다. 기존 노선 버스를 이용해도 좋지만 주요 관광지를 도는 관광버스를 이용하는 것이 더 효율적일 수도 있다. 또, 관광 택시도 편리한 교통 수단이다. 비용은 조금 더 소요되겠지만 이동 시간과 볼거리의 가성비를 따진다면 결코 비싸지 않다. 특히 노약자나 몸이 불편한 분이라면 추천하는 교통 수단이다.

01 나라로 들어가기

공항에서 바로 가기

출발역(종류)	환승역	도착역	요금 및 시간
간사이국제공항(직통 버스)		나라역	2400엔, 약 90분
간사이국제공항역(JR)	덴노지역	나라역	1740엔, 약 110분
간사이국제공항역(난카이, 긴테츠)	난바역→오사카난바역	긴테츠나라역	1650엔, 약 120분

▶ 긴테츠, 난카이선은 난바역에서 내려 개찰구를 나와 오사카난바역으로 5~7분 정도 걸어가야 한다.

오사카에서 가기

보통 일본 여행을 갈 때 나라만을 관광하러 가는 경우는 드물고, 오사카를 거쳐 나라로 가는 일정이 일반적이다.

출발역	도착역	차량 종류	요금 및 시간
오사카난바역	긴테츠나라역	긴테츠 쾌속급행, 급행	680엔, 약 40분
덴노지역	나라역	JR야마토지 쾌속	510엔, 약 35분
오사카역	나라역	JR야마토지 쾌속, 구간 쾌속	820엔, 약 1시간

출발역	도착역	차량 종류	요금 및 시간
교토역	긴테츠나라역	긴테츠 쾌속급행, 급행	1280엔, 약 35분
교토역	나라역	나라선	720엔, 약 50분

02 나라에서 대중교통 이동하기

나라는 노선이 많지 않아 전철로 이동하는 것이 제한적이기 때문에 버스와 함께 이용하는 것이 좋다. 대중교통이 원활하지 않은 탓에 관광버스와 관광 택시가 발달하여 이를 이용하는 것도 좋다.

주요 관광지 교통 확인

 나라 관광을 위해서는 관광버스를 이용하는 것이 편리하다. 3시간, 7시간 등의 상품으로 나누어 주요 관광지를 도는 버스를 운영하고 있다.

버스 안내소

정기 관광버스, 자유 승차권, 공항 리무진 버스 등에 대한 문의나 티켓을 구입할 수 있다.

긴테츠나라역 버스 안내소
긴테츠나라역 서쪽 개찰구를 나와 오른쪽 5번 출구, 나라 라인하우스 1층

JR나라역 버스 안내소
JR나라역 개찰구 바로 왼쪽

출발은 JR나라역과 긴테츠나라역에서 출발한다. 다음은 4시간 코스와 7시간 코스의 예시다. 코스는 시기에 따라 달라지기 때문에 예약 당시 상품을 보고 선택하면 된다.

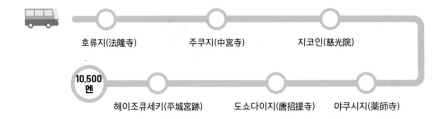

03 나라 관광 상품-관광 택시(観光タクシー)

나라를 만끽할 수 있는 나라 관광 택시다. 나라긴테츠택시 주식회사에서 운영하는 관광 상품으로, 긴테츠나라역이나 숙박 시설에서 출발해 택시를 타고 나라의 관광 명소들을 둘러볼 수 있는 상품이다. 동쪽과 서쪽에 몰려 있는 나라의 관광지를 한 번에 도는 데 적합하다.

코스는 정해진 코스에서 선택할 수도 있고, 기사한테 추천을 받고 어느 코스로 할 것인지 정할 수도 있다. 차량도 선택할 수 있고 휠체어로도 이동할 수 있어 다리가 불편한 관광객에게는 안성맞춤이다. 차종도 선택할 수 있는데, 일반 승용차의 경우 16,800엔이다. 일본어가 가능하면 좋겠지만 일본어가 어렵다면 번역기를 사용해야 한다.

이 밖에도 야마토 교통(大和交通), 요시다(吉田), 나카오(中尾) 등 개인이 운영하는 관광 택시가 있다. 관광 안내소에서 소개를 받는 방법을 추천한다.

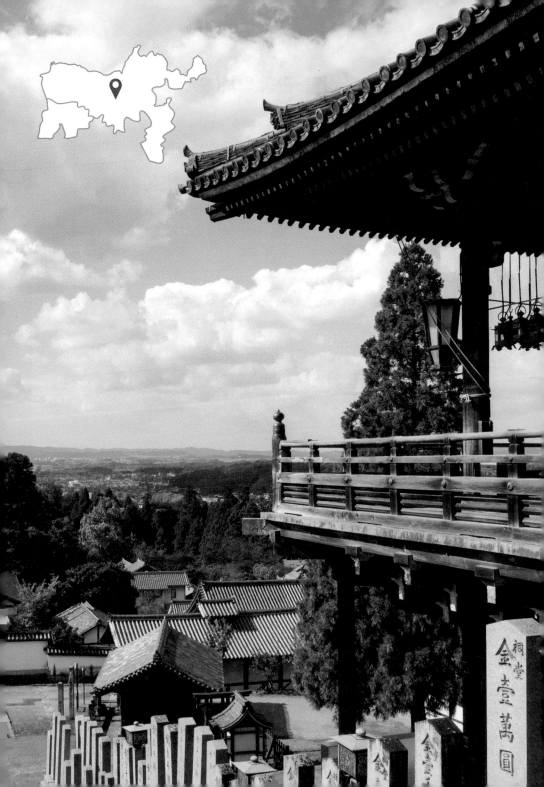

나라 동부

나라 공원, 도다이지, 가스가타이샤

나라 동부는 많은 수의 문화유적과 자연을 간직하고 있는 나라 공원과 그 안에 있는 사슴들로 대표되는 지역이다. 나라를 상징하는 두 문화유산인 도다이지(東大寺), 가스가타이샤(春日大社)가 모두 나라 공원 안에 있다. 공원 안 자연 풍경도 좋아서 산책만 해도 좋은 곳이다. 먹이를 달라고 쫓아오는 사슴들을 조심하면서 나라의 문화유산과 자연 경관을 만끽해보자.

이 지역은 나라에서 가장 번화한 곳이기도 하다. 히가시무키 상점가에는 나라만의 레스토랑, 전통 과자점들이 있어 나라의 현대와 과거를 먹거리로 연결하고 있다.

나라 동부

나라 현립미술관

다실 산슈테이 이스이엔 8

나라현청 전망대 1

사쿠라 버거 4

스타벅스
나라 공원버스터미널점

카마메시
시즈카 공원점 9

긴테츠나라역
近鉄奈良駅

돈카츠 간코 나라점 1

히가시무키 상점가 2

카마이키 2

오카루 3

고후쿠지 5

APA 호텔

나카타니도 7

스타벅스 나라 사루사와이케점

와카쿠사 카레 5

아스가 소우 호텔

아라 연못 정원

멘야 K 6

나라 호텔

이신구라 나라마치점 13

카시야 10

나라 공예관

네이라쿠카시츠카사 12
나카니시요사부로

오카시 도죠 11

나라마치 고우시노이에 9

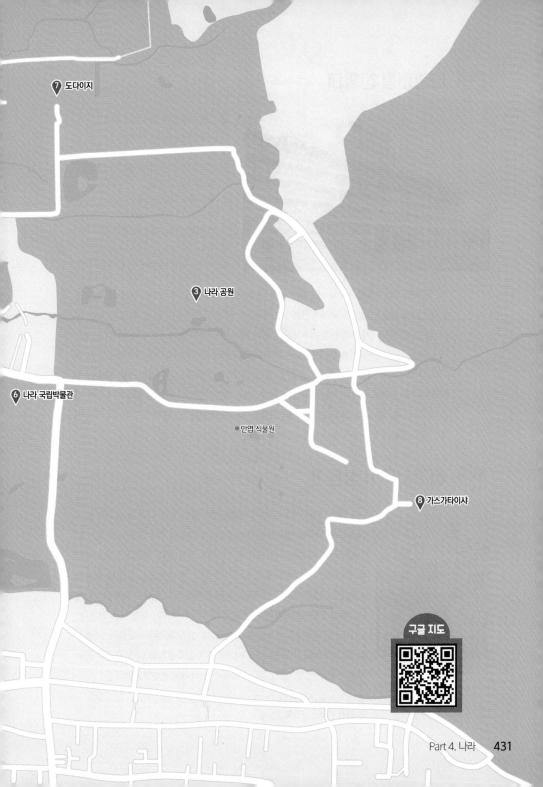

⑦ 도다이지

③ 나라 공원

⑥ 나라 국립박물관

● 만엽 식물원

⑧ 가스가타이샤

구글 지도

나라현청 전망대 奈良県庁展望台 …… ❶

📍 奈良県奈良市登大路町30 /
　 30 Noboriojicho, Nara
🚃 전철 긴테츠나라역 1번 출구 6분
🕐 전망대 개방시간: 평일 08:30~17:30
　 토, 일요일, 공휴일
　 4~10월 10:00~17:00,
　 11~3월 13:00~17:00
　 연말연시(12/29~1/3) 휴관
💴 무료
🌐 https://www.pref.nara.jp/4203.htm

긴테츠나라역 1번 출구에서 바로 직진하면 나라현청 전망대에 갈 수 있다. 사슴들의 주요 출몰지인 나라 공원 건너편에 있어서 현청까지 와서 잔디를 뜯고 있는 사슴을 볼 수 있다. 별로 높지 않은 현청이지만 주변에 현청보다 높은 건물이 없어 먼 곳까지 볼 수 있다. 나라시의 정책상 10m 이상 고도 지구에서 40m 고도 지구까지 8개로 구분하여 건물의 높이를 제한하고 있어 아무리 높아도 40m 이상으로 건물을 지을 수 없다. 역사적인 건축물과 근현대의 건물, 자연과 조화된 나라의 경관을 지키기 위한 노력이라 할 수 있다. 따라서 현청 전망대에 올라가면 주변 시가지부터 동쪽으로 도다이지와 고후쿠지의 오층탑, 서쪽으로는 헤이조큐세키도 보인다. 무료인 데다 일본 관공서에 들어가 볼 수 있는 기회라 추천한다.

히가시무키 상점가 東向商店街 …… ❷

긴테츠나라역에서 고후쿠지(興福寺) 동쪽 담을 따라 조성되어 있는 상점가다. 나라의 번화가는 대부분 긴테츠나라역 주변에 있는데 그중 히가시무키 상점가가 가장 크고 유동인구도 가장 많다. 헤이조쿄 시절부터 이 일대에는 사람들이 모여 살았다고 한다. 동쪽에 절들이 있어 민가가 서쪽에만 있었는데, 이 민가들이 모두 동쪽을 보고 있어서 동쪽(東)을 향(向)하고 있는 상점가라는 뜻의 히가시무키(東向) 상점가가 되었다. 1915년 긴테츠나라역이 들어서고 급격히 발전해 현재의 모습이 되었다. 약 60개의 점포가 모여 있으며 바로 옆에 고후쿠지와 나라 공원이 있어 관광 전후 간식거리를 구매하거나 식사를 하기에 안성맞춤이다.

📍 奈良市東向中町15 / 15 Higashimuki Nakamachi, Nara
🚃 전철 긴테츠나라역 2번 출구 1분

돈카츠 간코 나라점　とんかつがんこ 奈良店 …… ❶

간코는 1963년 스시집으로 시작하여 현재는 일본 정식과 돈
카츠 등 여러 음식을 파는 가게로 발전하여 많은 분점을 가지고
있다. 해외(대만, 싱가폴)에도 분점이 있다. 각 지점에 따라 메
인으로 하는 음식이 다른데, 나라에 있는 돈카츠 간코는 돈카츠
를 메인으로 다양한 튀김 메뉴를 판매하고 있다. 식당 안쪽에
작은 정원이 있어 정원을 감상하며 식사를 즐길 수 있다.

📍奈良県奈良市東向中町19 / 19 Higashimuki Nakamachi, Nara
🚃 전철 긴테츠나라역 2번 출구 1분
🕐 11:00~21:00

우동 전문점 카마이키　うどん専門店 釜粋 …… ❷

상점가 사이에서 깔끔하고 고급스러운 인테리어를 자랑하는 카마
이키 우동은 현지인 사이에서도 유명한 가게이다. 다시 우동, 츠케멘,
붓카케우동, 카레 등 여러 종류의 우동이 있어 기호에 맞게 즐길 수
있고, 우동에 새우, 떡, 가라아게 등 다양한 토핑을 선택하여 먹을 수
있다. 두껍고 탄력 있는 면과 갓 튀긴 튀김의 훌륭한 식감을 느낄 수
있다. 벽에 장식된 유명인들의 사인이 이 가게의 명성을 말해주고 있
다.

📍奈良県奈良市東向南町13-2 / 13-2 Higashimuki Minamimachi, Nara
🚃 전철 긴테츠나라역 2번 출구 2분
🕐 점심 11:00~15:00, 저녁 17:00~21:00

긴테츠나라역에서 가까워
접근성이 좋으니
나라 여행하면서 우동 맛집을 찾는다면
이곳을 킵해두면 좋아!

오카루　おかる ······

히가시무키 상점가에 위치한 오코노미야키 전문점 오카루는 현지인 사이에서도 인기가 많은 노포다. 테이블마다 있는 철판에서 점원이 요리를 해주는 방식이며 한국어 메뉴가 있어 부담 없이 다양한 종류의 오코노미야키를 즐길 수 있다. 오코노미야키 외에 야키소바, 이카(오징어)야키, 타코야키 등 다양한 재료의 구이를 즐길 수 있다.

📍 奈良県奈良市東向南町13 / 13 Higashimuki Minamimachi, Nara
🚉 전철 긴테츠나라역 2번 출구 2분 🕐 11:30~15:00, 17:00~20:00

사쿠라 버거　さくらバーガー ······ 4

히가시무키 쇼핑거리 맞은편 골목에 있는 특이한 이름의 수제 버거집이다. 버거에 사용하는 베이컨을 만들 때 돼지고기를 벚꽃나무 칩으로 훈제하기 때문에 가게 이름에 사쿠라가 들어갔다. 대표 메뉴인 사쿠라 버거는 바삭하게 구워진 번과 수제 베이컨, 100% 비프 패티, 토마토, 양상추, 타르타르 소스로 구성되어 있으며 재료의 밸런스가 좋아 현지인에게 호평이다.

📍 奈良県奈良市東向北町6 / 6 Higashimuki Kitamachi, Nara
🚉 전철 긴테츠나라역 1번 출구 1분 🕐 11:00~20:00 / 수, 목요일 휴무

와카쿠사 카레　若草カレー本舗 ······ 5

와카쿠사 카레는 다양한 카레를 맛볼 수 있는 카레 전문점으로 대표적인 메뉴는 시금치 카레, 치킨 카레, 비프 카레 등이다. 네 가지의 카레를 함께 먹을 수 있는 '스페셜 아이가케 카레'를 주문하면 다양한 맛을 한 번에 즐길 수 있다.

📍 奈良県奈良市餅飯殿町38-1 / 38-1 Mochiidonocho, Nara
🚉 전철 긴테츠나라역 2번 출구 7분
🕐 11:30~20:00(수요일은 15:30까지) / 목요일 휴무

멘야 K   麺屋 K ⋯⋯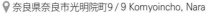

멘야 K는 라멘과 소바 등을 판매하는 면 요리 전문점이다.
오사카의 유명한 맛집 '라멘 인생 JET'이라는 라멘집 출신의
점주가 만든 가게로 닭 육수를 베이스로 한 라멘을 제공한다.
멘야 K에서 대표적인 메뉴는 '2022년 궁극의 라멘 간사이판'
에서 상을 받은 '츠케멘'으로 삶은 면과 육수가 따로 나와 면을
육수에 찍어 먹는 형태의 라멘이다.

📍 奈良県奈良市光明院町9 / 9 Komyoincho, Nara
🚃 전철 긴테츠나라역 2번 출구 9분
🕐 월, 목, 금 11:00~14:00, 18:00~20:30,
     화 11:00~14:30, 주말, 공휴일 11:00~16:00 / 수요일 휴무

나카타니도   中谷堂 ⋯⋯ 7

히가시무키 상점가 끝에 위치한 떡집 나카타니도는 나라
에서 가장 인기가 있는 떡집으로 항상 사람이 붐빈다. 대표
적인 메뉴는 쑥떡으로, 개당 150엔에 맛볼 수 있다. 나카
타니도는 떡을 만드는 과정이 유명한데 두 명이 호흡을 맞
춰 빠른 속도로 떡을 치고, 뒤집으며 떡을 만들기 때문에
부드럽고 탄력 있는 떡을 맛볼 수 있다. 가게 앞에서 떡을
치는 모습은 좋은 구경거리다.

📍 奈良県奈良市橋本町29 / 29 Hashimotocho, Nara
🚃 전철 긴테츠나라역 2번 출구 3분
🕐 10:00~19:00

Part 4. 나라   **435**

 · SPOT · # 나라 공원 奈良公園 ······ ③

 도다이지, 가스가타이샤, 국립박물관 등을 품고 있는 660ha에 이르는 거대한 공원이다. 역사 유적과 수목, 사슴들이 모여 아름다운 풍경을 자아낸다. 역사 유적 공원으로 유명하지만 공원에 사슴이 많이 돌아다녀 관광객에게는 사슴이 있는 풍경이 더 오래 남는다. 보통 야생 사슴들은 사람을 보면 바로 도망가지만 나라 공원의 사슴들은 오히려 사람에게 다가온다. 사슴은 가스가타이샤라는 신사에서 모시는 신의 사자이기 때문에 성스러운 동물로 인식되어 예로부터 해친 자는 엄벌을 받았다고 한다. 현재도 이 사슴들은 천연기념물이기 때문에 해치면 안 된다.

 이 일대에 돌아다니는 사슴은 전부 야생 사슴으로 약 1,200마리가 서식하고 있다고 한다. 다치거나 병든 사슴은 가스가타이샤 경내에 있는 보호 센터에서 치료한다. 처음 보면 낯선 풍경에 신기하고 귀엽겠지만 중간중간 성질이 괴팍한 사슴도 있으니 주의가 필요하다. 가만히 있는 사람을 공격하지는 않지만 먹이로 약을 올리면 들이받을 수도 있다. 근처 상점에서 먹이로 파는 전병을 구입하면 손에 든 것을 보자마자 사슴 떼가 다가와 전병을 달라고 떼를 쓴다. 잘못하면 손가락이 물리거나 옷, 쇼핑백이 찢어질 수 있으니 주의해야 한다.

🚃 전철 긴테츠나라역 2번 출구 5분, 나라역에서 20분
🌐 https://www3.pref.nara.jp/park

 이스이엔(依水園) ······ ④

　의수원으로도 불리는 이곳은 일본의 전통 정원의 하나인 지천회유식정원(池泉回遊式庭園)이 아름다운 곳으로 알려져 있다. 에도시대 전기의 전원(前園)과 메이지시대의 후원(後園) 두 개의 지천회유식 정원이 있다. 단풍이 들면 연못에 비치는 풍경과 함께 한 폭의 그림을 선사한다. 안쪽에 위치한 네이라쿠(寧楽) 미술관에는 고대 중국의 청동기를 비롯해 우리나라에서 건너간 도자기, 일본 기와와 다기 등이 전시되어 있으며, 시기에 따라 특별전을 연다. 정원 연못 옆에 위치한 일본식 레스토랑인 산슈테이(三秀亭)에 가면 에도시대에 지어진 건물에서 정원을 감상하면서 차와 식사를 즐길 수 있다.

📍 奈良市水門町74 / 74 Suimoncho, Nara, 630-8208, Japan
🕐 09:30~16:30(입장은 16:00까지) / 화요일, 연말연시 및 정비일 휴무
💴 성인 1,200엔, 대·고등학생 500엔, 초등·중학생 300엔
🌐 https://isuien.or.jp

다실 산슈테이   三秀亭 ······ 8

이스이엔 정원 안에 있는 일본식 레스토랑이다. 다실인 만큼 메뉴
는 심플하다. 말차와 홍차, 커피, 단팥죽에 경단이 든 젠자이, 건강식
식사류가 주 메뉴다. 식사에는 공통으로 마를 갈아 만든 걸죽한 수프
(마즙)가 나온다. 눈앞에 펼쳐진 정원을 바라보며 느긋하게 즐길 수
있다는 것이 특징이다.

📍 奈良市水門町74 / 74 Suimoncho, Nara, 630-8208, Japan
🕙 식사 11:30~14:00, 차 10:30~15:30 / 화요일, 연말연시 휴무

고후쿠지(興福寺) ······ 5

긴테츠나라역에서 도다이지 방향으로 걷다 보면 오른쪽에 높은 탑이 하나 보이는데 바로 고후쿠지 내
에 있는 오층탑(五重塔)이다. 고후쿠지는 아스카시대 내신(內臣) 후지와라노 가마타리(藤原鎌足)가
병으로 몸져눕자 부인이 남편의 회복을 기원하며 645년 지은 절이다. 이후 일왕, 황후, 후지와라 가문
에 의해 절이 점점 확장되었고, 나라시대와 헤이안시대 내내 일본 전체에서 열 손가락 안에 드는 대규
모 절의 지위를 유지했다. 1868년, 신불분리령으로 인해 고후쿠지는 규모가 축소되어 현재와 같은 형
태가 되었다. 2000년대 들어서까지 주요 건물 재건을 위해 힘쓰고 있다. 절 중앙에는 츄킨도(중금당,
中金堂)라고 불리는 건물이 있는데 2018년에 철저한 고증을 통해 재건한 건물이다. 국보관은 국보나
중요문화재로 지정되어 있는 유명한 아수라상이나 부처의 머리 등을 포함한 불상군, 회화, 공예품, 역
사적 자료 등을 보관하는 곳이다. 교토의 절과는 다른 나라시대 사찰 양식을 볼 수 있는 절이라 가볼 가
치가 있다.

📍 奈良市登大路町48 / 48 Noboriojicho, Nara
🕙 09:00~17:00(입장 16:45까지)
💴 **경내 무료**
    국보관 성인~대학생 700엔, 고등·중학생 600엔, 초등학생 300엔
    중금당 성인~대학생 500엔, 고등·중학생 300엔, 초등학생 100엔
    동금당 성인~대학생 300엔, 고등·중학생 200엔, 초등학생 100엔
🌐 https://www.kohfukuji.com/ko

츄킨도(中金堂)

남원당(南円堂)

나라 국립박물관(奈良国立博物館) 6

나라 공원 내에 위치한 박물관이다. 국보와 중요문화재 다수를
소장하고 있다. 박물관은 1895년 개관했으며, 본관 건물은 메이
지시대인 1894년에 착공한 것으로 건물 또한 중요문화재로 지
정되어 있다. 사찰이 많은 지역답게 불교 미술 작품이 소장품의
중심이다. 박물관에서는 불교에 관련된 연구를 많이 진행하고 있
어 불교 문화와 예술에 대한 심도 있는 관람이 가능하다. 동신관
(東新館), 서신관(西新館), 나라불상관(なら仏像館), 불교미술
자료 연구센터(仏教美術資料研究センター)로 주요 건물이 나
뉘어져 있으며 총 관람에는 약 90분이 소요된다.

📍 奈良市登大路町50 / 50 Noboriojicho, Nara
🕐 09:30~18:00 / 월요일, 연말연시 휴무
💴 일반 700엔, 대학생 350엔, 고등학생 이하와 70세 이상은 무료
🌐 https://www.narahaku.go.jp/korean

중문

대불전

도다이지(東大寺) ...... ⑦

도다이지는 나라시대에 지어진 대사원이다. 대불전을 중심으로 남대문, 법화당 등의 건물이 모여 있다. 본전에 있는 대불은 380t, 높이 15m의 세계 최대 금동불이며 대불을 안치하고 있는 불전도 높이 48m로 세계 최대급의 목조 건축물이다. 이 대불 주조를 맡은 것은 백제 출신 도래인의 손자였고 대불전 건설에는 신라 출신의 목수가 총감독을 맡았다. 특히 일본과 외교적으로 가까웠던 백제 출신들이 공사에 많이 공헌했다고 한다. 가마쿠라시대에 남대문을 재건할 때는 남송 출신의 기술공들이 많이 참가했다고 전해진다. 1180년, 1567년 전쟁으로 크게 소실되었지만 에도시대에 재건했다.

도다이지 본당으로 향하는 길바닥을 보면 서로 다른 돌로 길이 만들어진 것을 볼 수 있다. 가장 바깥쪽부터 인도, 중국, 한국산이라고 한다. 이는 불교가 거쳐 들어온 나라의 돌을 순서대로 깐 것이다. 참고로 도다이지 앞에는 사슴들이 정말 많으므로 종이 쇼핑백이나 지나치게 얇은 옷은 피하는 것이 좋다.

📍 奈良県奈良市雑司町406-1 / 406-1 Zoshicho, Nara
🕐 대불전 기준 4~10월 07:30~17:30, 11~3월 08:00~17:00
💴 중학생 이상 800엔, 초등학생 400엔
🌐 https://www.todaiji.or.jp/ko

경지(鏡池)

가스가타이샤(春日大社) ······ 8

오늘날 '나라' 하면 떠오르는 특징 중 하나인 '사슴'과 관련된 곳으로, 나라를 대표하는 신사다. 일본 전국에 1,000개가 넘는 가스가 신사(春日神社)의 총본산이다. 가스가타이샤는 768년, 쇼토쿠 일왕 (称徳天皇)이 헤이조쿄를 수호하고 국민의 번영을 기원하는 의미에서 칙령을 공포해 만들었다. 가스가 타이샤 동쪽으로 가스가산(春日山)이 있는데 가스가타이샤에서는 가스가산을 성스러운 땅인 신산(神山)으로 여긴다. 이 덕분에 가스가산은 헤이안시대부터 수렵, 벌채가 금지되고 있어 원시림이 자연 그대로 유지되고 있다.

신사 건물은 1936년 지진으로 석등이 쓰러지는 등의 피해가 있던 것을 제외하면 별다른 피해 없이 1,200년이 넘는 세월을 견뎌왔다. 경내에는 약 3,000개의 석등이 있는데 이 중에는 300년이 넘은 석등도 많이 남아 있다. 1,200년 이상의 전통을 자랑하는 가스가 마츠리(春日祭)도 가스가타이샤에서 주관한다. 나라 공원 안쪽으로 상당히 걸어 들어가야 하기 때문에 시간적 여유가 있는 사람에게 추천한다. 경내가 아름다워 들어가면 후회할 일은 없을 것이다.

📍 奈良市春日野町160 / 160 Kasuganocho, Nara
🕐 대체로 07:00~17:00(구역별로 개장시간이 다르고, 특별한 날에는 개장시간이 달라질 수 있으므로 사이트 확인 필요)
💴 국보전 성인 500엔, 고등·대학생 300엔, 초등·중학생 200엔

카마메시 시즈카 공원점 　志津香 公園店 …… ⑨

　　나라 공원 건너편에 위치한 시즈카는 60년의 역사를 지닌 일본식 솥밥 전문점이다. 카마메시(釜めし)는 솥에 간장과 맛술로 맛을 낸 뒤 그 위에 장어, 굴 등 계절에 어울리는 여러 가지 재료를 추가한 일본식 솥밥이다. 테이블 옆에 소개되어 있는 방법대로 먹으면 더 맛있는 식사를 즐길 수 있다.

📍 奈良県奈良市登大路町59-11 / 59-11 Noboriojicho, Nara
🚇 전철 긴테츠나라역 2번 출구 11분
🕐 11:00~15:00(주말은 16:00까지) / 화요일 휴무

· SPOT ·

나라마치 고우시노이에　奈良まち格子の家 …… ⑨

　　나라마치는 170년 나라(헤이조쿄)로 수도를 옮길 당시에 외곽에 해당하는 길을 바탕으로 발전한 마을이다. 고후쿠지(興福寺)에서 간고지(元興寺)를 지나 5분 정도 걸으면 옛 정취가 풍기는 가옥을 볼 수 있다. 에도시대 말기와 메이지시대의 옛날 가옥을 재현해놓았다. 본 건물, 중정, 별채, 창고를 그대로 재현해놓아 내부도 관람할 수 있다. 정면에 좁은 문이 있고 안쪽으로 길이가 긴 주택이다. 당시에 정면의 폭에 따라 세금을 부과했기 때문에 정면을 좁게 지었다고 한다. 상가와 집은 격자 창으로 되어 있는데 빛이나 바람의 양을 조절하고 외부에서 안쪽이 잘 보이지 않게 하기 위함이라고 한다. 집 내부를 보면 우리나라 전통 가옥과 느낌이 크게 다르지 않다는 것을 알 수 있다.

📍 奈良県奈良市元興寺町44 / 44 Gangojicho, Nara
🚇 JR교바테역 10분, 버스 1번 다나카초 정류장 3분
🕐 09:00~17:00 / 월요일, 공휴일 다음날, 연말연시 휴무
🎫 무료
🌐 https://naramachiinfo.jp/spot/tourism/1703.html

카시야　樫舎 ······ ⑩

　　일본 전통 과자 전문점 카시야는 현지인 사이에서도 높게 평
가되는 가게다. 매장은 편안한 분위기로 꾸며져 있고 내부에는
다다미가 깔린 공간이 있어 마치 일본 가정집에 온 것과 같은
느낌을 준다. 최고의 재료만으로 만든 일본식 과자를 판매하며,
며칠에 걸쳐 만든 얼음과 말차, 찹쌀 경단 등을 넣어 만든 고급
빙수 등도 판매한다. 울긋불긋한 색상이 아름답고 담겨 있는 모
양도 예뻐서 먹기 아까울 정도다. 다만, 우리 입맛에는 단맛이
너무 강하게 느껴질 수도 있다.

📍 奈良県奈良市中院町22-3 / 22-3 Chuincho, Nara
🚃 전철 긴테츠나라역 2번 출구 10분
🕐 09:00~18:00

오카시 도죠　をかし東城 ······ ⑪

　　오카시 도죠는 여러 종류의 각종 디저트와 타르트, 치즈케이
크를 판매하는 가게다. 외관은 한적한 골목길의 가정집 입구처
럼 생겼고, 출입구에 앉을 수 있는 테이블이 하나밖에 없을 정
도로 작은 가게다. 평일에는 점주 혼자서 음식을 만들고 판매한
다. 장인의 손길이 닿은 치즈케이트과 타르트는 먹기 아까울 정
도로 아기자기하고 예쁘다. 나라의 전통주를 넣은 치즈케이크
는 이 가게의 별미 상품이다. 현금만 이용 가능하다.

📍 奈良県奈良市中院町20 / 20 Chuincho, Nara
🚃 전철 긴테츠나라역 2번 출구 11분
🕐 10:30~20:00(주말은 10:00부터) / 화, 수요일 휴무

네이라쿠카시츠카사 나카니시요사부로 寧楽菓子司 中西与三郎 ······ ⑫

1913년에 창업해 4대째 이어 오는 전통 일본식 과자 전문점이다. 일본 전통 가옥을 그대로 사용한 내부에는 전통 과자를 만들 때 사용하는 도구를 전시하여 박물관 같은 느낌도 든다. 일본 전통 과자점이지만 과자 외에도 경단을 토핑으로 얹은 빙수, 커피, 홍차, 말차 등을 판매하고 과자 만들기 체험 프로그램도 운영한다.

📍 奈良県奈良市脇戸町23 / 23 Wakidocho, Nara
🚉 전철 긴테츠나라역 2번 출구 10분
🕐 10:00~18:00 / 화요일 휴무

이신구라 나라마치점 維新蔵 ならまち店 ······ ⑬

고구마 디저트를 전문으로 하는 가게로 본점은 고구마의 본고장 가고시마에 있다. 고구마를 100일간 숙성시켜 꿀처럼 달콤한 맛을 내는 천연 디저트 '사츠카미라이'는 이 가게의 간판 메뉴다. 군고구마 외에도 군고구마로 만든 와플, 샌드위치, 고구마 도넛, 쿠키, 파운드 케이크, 고구마 칩 등 고구마를 재료로 다양한 상품을 갖추고 있다. 고구마를 토핑으로 한 빙수를 포함해 각종 소프트드링크, 커피 등 음료도 판매하고 있다.

📍 奈良県奈良市下御門町4 / 4 Shimomikadochō, Nara
🚉 전철 긴테츠나라역 2번 출구 12분
🕐 11:00~18:00 / 화요일 휴무

나라 서부

호류지, 도쇼다이지, 고리야마성

나라 서부는 나라의 중심지에서 벗어난 한적한 지역이다. 이곳은 고대 일본의 숨결을 그대로 가지고 있는 장소들이 많이 남아있으며 고요하고 평화로운 일상을 경험할 수 있는 곳이다.

주요 문화유산으로는 일본에서 가장 오래된 목조 건축물을 보유한 호류지(法隆寺), 나라시대 불교 건축의 교과서로 불리는 야쿠시지(薬師寺)가 있다. 문화유산을 제외하면 대부분 한적한 시골길로 이루어져 있지만 일본 시골에서는 사람들이 어떻게 사는지, 시골 풍경을 구경하면서 조용하고 여유롭게 거닐어보자.

호류지

● 주구지(중궁사)

📍1 호류지

📍4 후코쿠엔

📍3 히라소 호류지점

호류지 – 450p

📍2 아이카와

📍1 레스토랑 와카타케

JR
호류지역
法隆寺駅

구글 지도

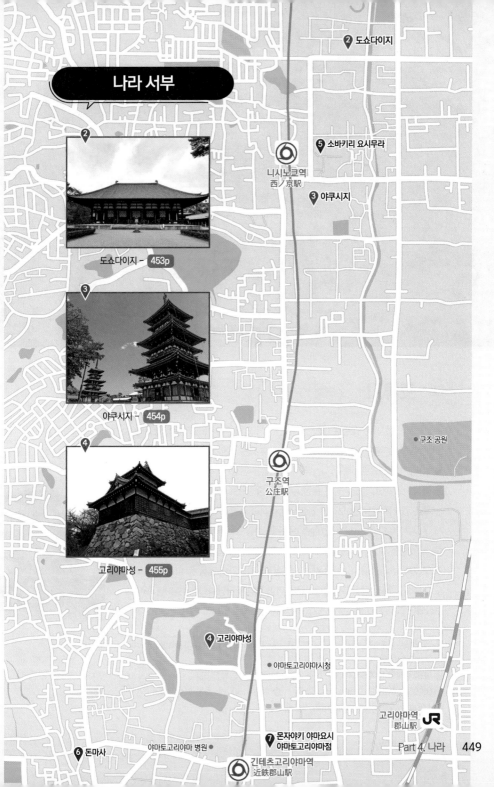

나라 서부

② 도쇼다이지

⑤ 소바키리 요시무라

니시노쿄역
西ノ京駅

③ 야쿠시지

도쇼다이지 – 453p

야쿠시지 – 454p

구조 공원

구조역
公庄駅

고리야마성 – 455p

④ 고리야마성

야마토고리야마시청

고리야마역
郡山駅

⑥ 돈마사

야마토고리야마 병원

⑦ 몬자야키 야마요시
야마토고리야마점

긴테츠고리야마역
近鉄郡山駅

호류지 法隆寺 …… ①

　　호류지(법륭사)는 쇼토쿠 태자(聖徳太子)에 의해 7세기(607년)에 창건되었으며 성덕종(聖徳宗)의 총본산 사찰이다. 호류지는 서원가람(西院伽藍)과 동원가람(東院伽藍)으로 나누어지는데, 서원가람은 금당(金堂)과 오층탑(五重塔)을 중심으로 하고, 동원가람은 몽전(夢殿)을 중심으로 한다. 서원가람은 현존하는 목조 건축물 중 가장 오래된 건물군에 속하며 일본에서 가장 먼저 등재된 세계 문화유산이다. 참고로 가람(伽藍)은 문과 회랑으로 둘러싸인 본당, 승방, 종루, 식당 등을 말한다. 오층탑은 일본에서 가장 오래된 탑으로 탑 아래에는 사리가 모셔져 있다. 호류지는 아스카 · 나라시대의 불상과 공예품 등 다수의 문화재도 보유하고 있다. 담징의 금당벽화로 유명한 호류지 금당벽화는 1949년 화재로 소실되어 그 이전에 찍어두었던 사진에 의해 연구되고 있다고 한다.

📍 奈良県生駒郡斑鳩町法隆寺山内1-1 / 1-1 Hōryūji Sannai, Ikaruga, Ikoma District, Nara

🚌 JR호류지역 북쪽 출구 22분, 버스 72번 호류지산도 정류장 5분

🕐 08:00~17:00(11~2월은 16:30까지)　💴 일반 1,500엔, 초등학생 750엔

🌐 http://www.horyuji.or.jp/en

레스토랑 와카타케　レストラン若竹 …… ❶

　　호류지역과 가까운 곳에 위치한 맛집이다. 주력 메뉴는 튀김류다. 멘치카츠, 새우튀김, 크로켓 등 다양한 종류의 일본식 튀김을 맛볼 수 있다. 튀김메뉴는 정식으로 주문할 수도 있어서 로컬 맛집 분위기를 느끼며 정식을 먹고 싶은 관광객에게 추천한다. 가격도 저렴한 편이라 부담 없이 먹을 수 있다. 독특하게 짬뽕, 오므라이스, 스파게티도 판매한다.

📍 奈良県生駒郡斑鳩町興留7-3-38 / 7 -3-38 Okidome, Ikaruga, Ikoma District, Nara
🚆 JR호류지역 북쪽 출구 3분
🕐 11:00~14:40, 17:00~21:00 / 수요일 휴무

아이카와　相川 …… ❷

　　부부가 가정집 1층을 개조해서 음식점으로 영업하는 곳이다. 이곳은 가게 바로 앞은 논두렁만 있고 근처에는 가정집밖에 없는 곳인데 독특하게 퀄리티 높은 일식을 제공하는 음식점이다. 점심 세트메뉴를 주문하면 한 접시에 여러 가지 스시, 절임요리, 일본식 계란말이 등 보기만 해도 기분 좋아지는 음식들이 가지런히 담겨 나온다. 교토나 오사카에서 동일 메뉴를 먹을 때보다 훨씬 저렴하게 먹을 수 있다.

📍 奈良県生駒郡斑鳩町興留4-9-26 / 4-9-26 Okidome, Ikaruga, Ikoma District, Nara
🚆 JR호류지역 북쪽 출구 7분
🕐 11:30~14:00 / 목요일 휴무

히라소 호류지점   平宗法隆寺店 ······ ③

나라를 대표하는 향토 음식인 카키노하즈시(柿の葉寿司)를 맛볼 수 있는 식당이다. 카키노하즈시는 감잎스시라는 뜻으로, 스시를 상자 모양으로 만들어 감잎으로 쌓은 것이다. 바다가 없는 나라에서 냉장고가 개발되기 이전 생선과 밥 부패를 막기 위해 만들어진 방법이라고 한다. 따라서 숙성회가 올라가 있다. 가장 유명한 스시는 고등어 스시다. 한국에서도 잘 알려진 스시인 니기리스시(握り寿司) 말고 이런 스타일의 스시도 도전해보자.

📍 奈良県生駒郡斑鳩町法隆寺1-8-40 / 1-8-40 Horyuji, Ikaruga, Ikoma District, Nara
🚌 버스 72번 호류지산도 정류장 2분
🕐 10:00~16:00(식사 11:00~15:00)

후코쿠엔   布穀薗 ······ ④

메이지 시대 사법관이던 기타바타케 하루후사(北畠治房)가 노년에 지냈던 저택을 개조해 만든 카페다. 입구를 통해 들어가면 마치 문화유산을 둘러보는 느낌이다. 내부에 있는 가장 오래된 건물은 무려 1888년에 지은 건물이다. 건물과 건물 사이에는 정원같이 트여 있는 공간이 있어 이를 바라보며 야외 테라스에서 일본 차나 커피를 마시며 여유로운 시간을 보낼 수 있다.

📍 生駒郡斑鳩町法隆寺2-2-35 / 2-2-35 Horyuji, Ikaruga, Ikoma District, Nara
🚌 버스 72번 호류지산도 정류장 10분
🕐 10:00~16:00 / 수요일 휴무

금당(金堂)

 SPOT

도쇼다이지

唐招提寺 …… ②

당나라 출신의 승려, 간진다이와죠(鑑真大和上)가 일본으
로 건너와 건립한 절이다. 그는 도다이지에서 5년을 보낸 후,
계율을 배우는 자들을 위한 수행의 터전으로서 나라시대인
759년에 도쇼다이지를 세웠다. 종파가 쇠퇴하고 화재로 인해
건물들이 소실되는 등의 피해를 몇 번 겪었지만 절의 가장 큰
건물인 금당(金堂)은 창건 당시 건축 양식을 그대로 가지고 있
다. 금당 뒤에 있는 건물은 고도(講堂)라는 건물로, 헤이조큐
세키에 있던 히가시쵸슈덴(東朝集殿)을 이축한 것이다. 문화
유산적 가치가 높아 1998년 유네스코 세계 문화유산에 등재
되었다.

📍 奈良県奈良市五条町13-46 / 13-46 Gojocho, Nara
🚃 전철 니시노쿄역 동쪽 출구 10분
🕐 08:30~17:00(입장 16:30까지)
💰 성인 1,000엔, 중·고등학생 400엔, 초등학생 200엔
🌐 https://toshodaiji.jp/hangeul/index.html

신보장각(新宝蔵)

계단(戒壇)

예당(礼堂)과 고루(鼓楼)

소바키리 요시무라   蕎麦切り よしむら ⋯⋯ ❺

소바 전문점으로 영업시간이 짧은 만큼 조금만 늦으면 줄을 서서 기다려야 한다. 소바는 자루소바, 가케소바, 냉소바 중 선택한다. 소바 외에도 스시, 튀김류를 맛볼 수 있으며 메뉴는 계절에 따라 차이가 있다. 점심 세트는 소바와 두부, 스시와 튀김 두 종류로 1,700엔이다. 소바는 군마에서 공수해온 소바로 면이 매끌매끌하며 식감이 쫄깃한 것이 특징이다. 취향에 따라 간 참마를 얹어 먹을 수 있다.

📍 奈良県奈良市五条町9-37 / 9-37 Gojōchō, Nara
🚈 전철 니시노쿄역 5분
🕙 평일 11:00~14:30 / 월요일, 둘째 주 수요일 휴무

야쿠시지   薬師寺 ⋯⋯ ❸
• SPOT •

야쿠시지 금당(金堂)

야쿠시지는 680년 덴무 일왕(天武天皇)이 병에 걸린 황후의 쾌유를 바라며 건립한 절이다. 710년까지 다른 곳에 있었지만 헤이조쿄로 천도하며 지금의 위치로 옮겨졌다. 1528년 전국시대에 전쟁으로 인해 대부분의 주요 건물이 소실되었고, 유일하게 동탑(東塔)만 살아남았다. 1968년까지 복구가 되지 않고 있다가 고도성장기부터 복구된 건물이 대부분이다. 동탑이 옛 건축 양식을 그대로 가지고 있어 복원이 수월했다고 한다. 정문을 지나면 금당(金堂) 앞에 두 개의 탑(동탑과 서탑)이 대칭으로 자리 잡고 있다. 불국사를 연상시키는 구조다.

야쿠시지 동탑과 서탑

📍 奈良県奈良市西ノ京町457 / 457 Nishinokyocho, Nara
🚈 전철 니시노쿄역 동쪽 출구 3분
🕙 09:00~17:00(입장 16:30까지)   💴 일반 1,000엔, 중학생 600엔, 초등학생 200엔
🌐 https://yakushiji.or.jp/en

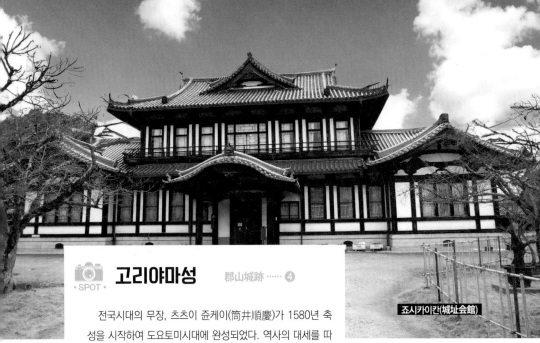

고리야마성

郡山城跡 ...... ④

전국시대의 무장, 츠츠이 쥰케이(筒井順慶)가 1580년 축성을 시작하여 도요토미시대에 완성되었다. 역사의 대세를 따라 주인이 여러 번 바뀌며 건물의 수와 구조가 바뀌었다. 고리야마성이 가장 규모가 컸을 때는 7층 구조인 천수각을 3개의 해자가 둘러싼 구조였지만 현재 천수각은 사라졌고 외부의 두 번째, 세 번째 해자는 일부분만 남아있다. 그래도 아직까지 여러 건물들이 남아있고, 성벽의 상태도 양호하다.

현재 성터에는 나라 시민들을 위한 도서관, 신사, 카페가 들어서 있으며, 천수각 터는 전망대로 쓰이고 있다. 봄에는 해자를 둘러싸고 있는 약 800그루의 벚꽃나무가 개화하며 전국시대 성과 벚꽃이 어우러지는 아름다운 광경을 만들어낸다. 4월 초에는 벚꽃 개화 시기에 맞춰 오시로 마츠리(お城まつり)가 고리야마성 주변에서 열린다. 이 시기에 맞춰 가면 금붕어 품평회, 법회, 음악대 퍼레이드, 역사 분장 행렬을 즐길 수 있다.

조시카이칸(城址会館)

오테몬(追手門)

천수각터

오테 무카이야구라(追手向櫓向櫓)

📍 奈良県大和郡山市城内町2-225 / 2-255 Jonaicho, Yamatokoriyama, Nara
🚃 전철 긴테츠고리야마역 서쪽 출구 8분
🕐 천수각 10~3월 07:00~17:00, 4~9월 07:00~19:00
💴 무료 🌐 https://www.yk-kankou.jp/spotDetail1.html

돈마사 とんまさ …… ⑥

호텔 및 일식점 주방장 출신의 사장이 선대로부터 이어받은 식당을 운영하고 있다. 많은 양으로 유명세를 탔지만 식재료 관리에도 심혈을 기울인다고 한다. 돈카츠, 고로케, 카레 등의 메뉴가 있으며 테이크아웃도 가능하다. 먹는 양에 자신이 있는 사람은 치킨카츠를 30cm 정도 높이로 산처럼 쌓은 치킨카츠 정식(若鶏かつ定食) 대(大)에 도전해보는 것도 재미있을 것이다.

📍 奈良県大和郡山市南郡山町363-23 / 363-23
　Minamikōriyamachō, Yamatokoriyama, Nara
🚃 전철 긴테츠고리야마역 서쪽 출구 10분
🕐 11:00~15:00, 17:00~20:30 /
　월, 금요일 휴무(공휴일인 경우 영업하고 다음날 대체 휴무)

몬자야키 야마요시 야마토고리야마점 もんじゃ焼山吉 大和郡山店 …… ⑦

간사이가 오코노미야키이면 간토(관동) 지역은 몬자야키다. 우리나라 파전과 비슷하고 오코노미야키와도 비슷하지만 오코노미야키에 비해 얇고 수분이 많다. 몬자야키는 밀가루 반죽에 양배추와 파, 채소와 해산물을 섞고 양념과 소스를 가미해 철판에 구워 먹는 음식인데, 간사이에는 몬자야키점이 적은 편이다. 이곳은 종업원이 눈앞에서 바로 몬자야키를 구워주는데 가성비가 좋다. 간사이에서 몬자야키의 맛을 느껴보는 것도 좋을 것이다.

📍 奈良県大和郡山市南郡山町520-38 /
　520-38 Minamikoriyamacho, Yamatokoriyama, Nara
🚃 전철 긴테츠고리야마역 동쪽 출구 2분
🕐 11:30~15:30, 17:00~23:30